U0258008

AN ENCYCLOPEDIA OF

Biscuits

饼干大全

主编/王森

青岛出版社
QINGDAO PUBLISHING HOUSE

图书在版编目（CIP）数据

饼干大全 / 王森主编. -- 青岛 ： 青岛出版社,2014.10

ISBN 978-7-5552-1196-9

Ⅰ. ①饼… Ⅱ. ①王… Ⅲ. ①饼干—制作 Ⅳ. ①TS213.2

中国版本图书馆CIP数据核字(2014)第251425号

饼干大全

组织编写　美食生活工作室
主　　编　王　森
副 主 编　张婷婷
参编人员　韩俊堂　孙安廷　杨　玲　武　磊　朋福东　王启路
　　　　　成　圳　顾碧清　韩　磊　武　文　张娉娉
文字校对　邹　凡
摄　　影　苏　君
出版发行　青岛出版社
社　　址　青岛市海尔路182号（266061）
本社网址　http://www.qdpub.com
邮购电话　0532-68068091
策划组稿　周鸿媛
责任编辑　宋来鹏
特约编辑　宋总业
装帧设计　毕晓郁
制　　版　青岛艺鑫制版印刷有限公司
印　　刷　青岛海蓝印刷有限责任公司
出版日期　2014年12月第1版　2021年1月第7次印刷
开　　本　16开（710毫米×1010毫米）
印　　张　25
字　　数　300千
图　　数　2501幅
书　　号　ISBN 978-7-5552-1196-9
定　　价　68.00元

编校印装质量、盗版监督服务电话　4006532017　0532-68068638
本书建议陈列类别：美食类　生活类

序

饼干，如今已是广大烘焙爱好者最热爱的烘焙种类之一，它以做法简单、成功率高、老少皆宜等优势获得了更多人的喜爱。

想象一下，家中老小的零食都是自己亲手制作的，在带给他们美味的同时，确保了卫生健康，家人吃得开心放心，简直是对自己最大的肯定和赞美。

如果你热爱家人，同时热爱烘焙，那么一定不能错过这本书。本书以“温馨和爱”为主题，介绍了400多款家庭饼干的制作方法，配以详细的步骤和精美的成品图，让你在欣赏的过程中轻松学会饼干的制作。它看似那样简单雷同——将面粉、糖、蛋、油混合打发好，做好形状，放入烤箱，静静等待出炉的那一刻——但实际上充满了变化，改变一点材料或者方法，结果会大不相同。熟练了之后，我们还可以自行创意，用更多的爱心和想法来打造家庭专属饼干。

还等什么呢？看着饼干在手中成型，期待着烤箱“叮——”的那一刻，你会发现幸福其实就在你的指尖上，在全家其乐融融品尝美味的笑容中。

作者简介

王森，西式糕点技术研发者，立志让更多的人学会西点这项手艺。作为中国第一家专业西点学校的创办人，他将西点技术最大化的运用到了市场。他把电影《查理与巧克力梦工厂》的场景用巧克力真实地表现，他可以用面包做出巴黎埃菲尔铁塔，他可以用糖果再现影视中的主角的形象，他开创了世界上首个面包音乐剧场，他是中国首个西点、糖果时装发布会的设计者。他让西点不仅停留在吃的层面，而且把西点提升到了欣赏及收藏的更高层次。

他已从事西点技术研发20年，培养了数万名学员，这些学员来自亚洲各地。自2000年创立王森西点学校以来，他和他的团队致力于传播西点技术，帮助更多人认识西点，寻找制作西点的乐趣，从而获得幸福。作为西点研发专家，他著有《妈妈手工坊——健康无添加的酥软蛋糕》《妈妈手工坊——健康无添加的糖果·果酱》《妈妈手工坊——健康无添加的手工面包》《妈妈手工坊——健康无添加的爱心饼干》《炫酷冰饮·冰点·冰激凌》《简单温馨蛋糕裱花》《十二生肖蛋糕裱花》《甜蜜浪漫手工巧克力》《分子美食》《浓情蜜意花式咖啡》《蛋糕裱花大全》《面包大全》《蛋糕大全》等几十本专业书籍及光盘。他善于创意，才思敏捷，设计并创造了中国第一个巧克力梦公园，这个创意让更多的家庭爱好者认识到了西点的无限魔力。

★（目录中注明视频标志（视频 扫二维码）的饼干均可用手机扫描成品图片或396页的二维码观看详细的制作步骤视频）

CHAPTER 1 烘烤一块饼干 享受惬意时光

CHAPTER 2 饼干面团（糊）拌和法之 糖油拌和法

推压类

难易度：★★

难易度：★★★

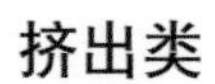

难易度：★★

难易度：★★★

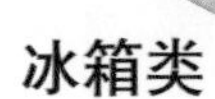

难易度：★★

难易度：★★★

造型类

难易度：★★

难易度：★★★

CHAPTER 3 饼干面团（糊）拌和法之 油粉拌和法

推压类

挤出类

CHAPTER

1

烘烤一块饼干 享受惬意时光

自己动手制作饼干，何等惬意，健康无添加的点心温暖着全家人的胃。按图索骥，只要照着步骤图一步一步操作，就可以轻松做出。好吃不繁琐，营养更健康。制作饼干，一看就会，就这么简单。

饼干，应该算是所有烘焙点心中，制作起来最简单最方便的一个。从词源上讲，“饼干”一词就是指“烤过两次的面包”，是从法语的bis（再来一次）和cuit（烤）中引申出来的。最初的饼干是用面粉、水和牛奶等简单的原料调制而成的。真正成型的饼干开始于公元7世纪的波斯，当时制糖技术出现萌芽，并因为饼干而逐渐发展起来。

公元14世纪，饼干开始成为全欧洲人最喜爱的点心。19世纪，英国的航海技术领先世界，他们在长期的航海生涯中发现，饼干由于含水量低，因此便于储存，是旅行、登山和航海中首选的必备食品。

由此，饼干开始在全世界范围内扩散开来。到了现代，因机械技术的不断发展，饼干的制作设备和工艺技术也在不断更新，并趋向多样化，及至今日，各种口味、各种种类的饼干便逐渐渗透到人们的日常生活中，成为美食中不可缺少的一部分。

品尝饼干的美味，不外乎是享受其香、酥、脆的口感。在制作饼干时，只要将材料稍作调整或操作手法变换一下，即会出现不同的风貌，进而产生千变万化的美妙滋味与口感，从松松软软到酥酥脆脆，或甜或咸，似乎都在瞬间即可享受。

需要特别指出的是，任何人不须具备高深的制作技术与冗长的学习时间，即能轻易上手，在自己家中就可以制作出让人满意的饼干。

变化多样的饼干

1 居家自制饼干必备工具大全

在家里自己制作饼干，首先需要准备一些必备的工具和材料，这些材料准备起来并不难。我们将它们分为家用常备工具和专业工具，家用的一般家中应常备，专业的则可根据自身条件选购。下面的介绍能让大家更好地了解这些工具，准备起来也更加简单。

1.称量类工具

家用

量杯

在称量液体材料时使用，能使称量更为方便快捷。

家用

量勺

可用于称量少量的液体或粉类材料。

家用&专业

电子秤

可精准地称量材料，在选用时最好使用可以精确到克的电子秤。

专业

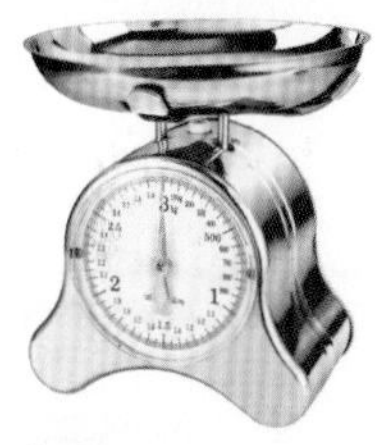

台秤

用于称量材料的重量，帮助你精确用料，以便烘制出大小一致的饼干。

2.搅拌类工具

家用

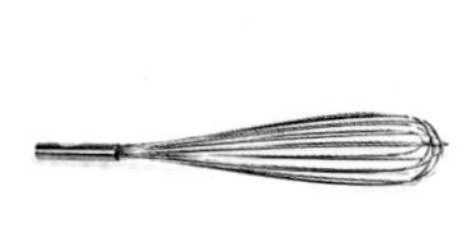

打蛋器（搅拌器）

打少量的蛋糊时可用其手工搅打。购买时宜选择网丝质地坚挺，弯曲或弧形的。

搅拌盆

使用时以右手拿打蛋器，左手转盆，两手以相反方向搅打蛋糊。

家用&专业

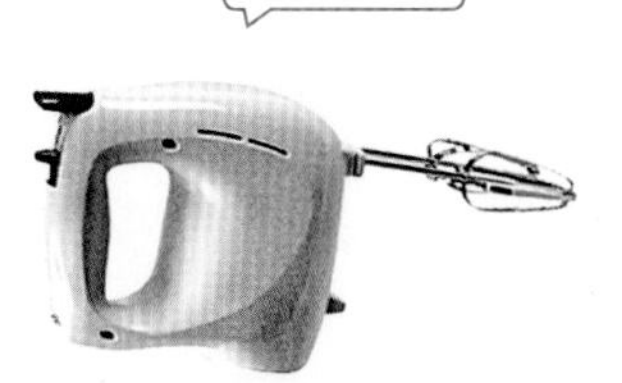

手提搅拌机

适合原料量较少时，是制作简单的蛋糕、饼干不可或缺的工具。如果喜欢做点心，这个专业设备一定要买哦。

专业

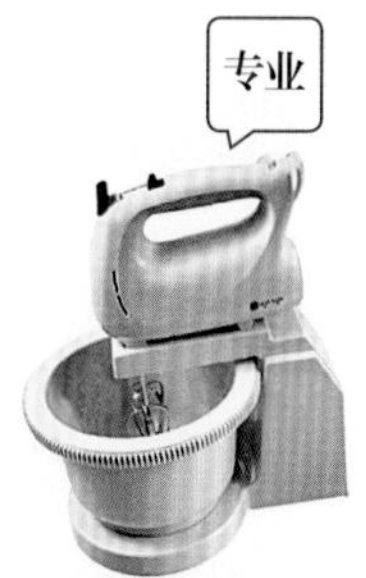

桌上型电动搅拌机

由于转速快，网状搅拌球间隙小进入的气流均匀，能保证搅拌出质地均匀的蛋糊或面团。

3.网筛与挤花袋

网筛

可把粉类过筛，让用料更细致。有粗网和细网之分，最好两者都配备。

挤花袋

用来搭配不同形状的挤花嘴，可挤出花装饰点心。也可把面糊装在袋子里，以方便挤入口较小的模具中，还可以用来直接挤饼干的造型，如曲奇饼干等。

4.刮刀与刮板

橡皮刮刀

可用于调拌面糊或刮净打蛋盆内的材料，分为平口、长柄、短柄等几种。由于能耐高温又有弯曲性，非常方便搅拌面糊，所以橡皮刮刀是制作蛋糕饼干时必备的工具。

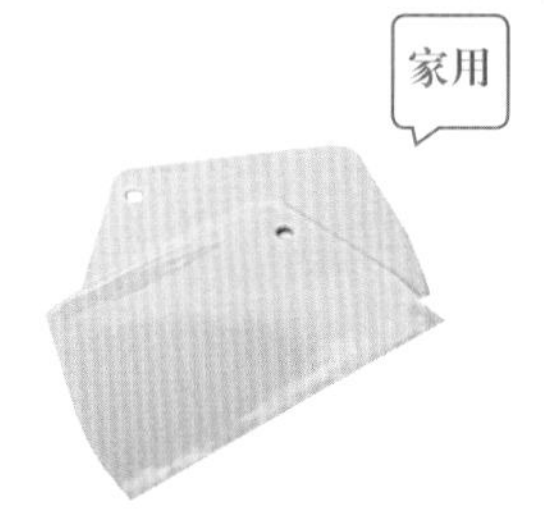

直刮板

方便刮起工作台上的粉类，以便做进一步搓揉。直刮板主要是用来涂抹、刮平馅料或蛋糕面的。

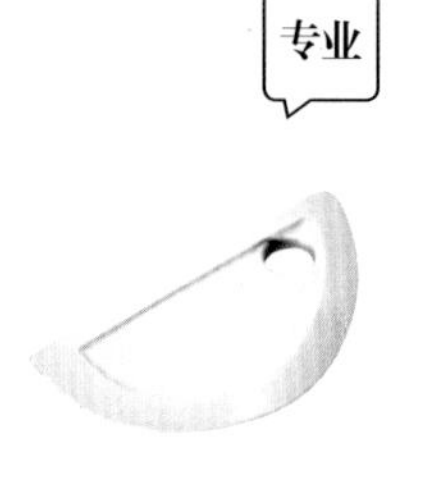

圆弧刮板

用来方便从桶底刮起沉淀的未拌匀的材料。

5.毛刷与擀面杖

毛刷

用来涂刷之用，例如刷蛋液、涂油、刷果胶等。

擀面杖

用于面团的整形擀平，特别是在制作酥油饼干时，经常会用到。

6.烤盘与烤模

不粘布

不粘黏、耐高温，方便把面糊挤在上面，烤好后即可取出成品。在烤饼干时属于必备品。

特氟龙烤盘

用于盛装面团或面糊进烤箱，分为不锈钢和铝制品，耐高温，盘底可略涂少许油以利于脱模。也可以在盘底上垫些油纸。

深烤盘

常见的是黑色铁皮金属材质做成的长方形烤盘。

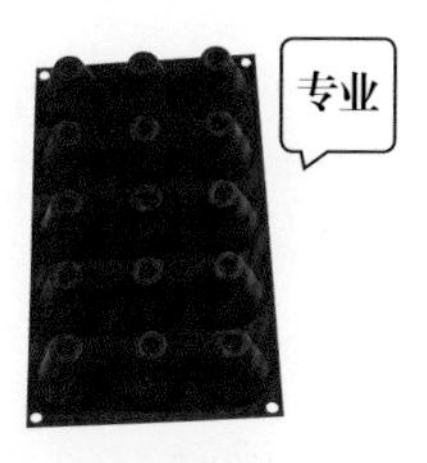

矽力康烤模

储存方便又易于清洗，但价格要略高于铸铁烤盘。家庭使用建议用小点的，既能耐高温又能耐冷冻的矽力康软胶烤模。

7.电磁炉与烤箱

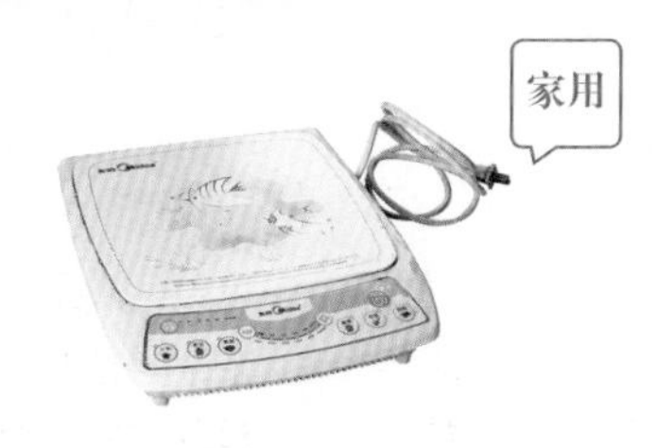

电磁炉

加热工具，在煮牛奶或者化黄油时会使用。

家用烤箱

购买家用烤箱时，建议采用可以上下管加热，且有温度和时间刻度及旋环风功能的电烤箱，容积最好能放下一个8寸蛋糕。

8.常见压模与模具

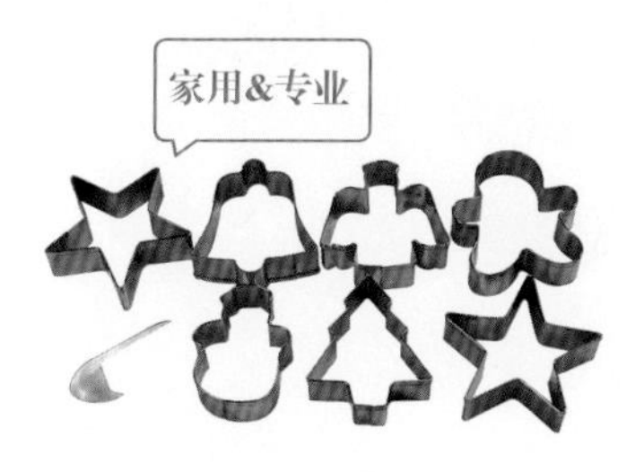

各种形状的压模

制作有造型的饼干、巧克力等，有各式造型，相当富有趣味性。

五瓣花模

心形模

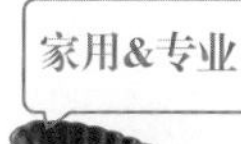

派模

塔模

2 自制饼干常用原料大全

饼干口味多样，所需要的原料也各有不同，但基本原料却非常固定，主要有低筋面粉、黄油（奶油）、鸡蛋、糖粉等。其他原料只是为了增加口味或者为了装饰的需要，可选择使用。

1.粉类原料

低筋面粉：蛋白质含量在7%～9%之间，因为筋度低，所以适合用来制作筋度小、不需太大弹性的西点，使用前要过筛。

糖粉：制作饼干多使用的糖粉或者砂糖，不但可以调味，更可以使成品呈现蓬松柔软的状态，且糖可延长食物的保存期限。

泡打粉：泡打粉简称BP，在使用时和面粉一起搅拌能起到蓬松效果。

杏仁粉：由杏仁磨成，可增加饼干的营养与香气，有时也可用其来代替低筋面粉。

奶粉：奶粉是饼干散发出淡淡奶香味的主要来源之一，为方便制作，也可买鲜奶来代替。

2.蛋奶原料

鸡蛋：是制作饼干不可或缺的重要食材，具有凝固性、起泡性及乳化性，是提供蛋白质的主要来源。鸡蛋是制作饼干必不可少的原料，一般情况下制作饼干有使用全蛋的，也有只用蛋黄或者只用蛋白做出来的饼干。书中没有特殊说明的，均是指用全蛋。

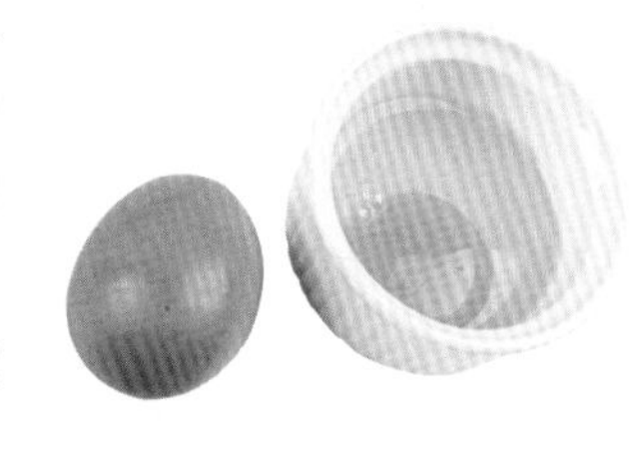

奶油：是从牛奶中提炼出来的固态油脂，可让饼干的组织柔软及增添风味，使用前要先化开，使用后需放回冰箱冷藏。

3.常用坚果

杏仁碎

由整粒的杏仁切碎而成。

核桃

西点制作中常用的坚果，可添加在面团或面糊中，增加产品的美味。

芝麻

可添加在面团中，也可以用作表面装饰。

杏仁片

由整粒的杏仁切片而成，常用于表面装饰。

4.常用其他辅助原料

黑色巧克力

常隔水化开后使用，可用于面糊制作或者装饰在表面。

白色巧克力

常隔水化开后使用，可用于面糊制作或者装饰在表面。

香蕉

切片使用，可以用在表面装饰，也可切碎拌在面糊内。

小番茄

一般切片或者整个放在表面，主要用于装饰。

蜜红豆

经过熬煮蜜渍过后呈完整颗粒状的红豆，常用于面糊的制作，增添西点的风味。

葡萄干

经常添加在西点内或表面，可以增加产品的风味。

蔓越莓干

添加在西点内，增加风味，如果颗粒过大，使用前可以先切碎。

橄榄

腌制过的橄榄，常用来装饰在西点的表面。

芒果果酱

果酱可以用来加入面糊或者制作馅料，使西点更为美味。

橙汁

可以加入面糊或者馅料中调味。

椰汁

由椰肉碾磨加工而成，用于西点的制作，以增加西点的风味。

白兰地

酒精浓度较低的白兰地，可以加入点心中调味。

3 饼干家族的分类

在制作饼干的过程中，因为采用不同的配方比例和不同的制作方法，即会出现材料拌和后的不同属性，最后经过烘烤，就会产生各种各样的口感与风味。下面是饼干的不同分类。

1.按口感可以分为混酥类饼干和起酥类饼干

(1)混酥类饼干由酥性面团制作而成。酥性面团是以面粉为主，加入适量的黄油、糖粉、鸡蛋、牛奶、疏松剂及水等调制而成的面团。经烘烤后，成品具有口感酥松、香脆等特点。

Point 1

酥性面团调制温度应以低温为主，一般控制在22℃～28℃。若气温高时可用冰水来降低面团的温度。

Point 2

一般来说，配方再准确，而投料顺序颠倒，其制品的结果也大相径庭。调制酥性面团，应先将糖、油、水、蛋、香料等辅料充分搅拌均匀，然后再拌入面粉，制成软硬适宜的面团。

酥性面团

(2)**起酥类饼干通常由酥面、面皮两块面团组合而成。**酥面一般是由油脂和麦面擦制而成，油脂有熟猪油、黄油、色拉油等，其中熟猪油是首选；麦面一般选用低筋面粉。面皮通常由面粉、糖粉、黄油等调制而成。

Point 1

面皮与酥面的软硬度必须一致；以面皮包住酥面，其比例一般为6：4（面皮：酥面），但烤制品的酥面含量可略加多一些。

面皮包酥面

Point 2

温度太高时可将面皮及酥面入冰箱冷藏片刻后再使用。无论起酥的坯子还是制好的生坯，放置在外的时间都不可过长，否则表面易结皮。

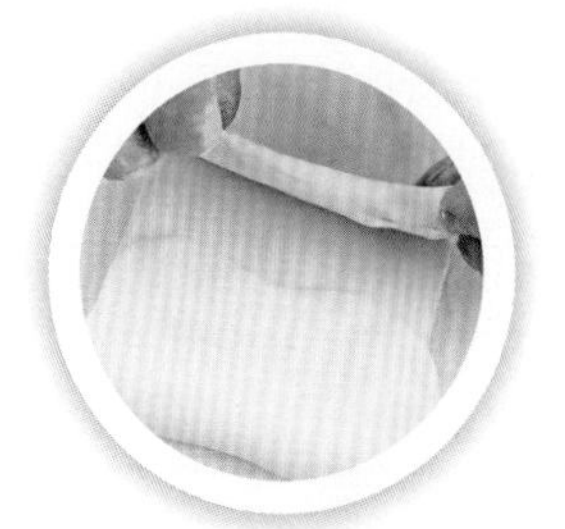

面片包油酥

Point 3

擀皮时需注意不宜擀太薄，一般为中间略厚，四周略薄一些。切坯皮的刀一定要锋利，否则会在酥层上有划痕，烤出来后酥层就会不清晰。

Point 4

干粉尽量少用或不用，否则易脱壳发硬，并引起拼酥造成层次不清。将起酥后坯皮卷起时一定要卷紧，卷后只能向使筒变紧方向搓滚，不可反向，防止松散。包制生坯时需注意双手灵活包捏，速度快、成型准，双手用力均匀，不可过重。

擀压面片

2.按拌和后的原料软硬度来区分，可分为面糊类饼干和面团类饼干

(1)面糊类饼干：油分或水分含量高，拌和后的材料大多呈稀软状，无法直接用手接触，需借由汤匙或挤花袋来做最后的塑形，口感既酥且松，如挤花饼干及薄片饼干等。

(2)面团类饼干：拌和后的材料，手感明显较干硬，可直接用手接触塑形，有时配方内是以水分将材料组合成团，因此口感较脆，如手工塑形饼干及推压饼干。

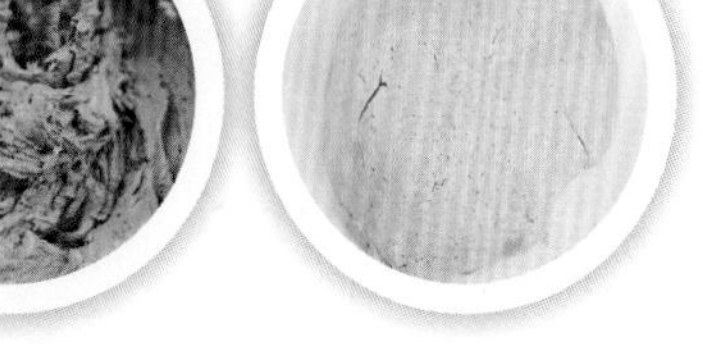

面糊　　面团

(3)面糊或面团的拌和法

依食材的特性，饼干面团区分为湿性与干性两类，再以不同的拌和方式与顺序，而呈现面糊与面团，最常用的方式如下：

糖油拌和法：先湿后干的材料组合，即奶油在室温软化后，分次加入蛋液或其他湿性材料，再陆续加入干性材料混合成面糊和面团。其关键步骤如下图：

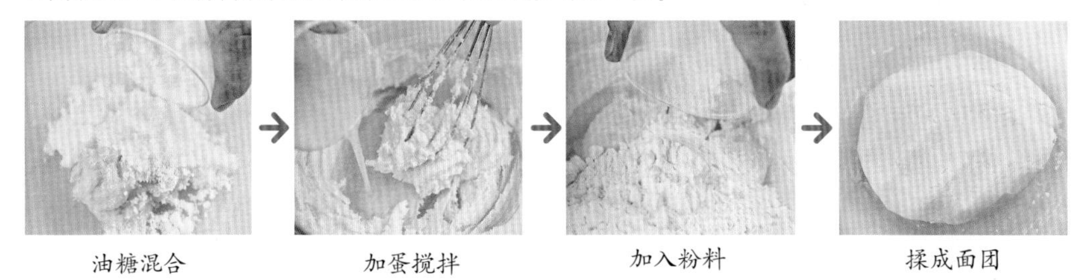

油糖混合　　加蛋搅拌　　加入粉料　　揉成面团

油粉拌和法：先干后湿的材料组合，即所有的干性材料，包括面粉、泡打粉、小苏打粉、糖粉等先混合，再加入奶油（或白油）用双手轻轻搓揉成松散状，再陆续加入湿性的蛋液或其他的液体材料，混合成面糊或面团。例如芝麻奶酥饼。

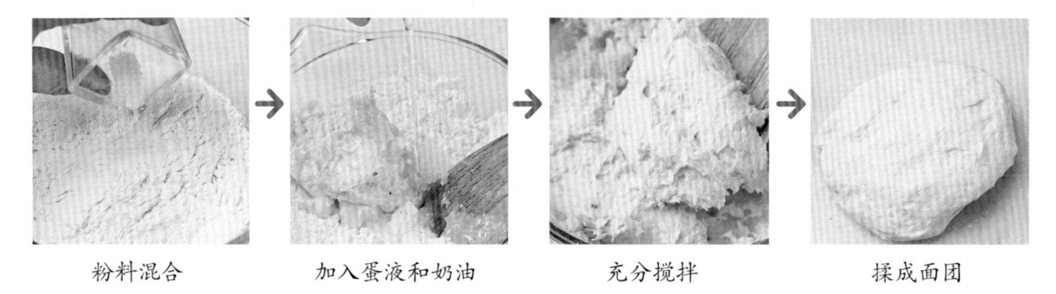

粉料混合　　加入蛋液和奶油　　充分搅拌　　揉成面团

液体拌和法：将干性材料的各种食材，例如干果、坚果及面粉等，直接拌入化开后的奶油或其他液体食材中，混合均匀即可塑形。例如芝麻饼、蜂巢薄饼等。

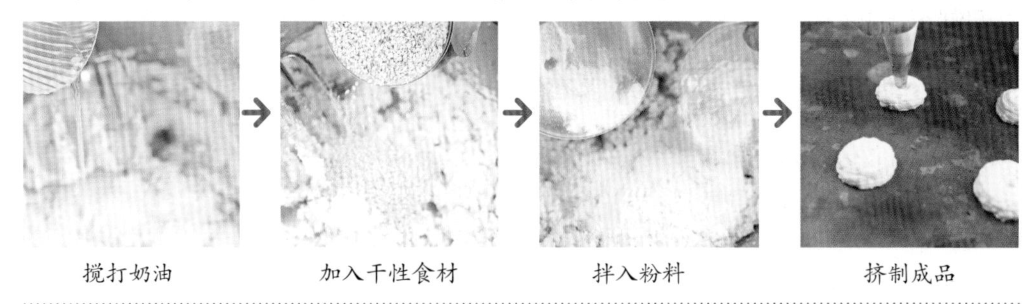

搅打奶油　　加入干性食材　　拌入粉料　　挤制成品

3.按制作手法可分为挤出类饼干、推压类饼干和冰箱类饼干

(1)挤出类饼干：挤出类饼干的面糊为软性，因为水分含量较其他类多，无法揉成面团状，只能形成面糊状，大多是装在挤花袋中裱出各种图案。

如咖啡杏仁饼干，其关键步骤如图：

和制面糊　　挤出生坯　　装点饰品

Point 1

做挤花饼干最好用口径大一点的花嘴，如果花嘴太小，饼干形状会很薄，挤出来也很费力。

Point 2

掌握好烘制时间。挤制类饼干在烘烤过程中若呈现金黄色状态，则代表饼干已烘制完成。

(2)推压类饼干：用推压类制作手法做饼干时常将面团分成小块，或搓成小球后再用工具或是手来压扁造型。

Point 1

把握好水、糖、油这三个影响饼干口感的要素。其中水分影响饼干的软硬；糖则决定着松脆；油则是酥性的关键，用的越多就越酥。

Point 3

面团拌好后若不立刻使用，最好在面团上盖塑料纸或是湿毛巾，否则与空气接触太长时间会变得干硬。如果放置时间较长的话，须放冰箱冷藏，等使用时再取出于室温下软化再用。

Point 2

制作时搅拌均匀即可，不要过分搅拌否则面团就不会自然膨胀成松脆的饼干，这样的饼干会变得又硬又干且难以下咽。

如肉松饼干，其关键步骤如下：

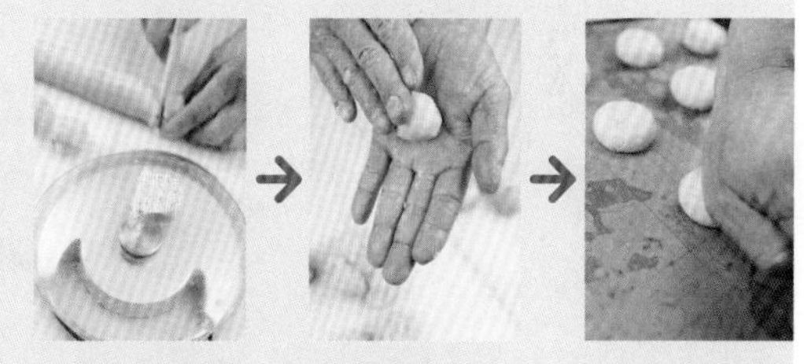

称量剂子 → 搓成圆球 → 掌心推压

(3)冰箱类饼干：冰箱类饼干容易搓成团，常揉成圆柱形、方柱形放进冰箱冷藏后再切出形状，冷冻后烘焙或把面团放进冰箱冷藏后再整形后入炉烘烤。冰箱类饼干特性为酥硬性，制作时可多做些面团放入冰箱冷冻备用，要吃时用多少切多少。这类饼干非常适合人口多的家庭食用。

Point 1

如果做好的面团太软时，可酌量增加点面粉，但可能会使饼干变得较硬，影响口感；如果面团太硬，则可酌量加点鲜奶使之稍微软些。需要注意的是，后加的鲜奶或面粉都不要一次加入，且一定要与面团拌匀。

Point 2

面团从冰箱拿出后，要用较薄且锋利的刀来切，每次切之前可将刀浸在热水中，切出来的刀口才会整齐好看。

Point 3

冰箱小西饼的面团放入冰箱中时，可使用保鲜膜包裹，以防异味影响到面团的味道。

如砂糖芝士饼干，其关键步骤如下：

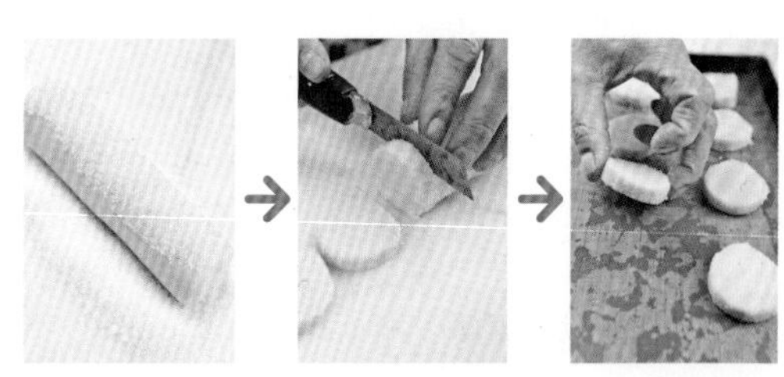

揉成圆柱入冰箱冷藏 → 刀切成形 → 放入烤箱

4 自制饼干关键步骤图解

饼干的制作过程看似繁琐，其实只要抓住其中的几个关键点，就可以轻松掌握。自己也能够根据下面的提示一步步制作出美味可口的饼干。

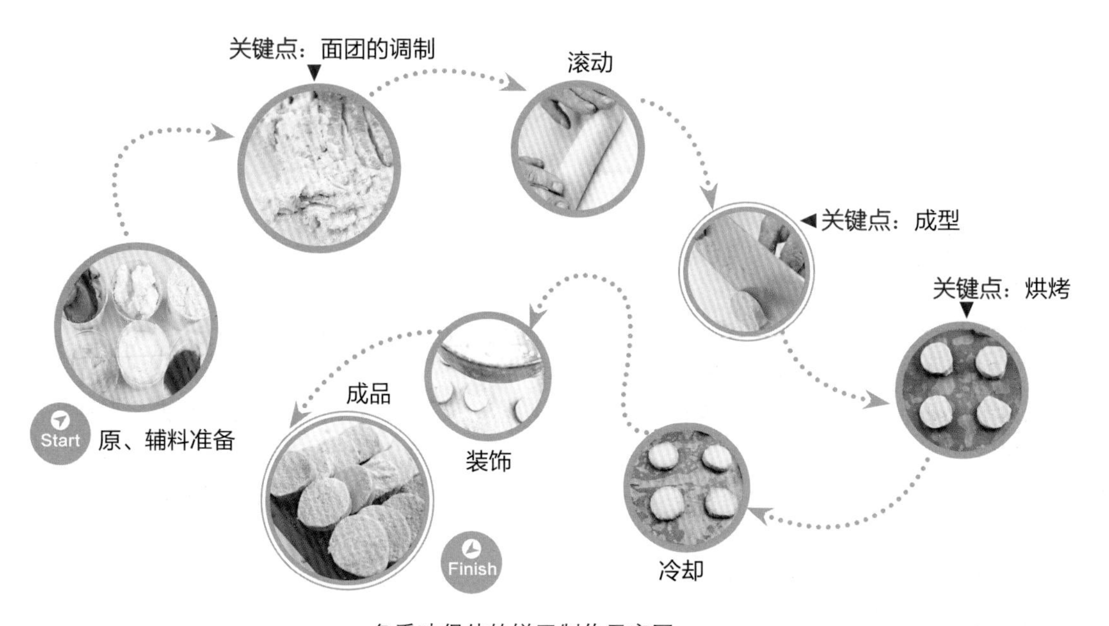

色香味俱佳的饼干制作示意图

1.制作饼干的准备工作

(1)对制作步骤要熟悉：在制作前要首先仔细阅读本书中关于材料准备、工具准备和面团揉制、成型、烘烤、装饰等知识，了解需要的材料，知道可能需要的预处理时间。

(2)原、辅料的准备：操作前，确保所有必须使用的材料均在“最佳”状态下，才可以顺利进行材料的搅拌、打发及拌匀等动作。

Point 1

用于搅拌的容器在使用前最好在冰箱中冷藏一段时间，这样在使用时打出来的浆料或面糊才会好用；冬天要先将黄油放在室温下软化；有些装饰材料需要提前加热或溶化等。

Point 2

夏天要将鸡蛋冷藏在冰箱里一小会儿再用。如果是已经冷藏在冰箱里的鸡蛋，拿出来后要放在室温下让它退冰，不然蛋液不容易和其他原料结合。因此，制作前必须先将蛋放于室温下回温。

(3)**称量工具的准备**：应该用可精确到1克的电子秤，否则误差过大，完成后的成品往往与书上的相差甚远。事先还应根据配方准确地称量好原料，这样能避免制作时手忙脚乱，导致失败。

(4)**烤箱预热的准备**：假设温度设定是180℃，预热后，电热管变红时是加热状态，待加热管变黑后，此时温度接近180℃，然后电热管用余热将温度提高到180℃左右，此时就达到了设定温度。

2.调制面糊或面团

(1)调制面糊或面团前应知的要点

粉类过筛防结块：制作饼干的低筋粉，因为蛋白质含量较低，即使未受潮，放置一段时间之后依然会结块，将粉类过筛，是为了避免结块的粉类直接加入其他材料时有小颗粒产生，这样烘焙出来的饼干口感才会比较细致。除面粉外，通常还有其他如泡打粉、玉米粉、可可粉等干粉类材料都要过筛。

过筛

奶油化开利于拌匀：奶油冷藏或冷冻后，质地会变硬，如果在制作前没有事先取出退冰软化，将会难以操作打发，软化奶油打发后，才适合与其他粉类搅拌，否则面团会变得很硬。视制作时的不同需求，则有软化奶油或将奶油完全化开两种不同的处理方法。

奶油软化的方法，最简单的就是取出放置于室温下待其软化，软化需要多长时间，要视先前奶油被冷藏或冷冻的程度而定，奶油只要软化到手指稍使力按压，可以轻易压出凹陷的程度即可。但是要制作挤压类的奶油，则需要完全化成液态才行，要想把奶油变成液态必须加热奶油才行，可放在烤箱内加热或是放在铁盆中用明火加热均可，加热好的油要等略微降温后方可与其他材料搅拌，否则过高的油会将其与之混合的材料烫熟。

奶油化开

分次加蛋：制作有些种类的饼干时，要分次加入鸡蛋才能将材料拌匀，如果一次全部加入就会出现蛋油分离的现象，比如在糖油拌和之后，蛋须先打散成蛋液后再分2~3次加入，因为一颗蛋里大约含有74%的水分，如果一次将所有蛋液全部倒入奶油糊里，油脂和水分不容易结合，造成油水分离，搅合拌匀会非常吃力。

分次加蛋

(2)面糊正确和错误的拌和方法举例

正确的方法：利用橡皮刮刀将奶油糊与粉料做切、压、刮的拌和动作，同时以不规则的方向操作。

①干性材料（粉料）筛入打发后的奶油糊之上。

②橡皮刮刀的刀面呈“直立状”并左右切着奶油糊与粉料。

③再配合橡皮刮刀的刀面呈“平面状”压材料的动作。

④最后配合橡皮刮刀刮底部粘黏的材料。

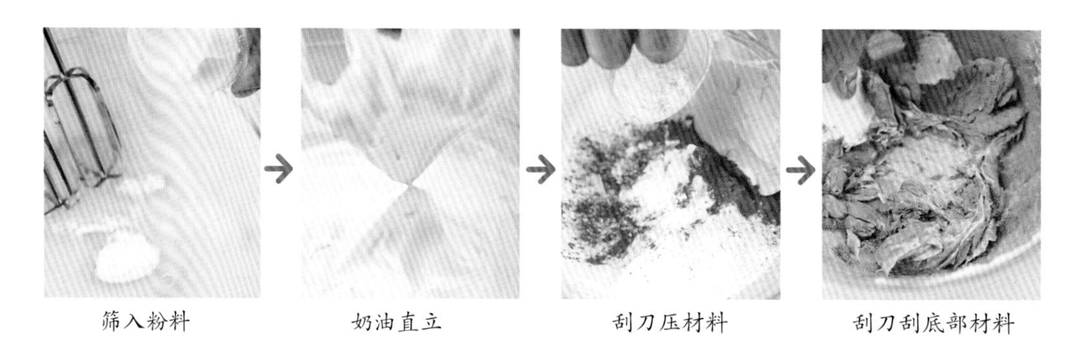

筛入粉料　奶油直立　刮刀压材料　刮刀刮底部材料

错误方法1：当干性材料的粉料筛在湿性材料的奶油糊之上时，用橡皮刮刀一直转圈圈（规则的）搅拌。这样操作面糊易出筋，就不会有好口感。

错误方法2：搅拌时使用打蛋器，使干、湿性材料不易拌和而塞在一起。同时过度用力搅拌，导致有出筋的后果。

(3)面团正确和错误的拌和方法举例

正确的方法：因湿性材料含量低，可用橡皮刮刀及手以渐进的方式将材料抓成团状。

①一开始用橡皮刮刀或手，先将湿性（奶油糊）与干性（粉料）材料稍作混合。

②继续用橡皮刮刀或手将材料渐渐地拌成松散状。

③最后用手掌，将所有材料抓成均匀的团状。

面团的拌和有两种方法：

a.**切拌法（即切拌折叠法）**：用橡皮刮刀将材料渐渐切拌成松散状，另一只手只负责把翻过来了的面团压实一点。

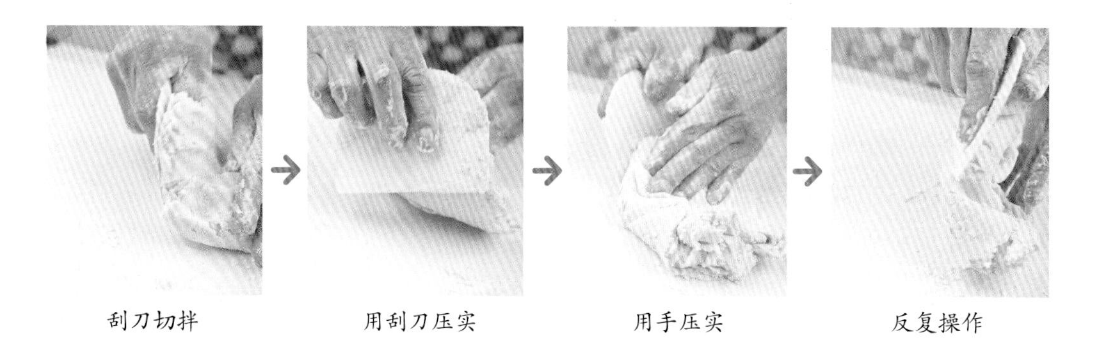

刮刀切拌　用刮刀压实　用手压实　反复操作

b.搓（压）拌法（即压拌折叠法）

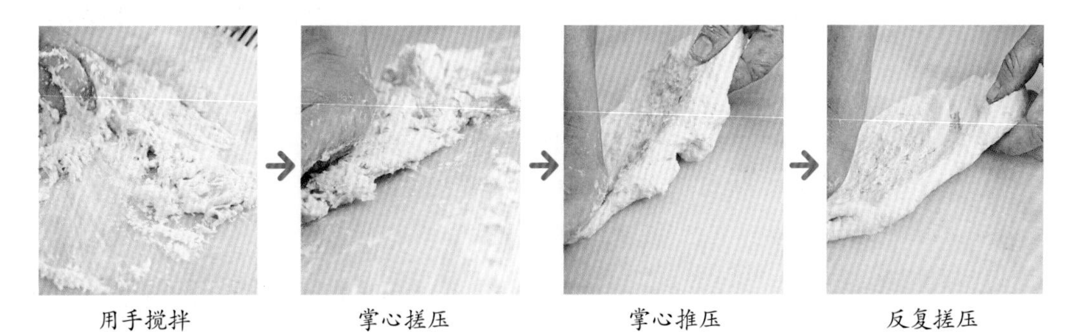

用手搅拌　掌心搓压　掌心推压　反复搓压

错误方法一：用手用力搓揉，如同制作面包揉面的手法。

错误方法二：用搅拌机快速并过度搅打。

以上两项，均会造成面团出筋。

3.饼干的成型

完成了面团和面糊的制作，接下来的塑形，就必须掌握外观与控制大小的动作，否则随性的结果会直接影响成品烘烤后的品质，因此，在同一烤盘内的造型，必须遵守以下三点：

(1)大小一致。例如手工塑形的饼干，分量拿捏尽量精确，最好以电子秤计量。

(2)厚度一致。例如利用刀切的饼干，面团的厚度要控制好，最好在0.8~1厘米为宜。手工塑形的饼干，厚度要一致，边缘不可过薄，否则容易烤焦。

(3)形状一致。例如利用饼干刻模做造型的饼干，所选用的模型要一致。

4.饼干的烘烤

(1)烤箱的预热

烤箱在烘烤之前，必须先提前10分钟把烤箱调至烘烤温度空烧（烤箱愈大预热时间就愈长），让烤箱提前达到所需要的烘烤温度，使饼干一放进烤箱就可以烘烤，否则烤出来的饼干又硬又干，影响口感。烤箱预热的动作，也可使饼干面团定型，尤其是乳沫类饼干从打发之后就开始逐渐消泡，更要立刻放进烤箱烘烤。

(2)饼干的排放要有间隔

面团排放在烤盘上，因为加热后会再膨胀，所以排放时每个饼干之间要有些间隔，以免相互粘黏在一起。另外，挤在烤盘上的面糊，除了同样彼此之间要留间隔以外，大小厚度也需均匀一致，才不会有的已烤焦了，有的却还半生不熟。

(3)正确烘烤饼干的八个关键点

①家庭一般烤箱，烘烤前10~15分钟，开始准备以上下火180℃预热，成品受热才会均匀。

②除非例外，否则大部分成品都以上火大、下火小的温度烘烤，如烤箱无法控制上下火时，烘烤饼干则以平均温度即可。

③家庭式的烘烤，需避免高温瞬间上色，否则面团内部不易烤干熟透。

④不要一个温度烤到底，中途可依上色程度而降温度调低续烤，也就是“低温慢烤”，较易掌握成品外观的品质。

⑤成品已达上色效果及九分熟的状态，即可关火利用余温，以焖的方式将水分烘干。

⑥一般成品（除薄片饼干外），烘烤约20分钟后，观察上色是否均匀，来决定是否需将烤盘的内与外位置调换。

⑦本书中的烘烤温度与时间的数值均为参考值，一般成品（除薄片饼干外），烘烤25~30分钟后，如上色的程度过浅，需随机加长时间与调整温度。

⑧出炉后的成品放凉后，如仍无法呈现酥或脆的应有口感及硬的触感，可视情况再以低温约150℃烘烤数分钟，即可改善。

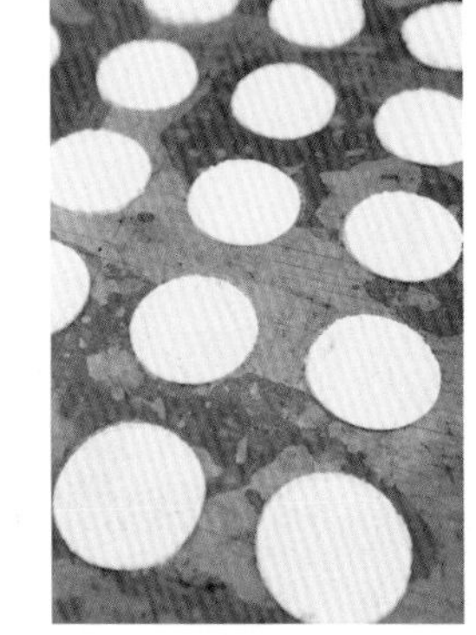

饼干在烤盘中的排列

5.饼干的装饰

(1)饼干的上色

①**双色上色：**用巧克力淋或是挤线条的方式，大的色块或是多的线条都能让人产生装饰的美，这类饼干容易吸引人的眼球。

巧克力迷你甜甜圈

②**用糖衣上色：**给人高档奢华之感，非常适合送人或是宴请宾客，此类装饰适合表面较平滑的饼干。

鸭梨饼干

(2)做夹心饼干

夹心饼干更适合儿童，夹心的材料以巧克力、奶油、蛋白膏这几种材料为主。

巧克力夹心饼干

(3)在饼干上撒粉

糖粉、可可粉、绿茶粉、巧克力粉等，此类装饰给人一种浪漫朦胧的美，适合深色的饼干且表面不光滑的为主。

巴斯理巧克力饼干

(4)造型饼干

造型饼干一般是在做好造型后再入炉烘烤定型。造型饼干相比于一般饼干更讲究比例关系及整体美感，一般用来作展示的居多，也有将烤好的饼干再拼装成立体效果的，但不适应大量制作，所以市场上几乎看不到，只有少数几家个性饼店能看到这样的饼干。

为了让自己的孩子喜欢上吃饼干，妈妈们可是需要在上面多下些功夫。

T恤裙子

5 饼干的享用与保存

饼干出炉待完全放凉后，其酥、松、脆、香的各种特性才会出现，也是最佳的品尝时机。若是存放时间较长，可以选择一些能够较长时间保存的方法。

成品出炉待完全放凉后，应避免在室温下放太久后吸收湿气而变软，需立即装入密封的玻璃罐、保鲜盒和塑料袋内，依环境的湿度或成品的类别，放在室温下可存放7~10天。

如成品有回软现象，仍可以低温慢烤的方式将水分烤干，即会恢复原有的口感。

与饼干最佳搭配的茶是红茶。红茶可以去除油腻，红茶的甘苦，会让口中的甜腻很快消失掉，即使再吃下一块饼干后也不会觉得过甜。

CHAPTER 2

饼干面团（糊）拌和法之

糖油拌和法

糖油拌和法是指，先湿后干的材料组合，即奶油在室温软化后，分次加入蛋液或其他湿性材料，再陆续加入干性材料混合成面糊和面团。

松子饼干

难易度 Nan Yi Du ★★

（成品26块）Songzi Binggan

材料

黄油105g	椰子粉30g
糖粉65g	麦片30g
牛奶25g	松子仁30g
低筋面粉135g	耐高温巧克力豆30g
泡打粉2g	

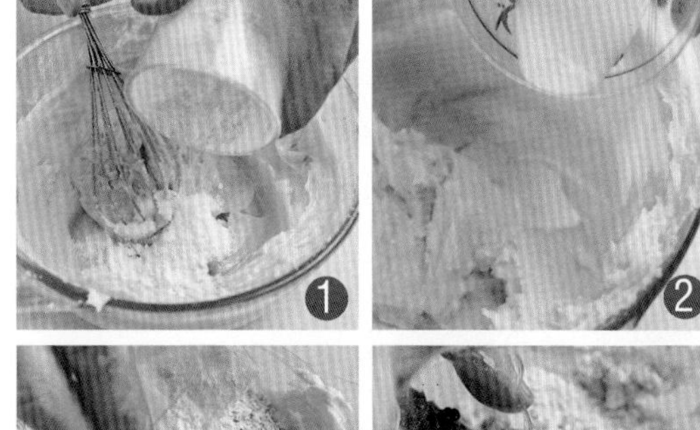

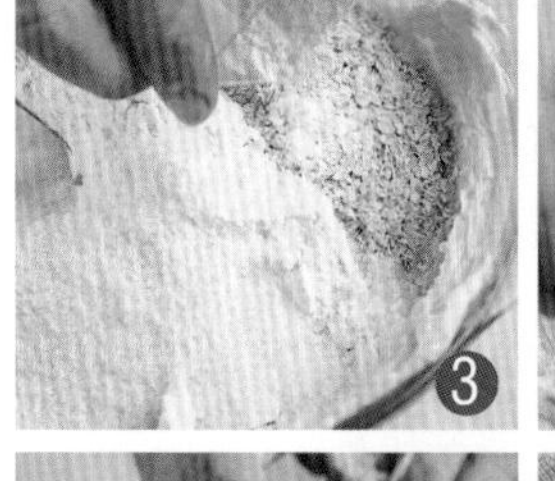

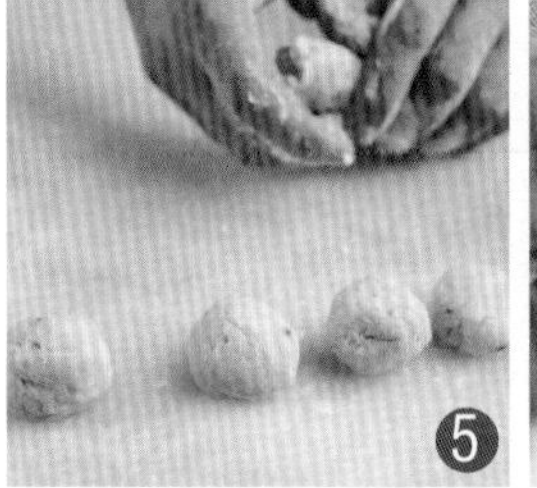

制作过程

1. 将黄油和过筛的糖粉一起搅拌至蓬松状。
2. 再加入牛奶，搅拌均匀。
3. 接着将低筋面粉、泡打粉、椰子粉过筛后，和麦片一起加入其中拌匀。
4. 然后再加入松子仁、巧克力豆，搅拌均匀，使其呈面团状。
5. 将面团分割成 26等份。
6. 用手将每个面团搓圆，均匀摆入烤盘内，并用手轻轻压扁。
7. 以上下火170℃/160℃烘烤16分钟左右即可。

芝士饼干

（成品11块）*Zhishi Binggan*

材料

黄油60g	低筋面粉125g
绵白糖25g	盐1g
鸡蛋25g	芝士粉20g

制作过程

1. 先将黄油和绵白糖放入容器，搅拌至微发。
2. 再分次慢慢加入鸡蛋，搅拌均匀。
3. 将低筋面粉和芝士粉过筛后，和盐一起加入其中，搅拌均匀成面团。
4. 面团稍作松弛后，擀成圆柱状，并分割成11份。
5. 将分割好的面团用手搓圆，摆入烤盘内，将其压得周围低、中间稍鼓一点。
6. 以上下火170℃/160℃烘烤17分钟左右即可。

法布诺芝士饼干

（成品15块）

Fabunuo Zhishi Binggan

难易度 Nan Yi Du ★★

材料

黄油60g	低筋面粉215g	杏仁粉15g
白油40g	鸡蛋22g	泡打粉1g
糖粉15g	鲜奶油10g	
盐1g	芝士粉55g	

/装饰材料/

盐2g	芝士粉30g	白油适量
蛋黄10g	蛋白适量	麦芽糖适量
低筋面粉10g	黄油适量	糖粉适量

制作过程

❶ 先将黄油和白油放入容器，搅拌均匀。

❷ 再在里面加入过筛的糖粉、盐搅拌均匀。

3. 接着将低筋面粉过筛后加入其中，拌匀。
4. 然后分次加入鸡蛋和鲜奶油，搅拌均匀。
5. 最后将泡打粉、杏仁粉和芝士粉过筛后一起加入其中，搅拌成面团。
6. 将面团稍作松弛后，擀成6mm厚的面皮。
7. 用中空的圆形压模压出圆形面饼，摆入烤盘内。
8. 将备用的装饰面团分成小块，先搓圆，再搓成两端尖的细长条。
9. 在饼干坯的表面刷上蛋白。
10. 将装饰长条打个结摆放在饼干坯表面。
11. 以上下火155℃/150℃烘烤大约20分钟即可。

装饰制作过程

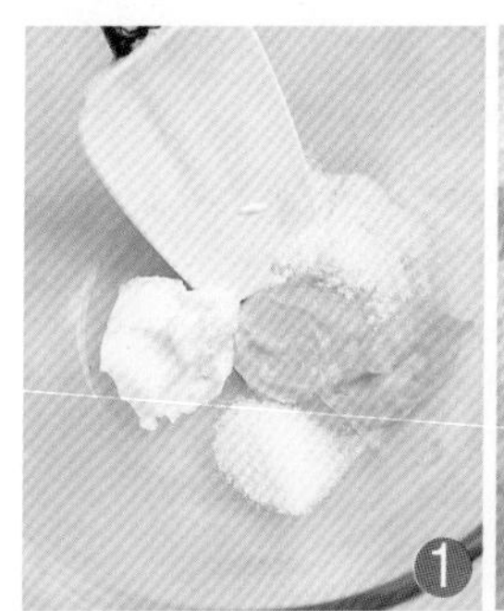
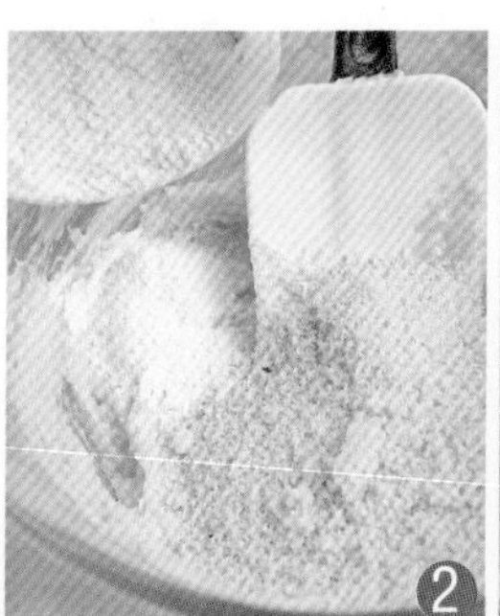

1. 将白油、黄油、麦芽糖、过筛糖粉、盐放入容器，搅拌均匀。
2. 然后加入蛋黄拌匀，再加入过筛的低筋面粉和芝士粉搅拌均匀，备用即可。

椰子饼干

（成品19块）*Yezi Binggan*

材料

黄油60g
绵白糖60g
盐0.5g
椰蓉35g
牛奶55g
低筋面粉155g
泡打粉1.5g

/装饰材料/
椰蓉适量

/柠檬糖霜材料/
绵白糖35g
水20g
柠檬汁3g

制作过程

1. 先将黄油、绵白糖和盐加入容器，搅拌均匀。
2. 接着加入椰蓉搅拌均匀，再加入牛奶搅拌均匀。
3. 将低筋面粉和泡打粉过筛后加入，搅拌成面团状。
4. 面团稍作松弛后，擀开至3mm厚。
5. 用圆形的压模将其压出。
6. 瓶坯摆入烤盘内，以上下火180℃/150℃烘烤12分钟左右。
7. 出炉后在表面刷上由原料搅拌而成的柠檬糖霜。
8. 再在表面撒上烘烤好的椰蓉即可。

椰子丝饼干

（成品15块）*Yezisi Binggan*

材料

酥油100g	**/装饰材料/**
绵白糖35g	椰子丝25g
蛋白25g	
低筋面粉135g	
椰蓉50g	

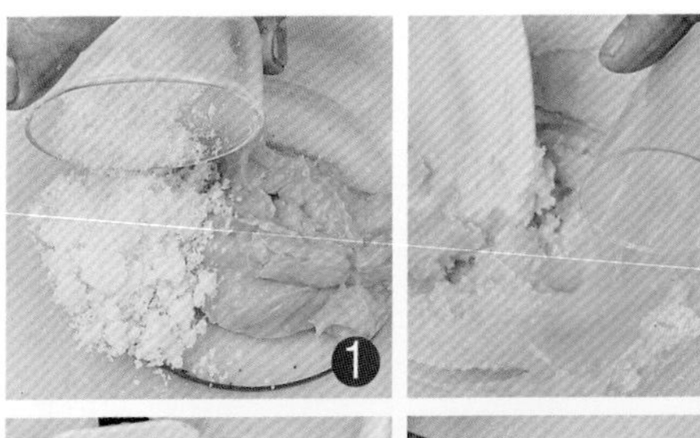

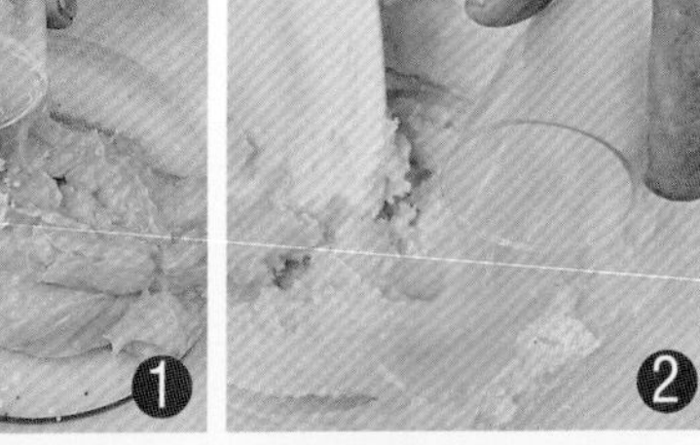

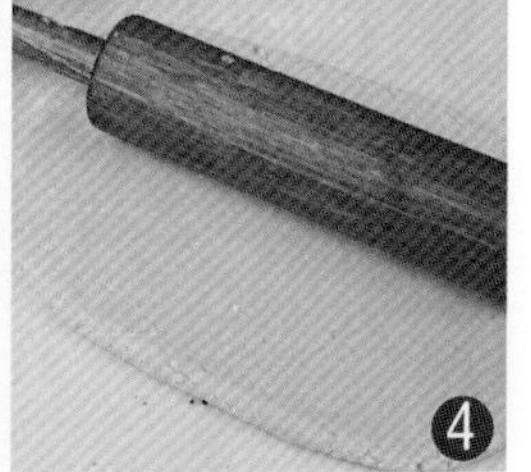

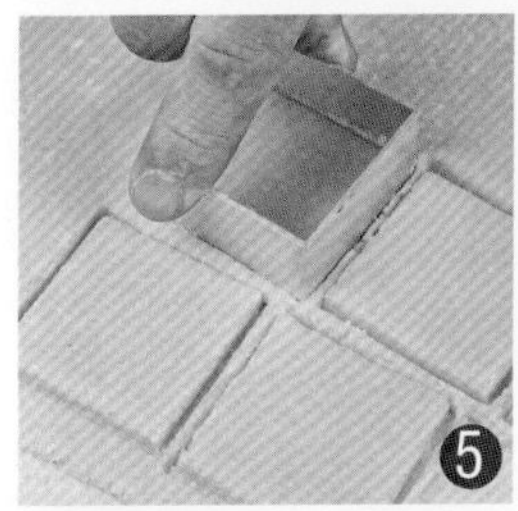

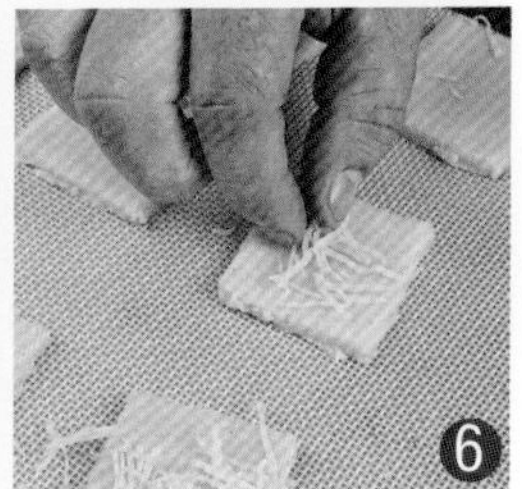

制作过程

1. 先将酥油与绵白糖搅拌至乳化状。
2. 再分次加入蛋白，搅拌均匀。
3. 接着将低筋面粉过筛后与椰蓉一起加入其中，拌成面团。
4. 将面团稍作松弛后，擀开至5mm厚。
5. 用凤梨酥模具将其压出。
6. 将饼坯摆入烤盘内，在表面放上椰子丝，并将其压紧。
7. 最后将饼坯以上下火170℃/150℃烘烤17分钟左右即可。

椰果可可饼干

（成品20个）*Yeguo Keke Binggan*

材料

黄油125g
绵白糖60g
鸡蛋1个
低筋面粉200g
可可粉50g
泡打粉5g
椰果丝60g

难易度 Nan Yi Du ★★

制作过程

1. 将黄油与绵白糖一起搅拌至乳化状。
2. 再分次加入鸡蛋搅拌均匀。
3. 将泡打粉和可可粉过筛后加入其中，拌匀；再加入低筋面粉拌成稍柔软的面团。
4. 将面团松弛10分钟，用汤匙将面团挖成球，在椰果丝上滚一下，让椰果丝粘在表面。
5. 将饼干坯摆入烤盘内，入炉以上下火180℃/170℃烘烤大约25分钟，待椰果丝稍上色即可取出。

椰蓉球

（成品16个）Yerongqiu

材料

黄油70g	蜂蜜15g
绵白糖55g	椰蓉130g
鸡蛋60g	蛋黄16g

制作过程

1. 先将60g的黄油和绵白糖一起搅拌均匀后打发。
2. 再分3 次加入鸡蛋，搅拌均匀。
3. 接着加入蜂蜜与蛋黄，充分拌匀。
4. 然后将椰蓉和10g黄油加入其中，搅拌均匀使其呈面团状。
5. 将面团擀成长条，分割成 16个。
6. 将分割好的面团用手搓圆，摆入烤盘内，以上下火210℃/140℃烘烤大约15分钟即可。

Tips

1.加入鸡蛋的时候，要注意分次加入，并搅拌均匀。

2.选用含油脂多的椰蓉，口感会好一些。

巧克力球

（成品20个）*Qiaokeliqiu*

材料

黄油80g	中筋面粉65g
糖粉80g	杏仁粉50g
鸡蛋1个	可可粉30g
低筋面粉100g	**/装饰材料/**
泡打粉16g	糖粉适量

制作过程

1. 先将黄油加入过筛的糖粉，充分搅拌打发。
2. 再分次加入鸡蛋，搅拌均匀。
3. 接着将低筋面粉、泡打粉、中筋面粉、可可粉和杏仁粉过筛后，一起加入其中，搅拌均匀成面团。
4. 将面团松弛10分钟后，分割成大小相等的20个。
5. 将分割好的面团搓成球状，摆入烤盘内，再稍微压扁一点。
6. 以上下火180℃/160℃烘烤大约 23分钟即可。
7. 出炉冷却后，在表面筛上少量的糖粉做装饰。

巧克力雪球

（成品19个）*Qiaokeli Xueqiu*

材料

黄油38g
苦甜巧克力75g
绵白糖70g
鸡蛋1个
香粉适量
低筋面粉115g
盐1g
泡打粉2g
可可粉23g

/装饰材料/

糖粉适量

制作过程

1. 先将黄油和苦甜巧克力隔水化开。
2. 再将绵白糖加入其中，搅拌均匀。
3. 接着加入鸡蛋、过筛的香粉和盐搅拌均匀。
4. 然后将低筋面粉、泡打粉和可可粉过筛后加入其中，拌成面团状，再松弛10分钟。
5. 将面团擀成长条，再分割成每个20g的小面团。
6. 将小面团搓圆，在表面蘸上糖粉，均匀地摆入烤盘，以上下火170℃/150℃烘烤大约15分钟即可。

巧克力豆饼干

（成品24块）*Qiaokelidou Binggan*

材料

黄油100g
绵白糖25g
红糖75g
高筋面粉100g
盐0.5g
玉米糖浆15g
鸡蛋1个
低筋面粉80g
泡打粉3g
巧克力豆100g
核桃碎50g

难易度 Nan Yi Du ★★

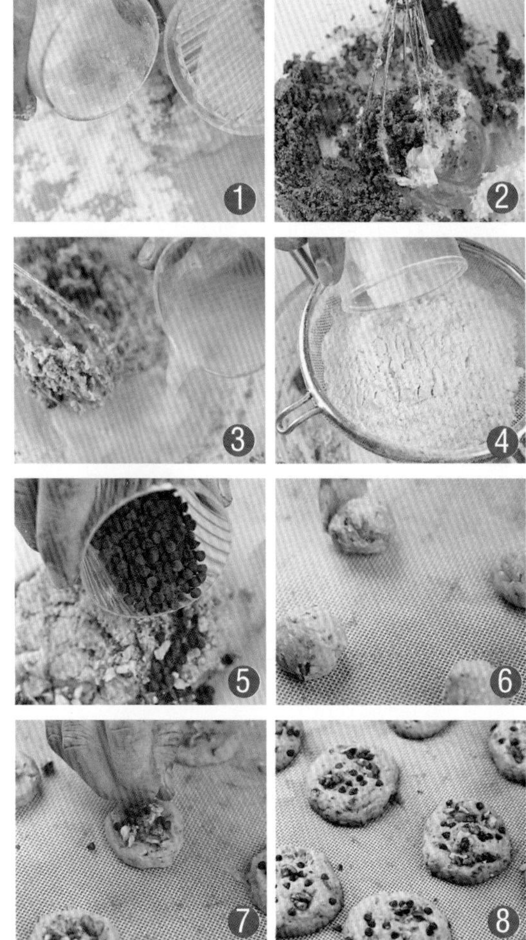

制作过程

1. 先将黄油软化，再加入绵白糖、玉米糖浆，搅拌至松发状。
2. 再加入盐、红糖，搅拌均匀。
3. 接着分次加入鸡蛋，搅拌均匀。
4. 将高筋面粉、低筋面粉和泡打粉过筛后加入其中，搅拌均匀，使其呈面糊状。
5. 将一部分的巧克力豆和核桃碎加入，拌匀。
6. 用汤匙将面糊挖在烤盘内。
7. 将面糊稍微压扁一点，在表面放上剩余的巧克力豆和核桃仁做装饰。
8. 以上下火190℃/160℃烘烤12~15分钟即可。

巧克力豆小西饼

（成品35块）*Qiaokelidou Xiaoxibing*

材料

黄油120g　　巧克力豆140g

绵白糖100g　　低筋面粉155g

鸡蛋60g

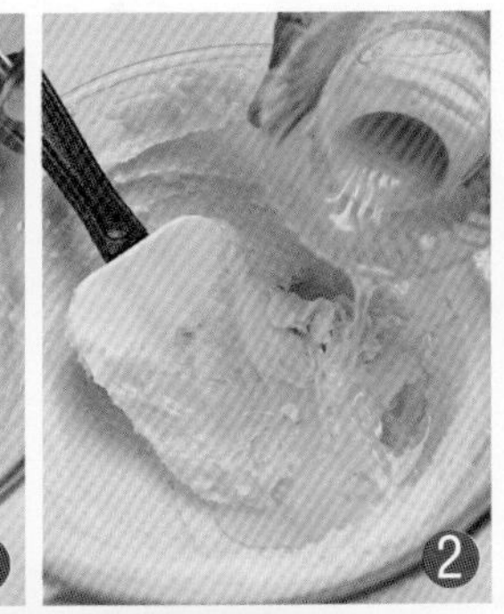

制作过程

1. 先将黄油搅拌至柔软状态，再与绵白糖一起搅拌至乳化状。
2. 接着分次加入鸡蛋，搅拌均匀。
3. 然后将低筋面粉过筛后加入其中，搅拌均匀。
4. 最后将巧克力豆加入其中，充分拌匀，呈面糊状。
5. 用汤匙将面糊挖在烤盘内。
6. 以上下火180℃/165℃烘烤大约15分钟即可。

Tips

1.加入的粉类需要过筛，要注意产品的大小均匀。

2.烘烤的时间与烘烤的温度要得当。

巴斯理巧克力饼干（成品24块）

Basili Qiaokeli Binggan

材料

杏仁粉125g　可可粉13g　蛋白60g　砂糖适量

绵白糖85g　柠檬皮碎15g　低筋面粉180g　蛋液适量

黄油75g　白兰地15g　巧克力豆30g

制作过程

先将杏仁粉过筛后，再与绵白糖和黄油搅拌至呈乳化状。

再将可可粉过筛后和柠檬皮碎加入其中，搅拌均匀。

接着分次加入白兰地和蛋白，搅拌均匀。

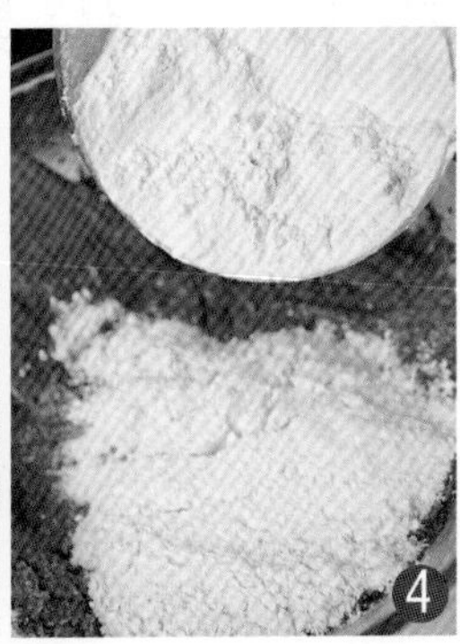

然后将低筋面粉过筛后加入其中，拌匀。

再加入巧克力豆，拌匀，松弛20分钟。

面团松弛完成后，将其擀开至5mm厚。

用中空的圆形压模将其压出圆形。

在饼坯表面刷上鸡蛋液。

在表面蘸上砂糖，摆入烤盘内。

以上下火180℃/170℃烘烤大约20分钟。

Tips

1.搅拌黄油与绵白糖的时候，要时刻注意黄油的软硬度。

2.蛋白与白兰地需要分次加入，以免蛋白与油脂产生分离。

3.压模完成以后，刷蛋液时，要注意蛋液不要刷太多，并且要均匀。

4.摆入烤盘内的半成品距离要控制得当，以免在烘烤的时候受热不均匀。

波鲁波罗涅

（成品30块）*Boluboluonie*

材料

低筋面粉170g
杏仁粉35g
酥油80g
鸡蛋25g
绵白糖90g
橙皮碎20g
柠檬碎20g

/装饰材料/

糖粉适量

制作过程

1. 先将柠檬碎和橙皮碎加入70克绵白糖，用手搓均匀，备用。
2. 将酥油与剩余绵白糖搅拌至微发。
3. 再加入备用的柠檬橙皮碎，搅拌均匀。
4. 接着分次加入鸡蛋，搅拌均匀。
5. 然后将低筋面粉、杏仁粉过筛后一起加入其中，搅拌均匀，拌成面团状。
6. 将面团稍作松弛后，擀开至1cm厚。
7. 用中空圆形压模将其压出薄片。
8. 将饼坯摆入烤盘内，在表面筛上糖粉，以上下火 150℃/140℃烘烤大约30分钟即可。

红椒芝士饼干棒

（成品22块）*Hongjiao Zhishi Bingganbang*

材料

黄油150g	低筋面粉210g
糖粉55g	红椒粉10g
鸡蛋1个	芝士粉20g

Tips

1.粉类在制作的时候，需要过筛，以免有颗粒的存在。

2.拌成面团的时候，不要形成面筋。

3.擀压的时候，要注意厚薄均匀。

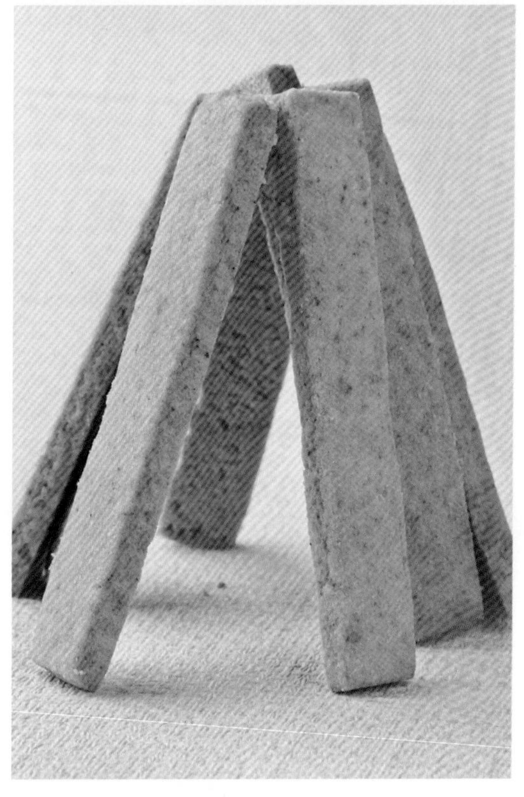

制作过程

1. 将黄油和过筛糖粉搅拌至微发。
2. 再分次加入鸡蛋，搅拌均匀。
3. 将低筋面粉、红椒粉和芝士粉过筛后加入其中，拌成面团。
4. 将面团松弛20分钟左右，擀开至5mm厚。
5. 将面饼切成长12cm、宽 2cm的长条。
6. 将饼坯摆入烤盘内，以上下火170℃/150℃烘烤大约20分钟即可。

黑胡椒饼干

难易度 Nan Yi Du ★★

（成品30块）*Heihujiao Binggan*

材料

黄油20g	低筋面粉105g
绵白糖15g	泡打粉1g
白油20g	胡椒粉2g
盐1g	**/装饰材料/**
蛋白30g	蛋白20g

制作过程

1. 先将黄油、绵白糖和白油搅拌至乳化状。
2. 再分3次加入蛋白，接着加入盐搅拌均匀。
3. 将低筋面粉、泡打粉和胡椒粉过筛后加入其中，拌成面团。
4. 将面团松弛10分钟后，擀开至1cm厚。
5. 用梅花压模将其压出。
6. 将饼坯摆烤盘内，在表面均匀地刷上蛋白。
7. 最后以上下火190℃/160℃烘烤大约20分钟即可。

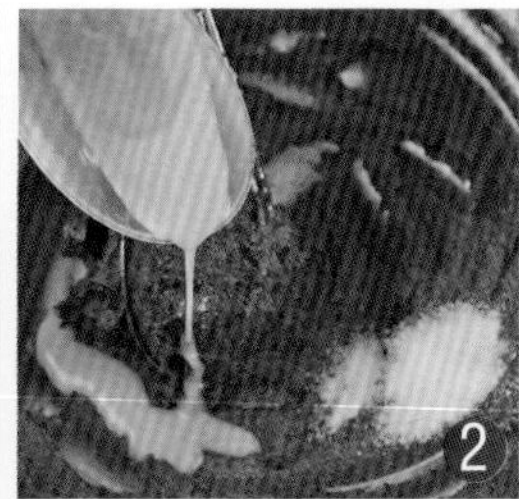

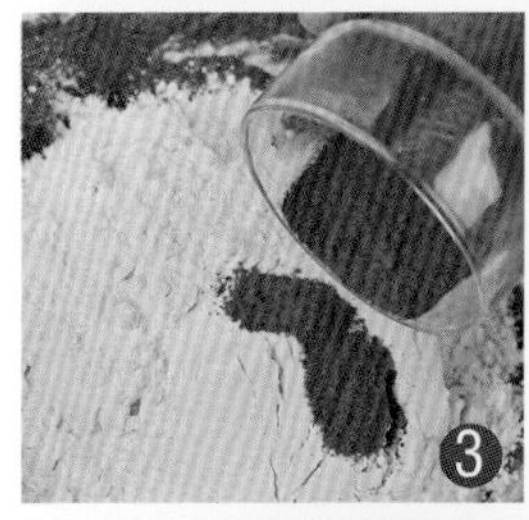

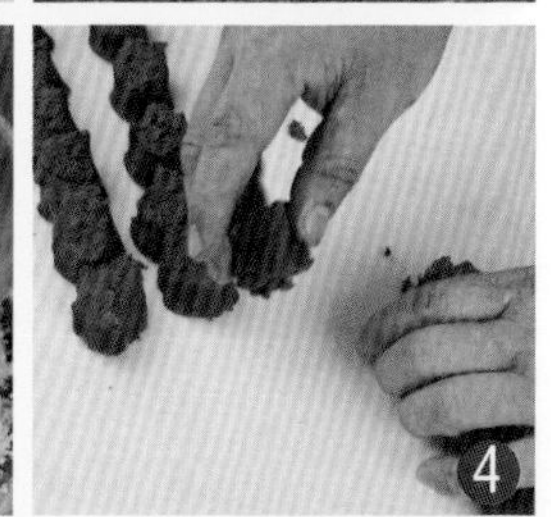

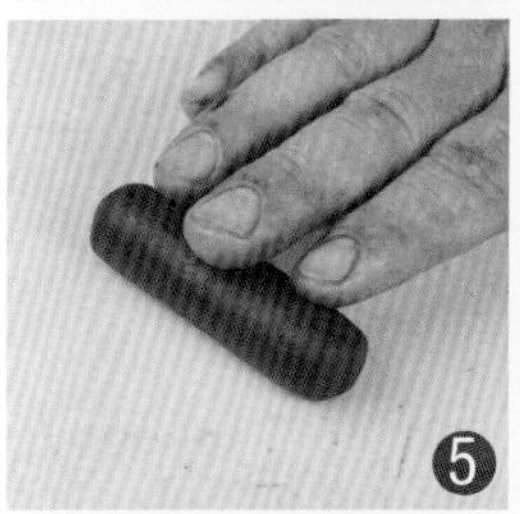

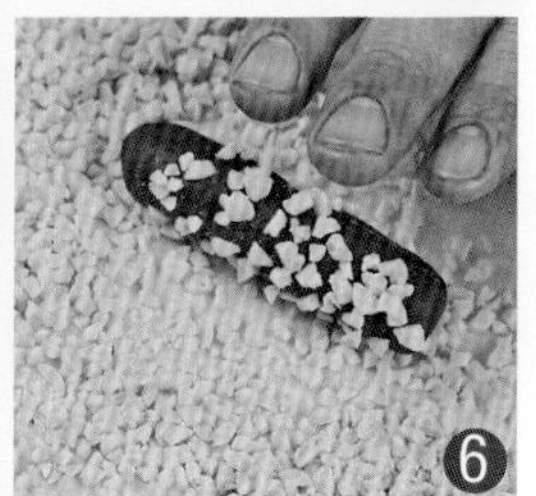

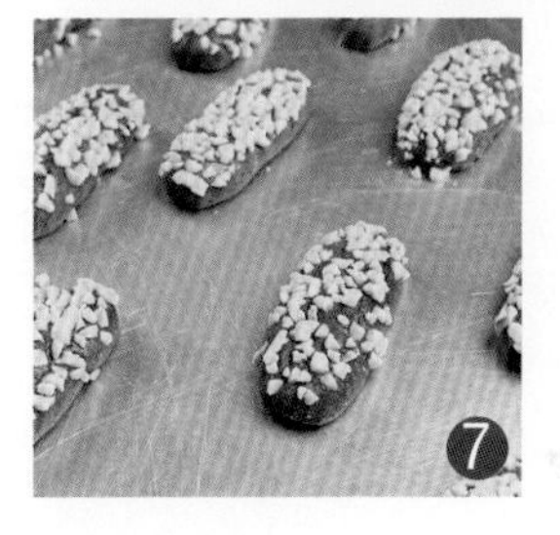

杏仁肉桂饼干

（成品24块）*Xingren Rougui Binggan*

材料

黄油100g	肉桂粉10g
红糖100g	低筋面粉180g
盐2g	杏仁碎100g
鸡蛋30g	

难易度 Nan Yi Du ★★

制作过程

1. 先将黄油与红糖一起搅拌至乳化状。
2. 再分次加入鸡蛋，接着加入盐，搅拌均匀。
3. 然后将低筋面粉和肉桂粉过筛后加入其中，拌成面团状。
4. 将面团稍作松弛后，分割成 15g/个。
5. 将分割好的小面团依次搓成小圆柱体。
6. 在小圆柱体表面蘸上杏仁碎，摆入烤盘，再轻轻将其压扁。
7. 以上下火180℃/160℃烘烤大约18分钟即可。

难易度
Nan Yi Du
★★

薰衣草饼干（成品30块）

Xunyicao Binggan

材料

白油50g
黄油70g
糖粉155g
鸡蛋1个
低筋面粉380g
牛奶20g
干薰衣草2g

/装饰材料/
蛋液适量
干薰衣草适量

制作过程

1. 先将牛奶加热后浸泡干薰衣草20分钟，备用。
2. 将白油和黄油放入容器内搅拌均匀，再加入过筛的糖粉充分拌匀。
3. 接着分次加入鸡蛋，搅拌均匀。
4. 然后将低筋面粉过筛后加入其中，搅拌均匀。
5. 最后加入浸泡薰衣草的牛奶，搅拌均匀成面团。
6. 将面团松弛20分钟，擀压至0.3cm厚，用滚刀切成宽2.5cm的长条面皮。
7. 用滚针在面皮上打上小孔，用滚轮刀切成长5cm、宽2.5cm的四方块。
8. 将饼坯摆入烤盘内，在上面刷上蛋液，撒上干薰衣草做装饰。
9. 以上下火180℃/160℃烘烤大约11分钟即可。

Tips

1.牛奶和薰衣草在浸泡的时候，时间可以稍微久一些，以便让薰衣草充分吸收牛奶。
2.搅拌白油和黄油的时候，要注意油脂的软硬度。
3.加入鸡蛋的时候，要分次加入，搅拌均匀。
4.搅拌面团的时候，不要将面团的筋搅拌出来。
5.切块的大小要一致。

美式核桃饼干

（成品20个）*Meishi Hetao Binggan*

材料

黄油120g	核桃110g
糖粉45g	中筋面粉130g
鸡蛋55g	香粉适量

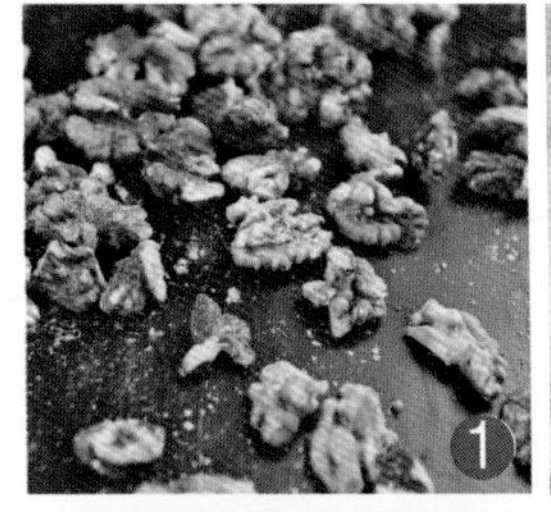
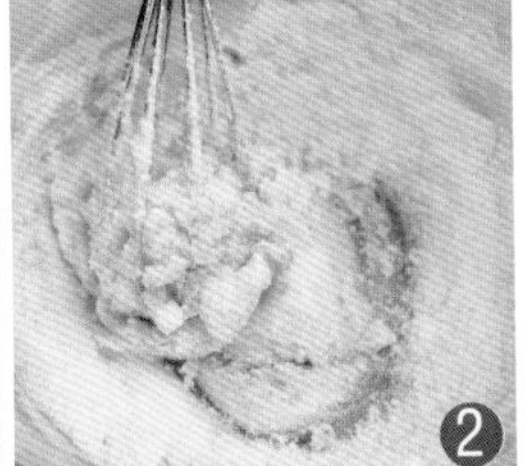
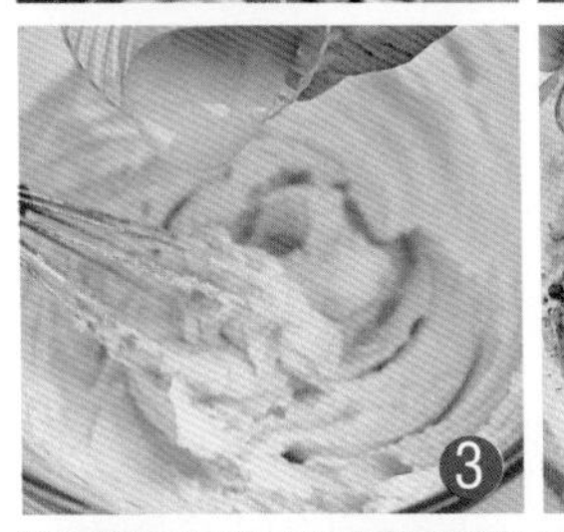
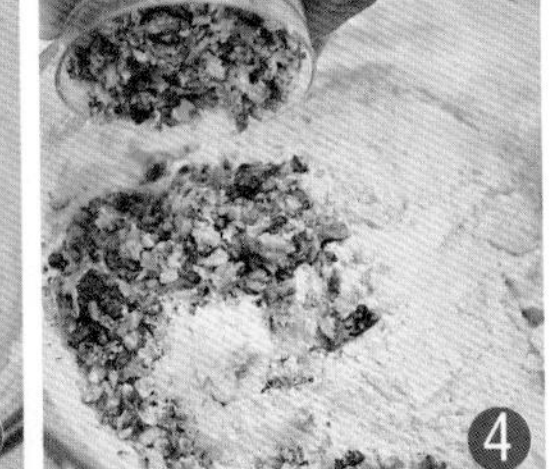

制作过程

1. 将核桃烘烤熟，备用。
2. 先将黄油搅拌松散，然后加入糖粉，搅拌至松发状。
3. 再分次加入鸡蛋，搅拌均匀。
4. 接着将中筋面粉和香粉过筛后，与烘烤好的核桃一起加入其中，搅拌均匀成面团。
5. 将面团分割成20份，并用手将其揉圆。
6. 摆入烤盘内，用手均匀地将面团压扁。
7. 以上下火180℃/160℃烘烤18分钟左右即可。

Tips

1.在搅拌黄油与糖粉的时候，搅拌时间稍微长一些，使其搅拌得更酥松。

2.粉类材料在加入的时候需要过筛。

咖啡饼干

（成品21块）*Kafei Binggan*

材料

黄油120g	即溶咖啡粉15g
糖粉100g	低筋面粉175g
蛋黄15g	盐1g

制作过程

1. 先将盐、黄油与过筛糖粉搅拌至乳化状。
2. 再加入蛋黄，搅拌均匀。
3. 接着将即溶咖啡粉压碎和过筛的低筋面粉一起加入其中，拌成面团状。
4. 将面团分割成20g/个。
5. 将分割好的面团揉圆，摆入烤盘内，用手轻轻压扁。
6. 以上下火180℃/160℃烘烤大约18分钟即可。

Tips

1.黄油和绵白糖在搅拌时，要控制好搅拌的程度。

2.即溶咖啡粉要提前擀压碎。

卡尔斯咖啡饼干

（成品35个）

Kaersi Kafei Binggan

材料

黄油125g
淡奶油10g
糖粉95g
炼乳15g
蛋黄50g
低筋面粉140g
情侣咖啡粉10g

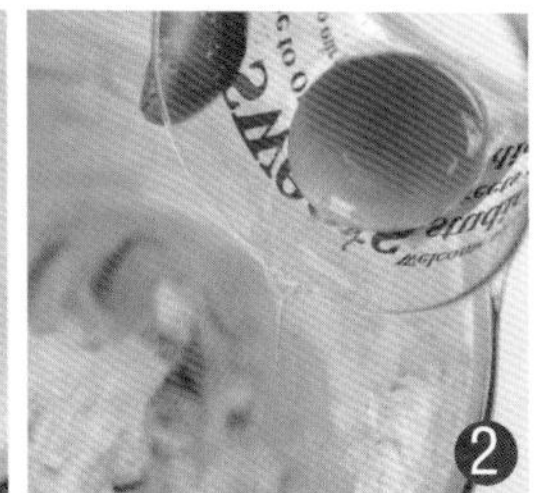

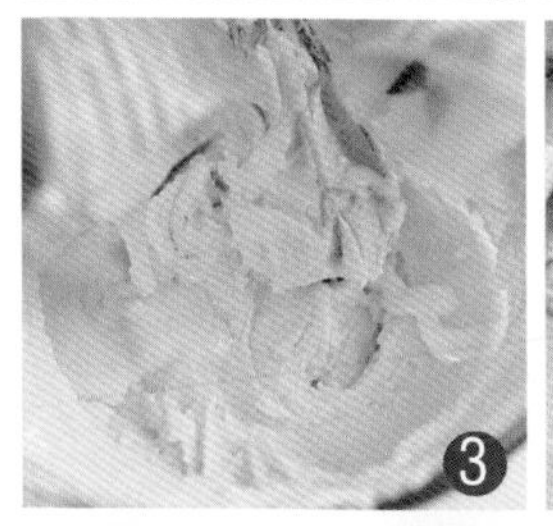

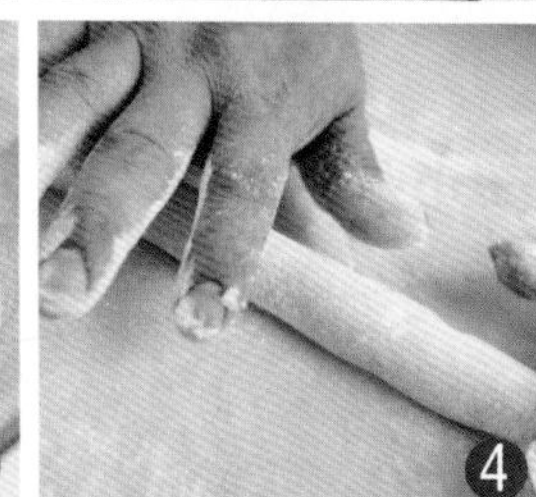

制作过程

1. 先将黄油、过筛的糖粉搅拌至蓬松状。
2. 再加入蛋黄，搅拌均匀。
3. 接着依次加入淡奶油、炼乳、过筛的低筋面粉和咖啡粉，并搅拌成面团。
4. 将面团分割成35个，用手搓圆。
5. 摆入烤盘内，轻轻将面团压扁。
6. 以上下火180℃/160℃烘烤15分钟左右即可。

Tips

黄油与糖粉在搅拌的时候，可以稍微搅拌得发一下。淡奶油也可以用鲜奶油代替。

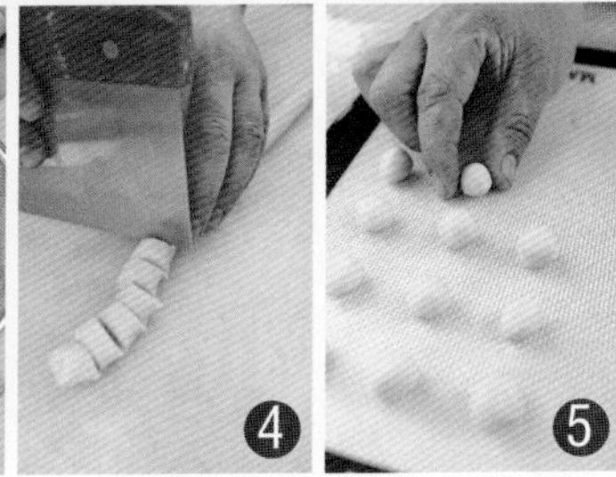

豆豆酥

（成品20个）Doudousu

材料

黄油60g
糖粉50g
鸡蛋30g
香粉3g
低筋面粉110g
泡打粉1.5g
奶粉15g

制作过程

1. 先将黄油、糖粉依次放入容器中，搅拌至蓬松状。
2. 再依次加入过筛的低筋面粉和鸡蛋，充分搅拌均匀。
3. 接着将奶粉、泡打粉和香粉过筛后加入其中，拌成面团。
4. 面团稍作松弛后，搓成长条，再切成若干份，大约200个，用手揉圆。
5. 摆入烤盘内，以上下火180℃/150℃烤大约13分钟即可。

Tips

1.黄油在冬天的时候要先化开1/3。
2.加入鸡蛋的时候，要分次慢慢加入，以免油蛋分离。
3.所有的粉类要过筛。
4.分割面团的时候，要大小均匀。

视频
扫二维码

椰丝酥饼（成品25块）

Yesi Subing

材料

A：糖粉133克
牛油117克
香粉2克

B：鸡蛋液20克
C：低筋面粉167克
泡打粉1.7克

椰蓉107克

制作过程

1. 先将原料A放在容器中搅拌均匀。

2. 容器中再分次加入鸡蛋液搅拌均匀。

3. 将原料C过筛后加蛋油糊中。

4. 再将面糊充分搅拌均匀成面团。

5. 将面团分割成20克一个的剂子。

6. 将每个剂子搓圆。

7. 将搓好的圆球摆入放有高温布的烤盘。

8. 烤箱预热后以上火180℃、下火130℃烤约15分钟至金黄色即可。

谷类饼干

（成品12块）*Gulei Binggan*

材料

白油40g	薏仁粉20g
黄油80g	糙米粉20g
绵白糖80g	黄豆粉20g
鸡蛋30g	低筋面粉90g

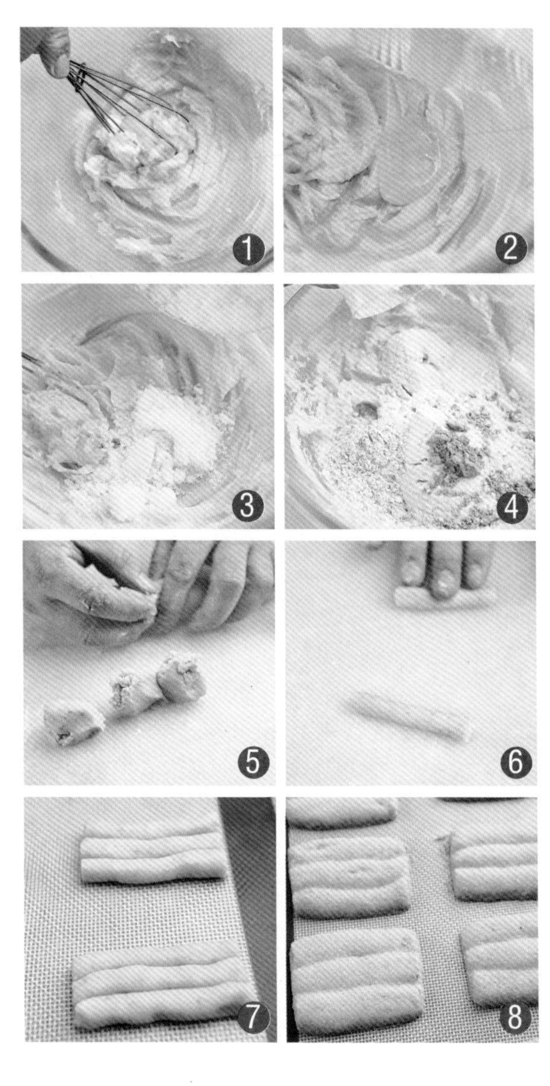

制作过程

1. 先将白油和黄油搅拌至乳化状。
2. 再分次加入鸡蛋，搅拌均匀。
3. 接着加入绵白糖，搅拌均匀。
4. 然后将低筋面粉、薏仁粉、黄豆粉、糙米粉过筛后加入其中，搅拌均匀成面团。
5. 将面团松弛10分钟，再分割成10g/个。
6. 将分割的面团搓圆，再搓成长条状。
7. 将3根长条摆放在一起。
8. 入炉烘烤，以上下火180℃/170℃烘烤大约20分钟即可。

老街芝麻饼

（成品9块） *Laojie Zhimabing*

材料

水78g
绵白糖50g
盐1g
色拉油58g
中筋面粉210g
小苏打1g
烘烤的芝麻35g

制作过程

1. 先将水和绵白糖一起加入容器，搅拌至糖化开。
2. 再加入盐、色拉油，搅拌均匀。
3. 将中筋面粉和小苏打过筛后，和芝麻一起加入其中，拌成面团状。
4. 面团稍作松弛后，将其分割成10g/个。
5. 用手将小面团搓圆，在表面蘸上芝麻，摆入烤盘内。
6. 用手将面团压扁。
7. 以上下火190℃/160℃烘烤15 分钟左右即可。

巧克力饼干（成品9块）

Qiaokeli Binggan

难易度 Nan Yi Du ★★★

材料

黄油100g　杏仁粉20g
绵白糖100g　低筋面粉200g
鸡蛋20g　白巧克力适量
香粉2g　黑巧克力适量

Tips

1.在化巧克力的时候，要隔水加热化，但温度不可太高。
2.在表面挤白巧克力线条的时候，要均匀。
3.画图案的时候，巧克力不可凝固，以免画得不好看，破坏整体形状。

制作过程

先将黄油与绵白糖搅拌至乳化状。

再分次加入鸡蛋，搅拌均匀。

接着将香粉、低筋面粉、杏仁粉过筛后一起加入其中，拌成面团状。

将面团松弛10分钟，擀开至5mm厚。

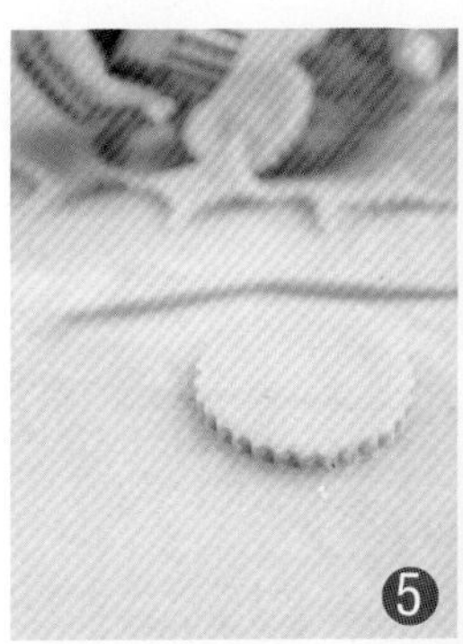

用中空菊花型模具将其压出。

摆入烤盘内，以上下火180℃/160℃烘烤大约15分钟后出炉冷却。

将黑巧克力和白巧克力隔水化开后，将其中一部分饼干的表面蘸上黑巧克力。

再用白巧克力在表面画上图案。

在剩余的饼干上面挤上白巧克力。

将画好图案的饼干，盖在挤有白巧克力的饼干上即可。

巧克力夹心饼干（成品10块）

Qiaokeli Jiaxin Binggan

难易度 Nan Yi Du ★★★

材料

黄油30g
糖粉45g
盐0.5g
牛奶30g
低筋面粉100g
可可粉10g
小苏打0.5g

/装饰材料/
可可粉适量

/馅料材料/
无水奶油40g
糖粉40g
香草荚半根

制作过程

1. 先将黄油、过筛的糖粉和盐放在一起，搅拌均匀。
2. 再加入牛奶，搅拌均匀。
3. 将低筋面粉、可可粉和小苏打过筛后加入其中，拌匀成面团。
4. 将面团稍作松弛后，分割成10g/个，搓圆。
5. 摆入烤盘内，用手将面团压扁。
6. 用模具蘸上可可粉，将饼干坯表面压扁，表面花纹要清晰。
7. 以上下火180℃/160℃烘烤大约8分钟即可。
8. 出炉冷却后，将一半的饼干翻过来，在底部挤上馅料。
9. 将另一片饼干盖在上面即可。

馅料制作过程

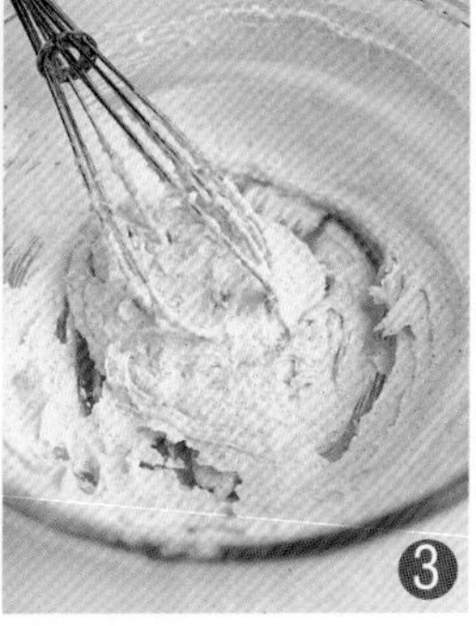

1. 先将香草荚中的香草籽刮出备用。
2. 将无水奶油加入过筛的糖粉，充分打发。
3. 再加入拌匀的香草籽，搅拌均匀后即可备用。

硬脆巧克力棒

（成品20块）*Yingcui Qiaokelibang*

材料

水40g
绵白糖22g
盐0.5g
低筋面粉115g
小苏打0.5g
色拉油15g
巧克力适量

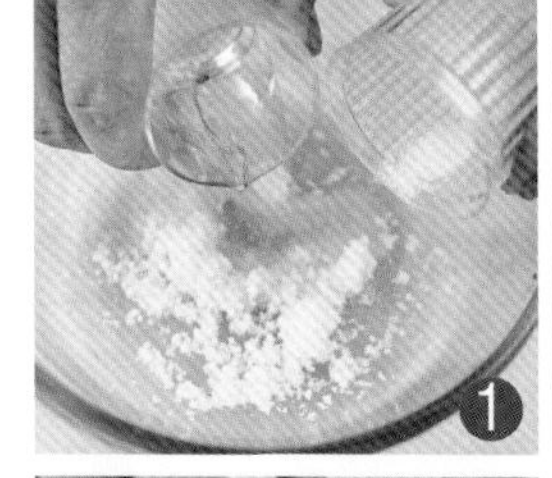
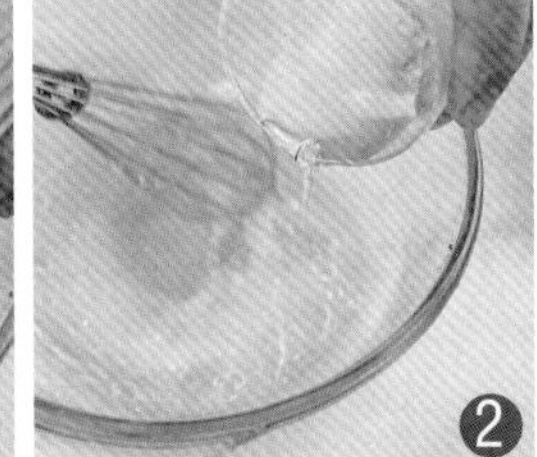

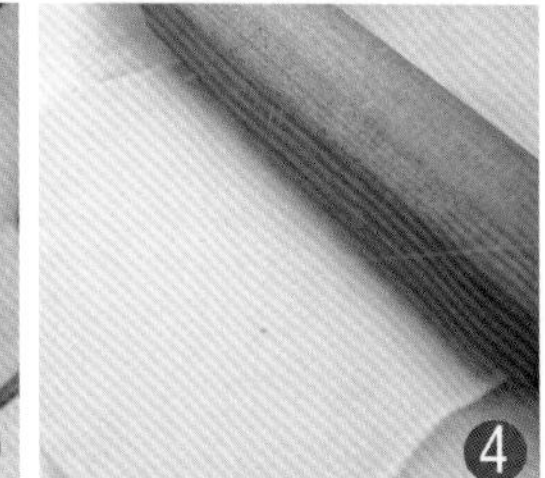

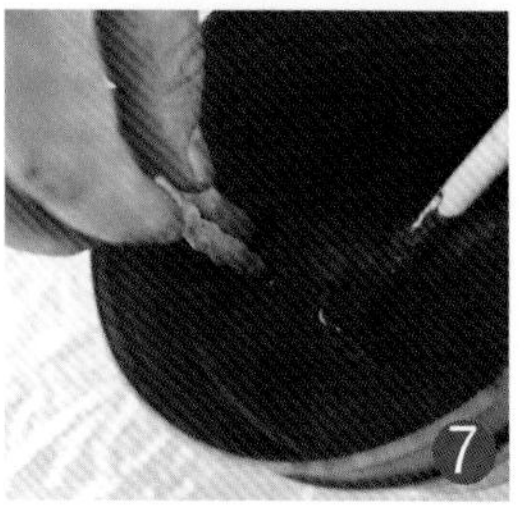

制作过程

1. 先将水、绵白糖和盐加入容器，搅拌至糖、盐完全化开。
2. 再将色拉油慢慢加入，并搅拌均匀。
3. 接着将低筋面粉和小苏打过筛后一起加入，拌成面团。
4. 将面团松弛约20分钟，擀成3mm厚的四方形面皮。
5. 用滚轮刀切成宽4mm的长条。
6. 将面条扭几下，摆入烤盘内，并截成长13cm的长条，再以上下火170℃/150℃烘烤大约15分钟，出炉冷却。
7. 将巧克力化开后，把长条棒的一端蘸上巧克力，摆放在塑料纸上待其完全凝固即可。

巧克力酥

（成品15块） *Qiaokelisu*

材料

黄油90g
绵白糖80g
鸡蛋20g
香粉2g
杏仁粉10g
低筋面粉170g
黑巧克力适量

制作过程

1. 先将黄油与绵白糖一起充分打发。
2. 再分次加入鸡蛋，搅拌均匀。
3. 接着将香粉、低筋面粉和杏仁粉过筛后一起加入其中，拌成面团状。
4. 将面团松弛10分钟，擀开至5mm厚。
5. 用中空圆形模具将其压出。
6. 将饼坯摆入烤盘内，以上下火180℃/160℃烘烤大约15分钟。
7. 出炉冷却后，将黑巧克力隔水化开，涂在酥饼表面。
8. 待黑巧克力凝固后，再用化开的巧克力在表面画上细线纹路即可。

巧心酥

（成品16块）

Qiaoxinsu

材料

黄油16g
糖粉130g
盐1g
小苏打1g
香粉1g
鸡蛋40g
可可粉17g
低筋面粉130g

/装饰材料/
杏仁碎适量
苦甜巧克力适量

/馅料材料/
黄油200g
蜂蜜140g
巧克力60g
色拉油20g
香粉1g
盐适量

/涂抹材料/
鸡蛋1个

制作过程

1. 先将黄油、糖粉和盐一起搅拌均匀。
2. 再加入鸡蛋搅拌均匀，至糖化。
3. 接着将低筋面粉、香粉、可可粉和小苏打过筛后加入其中，拌成面团状。
4. 将面团稍作松弛后，搓成长条。
5. 将长条状的面团分割成10g/个，共32个剂子。
6. 将剂子搓成小长条，在表面刷上鸡蛋液。
7. 在表面蘸上杏仁碎，摆入烤盘内，以上下火180℃/160℃烘烤大约 20分钟。
8. 出炉冷却后，将一半酥饼翻过来，在底部挤上馅料。
9. 将另一半酥饼盖在表面，再在两端蘸上隔水化开的苦甜巧克力即可。

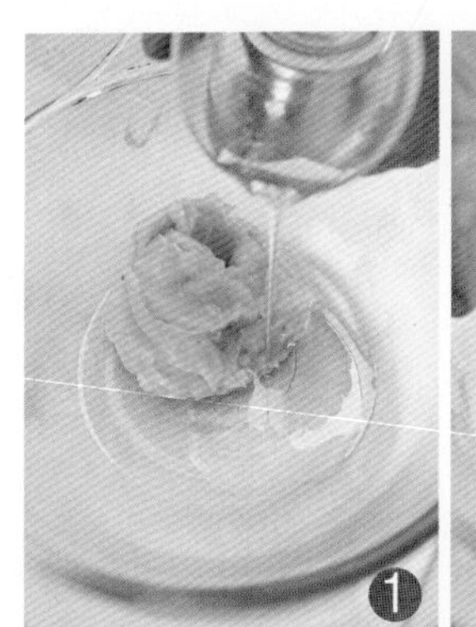

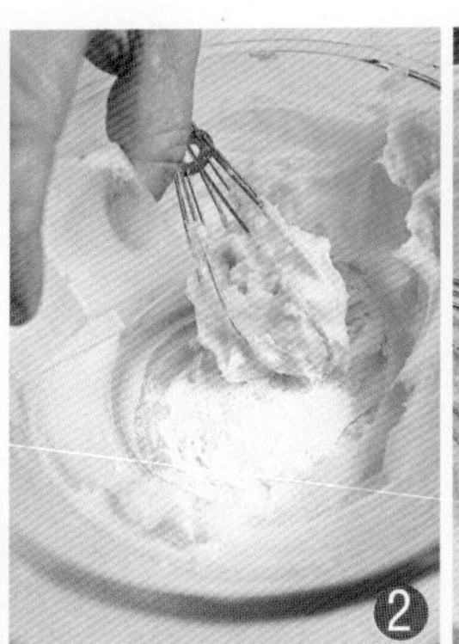

馅料制作过程

1. 将黄油打散后加入盐和蜂蜜，充分搅拌至膨发状。
2. 再加入色拉油、过筛香粉，充分打发。
3. 最后将巧克力隔水化开后加入其中，搅拌均匀备用。

甜心梦（成品14块）

Tianxinmeng

难易度
Nan Yi Du

材料

黄油80g	牛奶15g	**/装饰材料/**
白油20g	果汁粉 10g	鸡蛋1个
香粉1g	奶粉15g	
盐0.5g	低筋面粉150g	
糖粉60g	柚子茶酱150g	

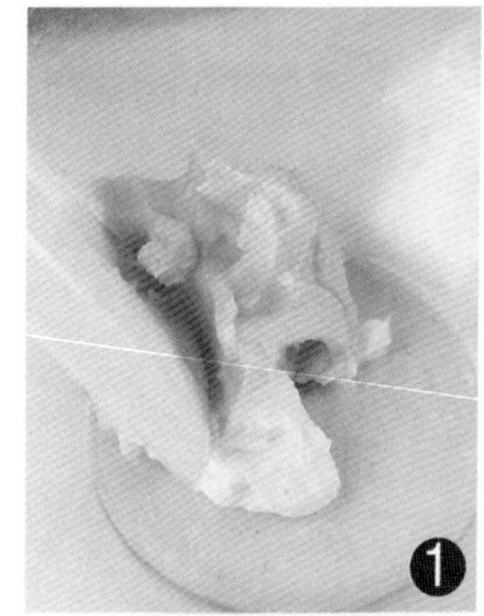

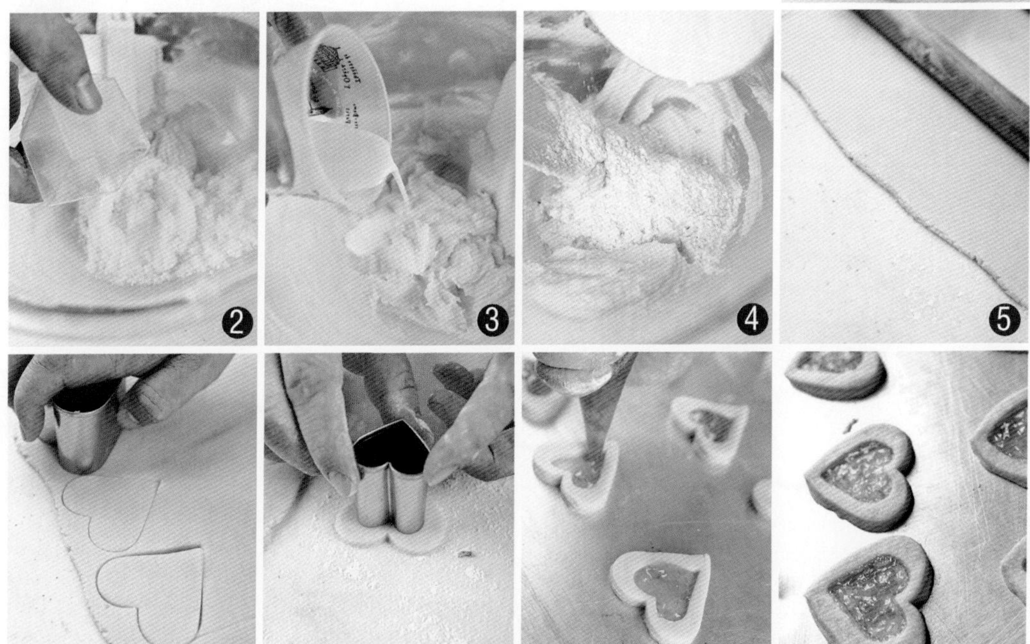

制作过程

1. 先将黄油与白油搅拌至微发。

2. 再加入过筛的香粉和糖粉、盐，充分打发。

3. 然后分次加入牛奶，搅拌均匀。

4. 接着将果汁粉、奶粉、低筋面粉过筛后加入其中，拌成面团。

5. 稍作松弛后，将面团擀成3mm厚的面皮。

6. 用心形中空压模将面皮压出。

7. 再将一半心形面皮用一个小的心形模具从中间压成空心的心形面皮。

8. 将空心的心形面皮摆在剩余的完整心形面皮上面，放入烤盘，在表面均匀地刷上鸡蛋液并在空心的地方挤上柚子茶酱。

9. 将饼坯以上下火180℃/150℃烘烤大约30分钟即可。

香浓芝士块

难易度 Nan Yi Du ★★★

（成品20块）*Xiangnong Zhishikuai*

材料

黄油100g
糖粉85g
鸡蛋30g
低筋面粉200g
杏仁粉20g
芝士粉45g

制作过程

1. 先将黄油与过筛糖粉搅拌至乳化状。
2. 再分次加入鸡蛋，搅拌均匀。
3. 接着将低筋面粉、芝士粉和杏仁粉过筛后一起加入其中，拌成面团状。
4. 稍作松弛后，放入宽15cm、长21cm铺有垫纸的长方形烤盘内。
5. 再将其均匀地擀平。
6. 用叉子在饼坯上面打上小孔。
7. 以上下火170℃/150℃烘烤大约25分钟即可。
8. 取出，撕去垫纸，并将其切成长 5cm、宽 3cm 的小块即可。

橙皮饼干

（成品30块） *Chengpi Binggan*

材料

奶油75g　鸡蛋1个

柠檬汁10g　低筋面粉220g

绵白糖75g　橙皮碎15g

/装饰材料/

蛋黄液适量

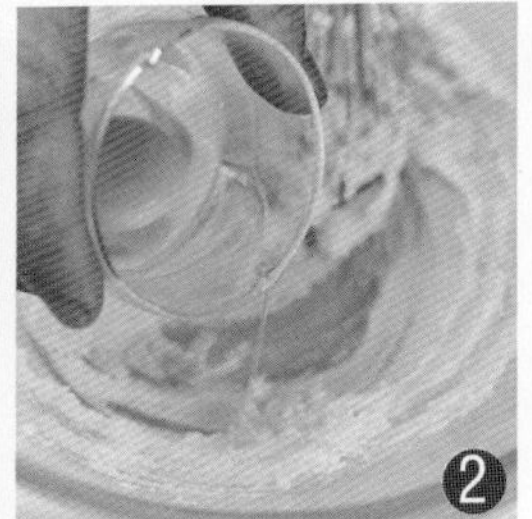

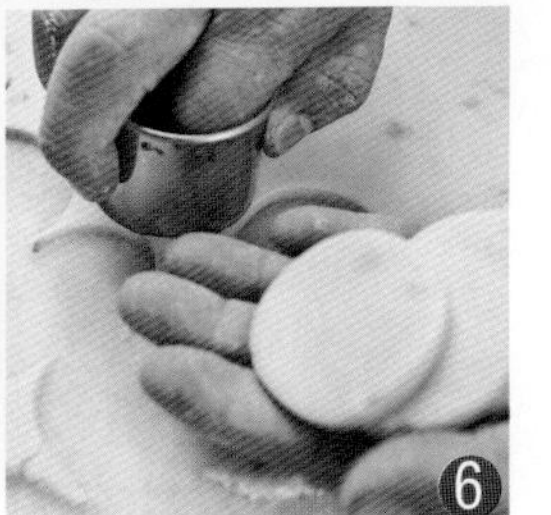

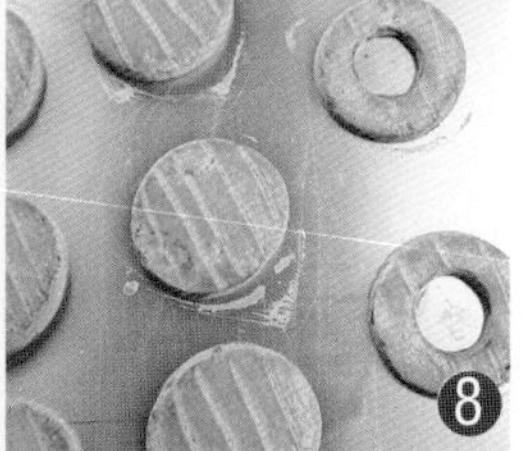

制作过程

1. 先将奶油、柠檬汁和绵白糖放入容器，并搅拌均匀。
2. 再将鸡蛋分次加入，搅拌均匀。
3. 接着加入柠檬汁，搅拌均匀。
4. 然后将低筋面粉过筛后，和橙皮碎一起加入其中，拌成面团状。
5. 面团稍作松弛后，擀开至0.3cm厚。
6. 用圆形的压模压出饼坯，摆入烤盘。
7. 在饼坯表面刷上蛋黄液，并用牙签在表面划出花纹。
8. 以上下火180℃/160℃烘烤大约13分钟即可。

Tips

1.搅拌黄油的时候，要注意黄油的软硬度和搅拌的程度。

2.加入鸡蛋的时候，要分次慢慢加入。

3.烘烤的温度要根据炉温的情况来定。

柠檬芭蕾（成品20块）

Ningmeng Balei

材料

黄油100g	鸡蛋45g	/装饰材料/
绵白糖35g	柠檬碎15g	柠檬巧克力适量
泡打粉2g	低筋面粉170g	苦甜巧克力适量
杏仁粉45g	蓝莓果酱70g	

Tips

1.低筋面粉和泡打粉需要过筛后方可加入。

2.化巧克力时，要隔水将其化开，而且温度不可太高。

制作过程

先将黄油与绵白糖搅拌至乳化状。

再加入过筛的杏仁粉和泡打粉，搅拌均匀。

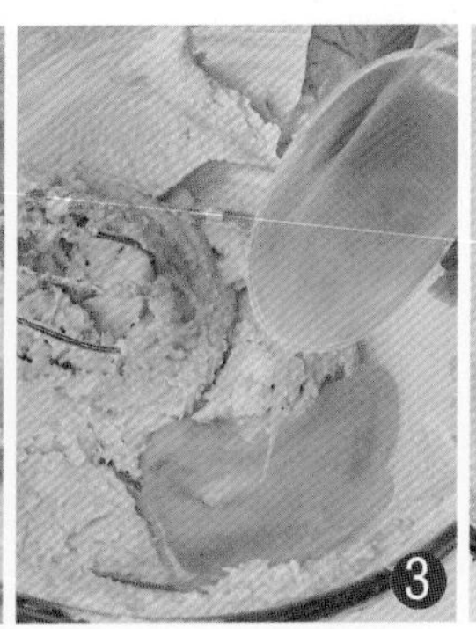

接着分次加入鸡蛋，搅拌均匀。

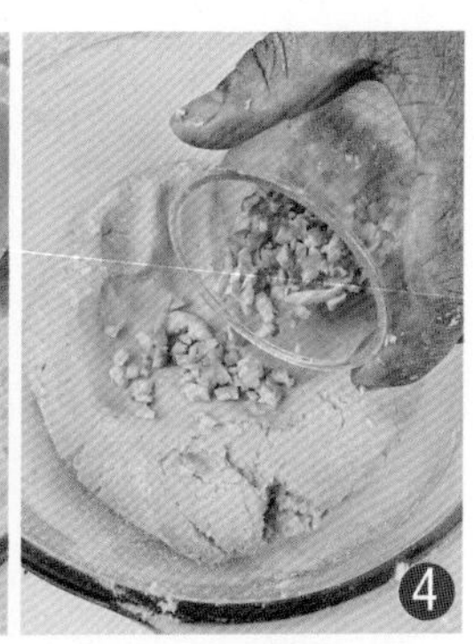

将过筛的低筋面粉和柠檬碎依次加入其中，拌成面团。

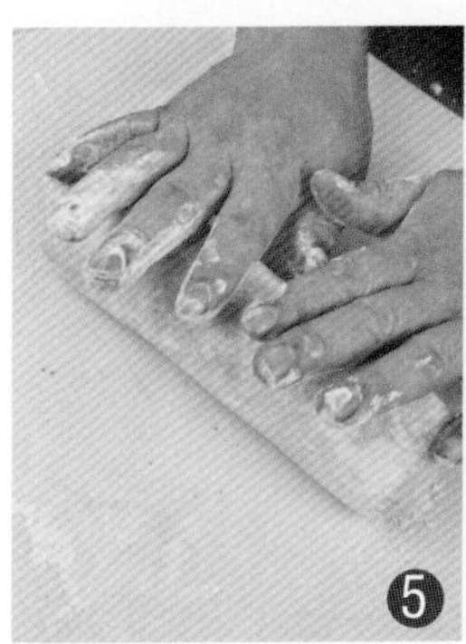

将面团稍作松弛后，搓成圆柱体。

再将其擀开至5mm厚。

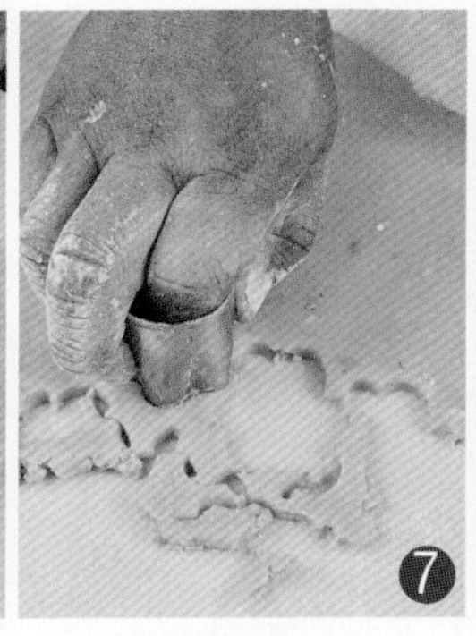

用梅花形压模将其分别压出饼坯。

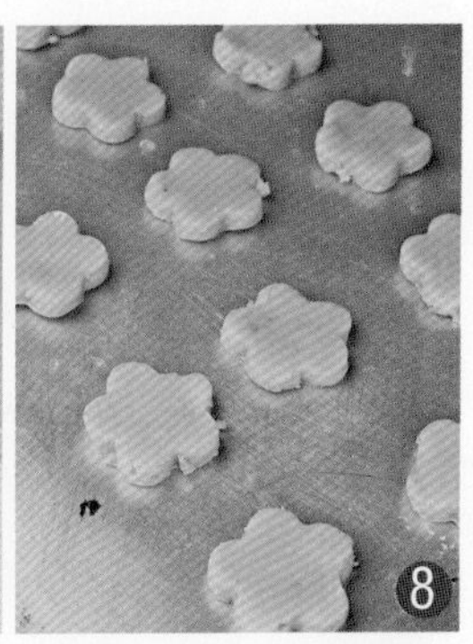

将饼坯摆入烤盘内，以上下火170℃/160℃烘烤大约14分钟。

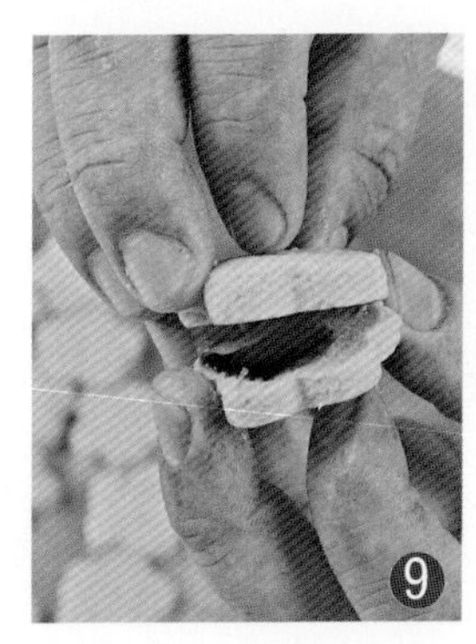

出炉冷却后,在饼干的底部抹上蓝莓果酱，并将两个粘在一起。

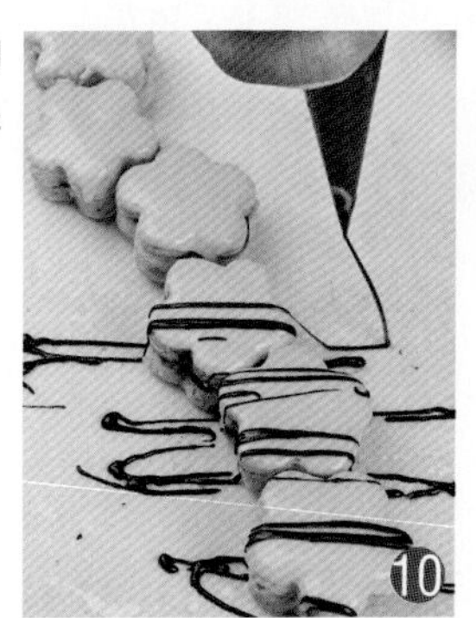

将化开的柠檬巧克力涂抹在表面，并用化开的苦甜巧克力在表面挤上细线做装饰即可。

胚芽奶酥

（成品20块）*Peiya Naisu*

材料

黄油66g
绵白糖40g
鸡蛋33g
香粉0.5g
低筋面粉120g
胚芽粉42g
杏仁粉18g
泡打粉1g

制作过程

1. 先将黄油搅拌至柔软，再加入绵白糖，打发。
2. 分次加入鸡蛋，搅拌均匀。
3. 将低筋面粉、香粉、胚芽粉、杏仁粉和泡打粉过筛后，加入。
4. 以压拌的方式，拌成面团。
5. 松弛30分钟，将其擀成大约2mm厚的饼。
6. 冷冻10分钟，用滚针在表面打上小孔。
7. 用滚轮刀切成长7cm、宽3cm的长方形，摆入烤盘内。
8. 以180℃/160℃烘烤15分钟左右即可。

椰蓉饼干

（成品16块）*Yerong Binggan*

材料

黄油100g
绵白糖55g
鸡蛋30g
香粉3g
低筋面粉100g
椰蓉100g

/装饰材料/

砂糖适量
蛋黄液适量

制作过程

1. 先将黄油与绵白糖一起搅拌均匀。
2. 再分次加入鸡蛋，搅拌均匀。
3. 接着将香粉、低筋面粉过筛后，和椰蓉一起加入其中，搅拌均匀呈面团状。
4. 将面团擀成大约有1cm厚，使其呈四方形。
5. 将面皮切成长3cm的正方形，约16块。
6. 将饼坯周边蘸上砂糖，均匀地摆入烤盘内。
7. 在饼坯表面均匀地刷上两次蛋黄液。
8. 以上下火180℃/160℃烘烤18分钟左右即可。

卡特蕾饼干

（成品40块）*Katelei Binggan*

材料

黄油125g
绵白糖50g
蛋黄20g
盐2g
低筋面粉120g
泡打粉1g
杏仁粉80g

/装饰材料/

蛋黄2个

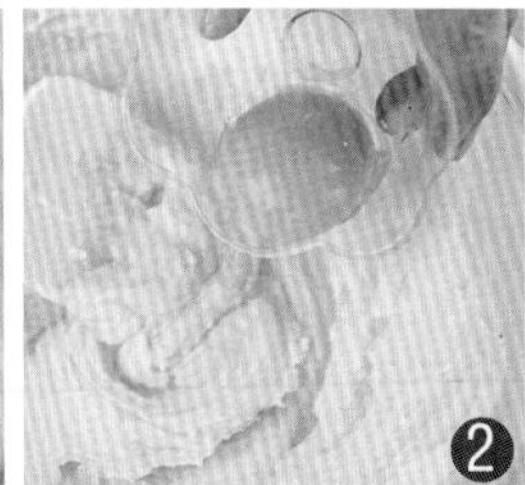

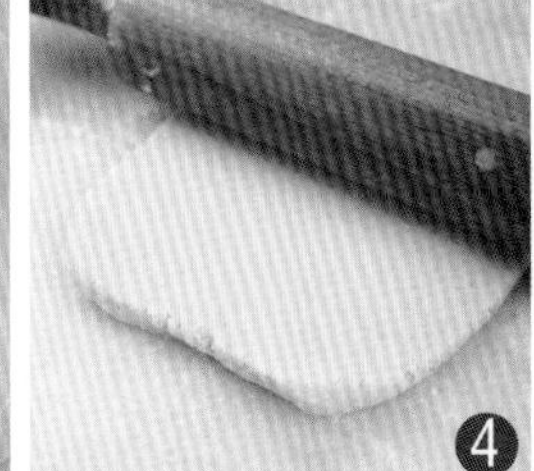
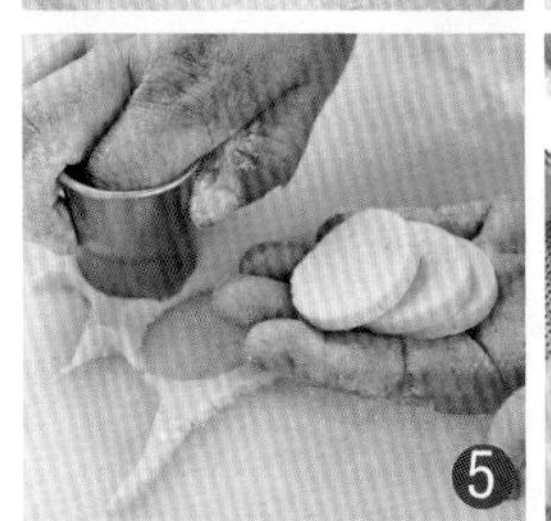
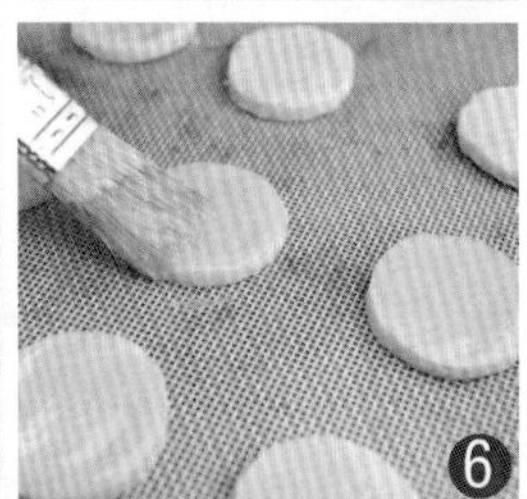
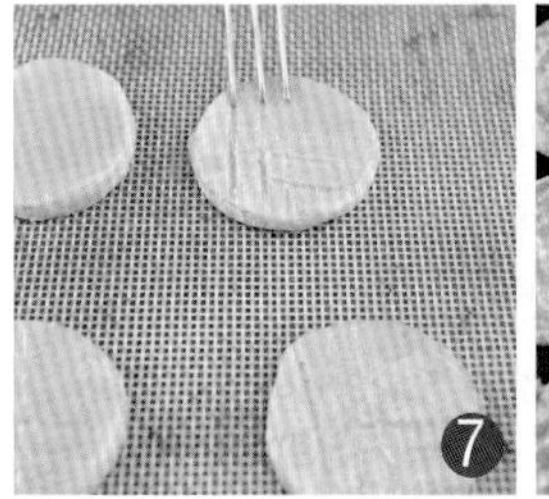

制作过程

1. 先将黄油、盐和绵白糖一起充分拌发。
2. 再加入蛋黄，搅拌均匀。
3. 接着将低筋面粉、泡打粉过筛后，和杏仁粉加入其中，拌成面团状。
4. 面团稍作松弛后，擀成大约5mm厚的饼。
5. 用圆形压模压出，摆入烤盘内。
6. 在饼坯表面刷上蛋黄液。
7. 再用叉子在饼坯表面划上图案。
8. 以上下火190℃/160℃烘烤大约16分钟即可。

杏仁果酱饼干

（成品19块）*Xingren Guojiang Binggan*

材料

低筋面粉110g	糖粉50g
蛋白30g	蛋黄35g
杏仁碎70g	蓝莓果酱适量
酥油80g	

制作过程

1. 先将酥油与过筛糖粉一起搅拌至微发。
2. 再加入蛋黄，搅拌均匀。
3. 接着将低筋面粉过筛后加入其中，拌成面团状。
4. 将面团分割成19份，用手搓圆。
5. 在分割好的面团表面蘸上蛋白，并在杏仁碎里滚一下，让表面多粘上一些杏仁碎。
6. 将面团摆入烤盘内，用手将其稍微压扁，并用手指在中间压一个小坑。
7. 在小坑内挤上蓝莓果酱。
8. 以上下火180℃/170℃烘烤大约18分钟即可。

视频
扫二维码

杏仁羊角曲奇（成品16块）

Xingren Yangjiao Quqi

材料

A：黄油60克
糖粉30克

B：蛋黄10克

C：杏仁粉72克
低筋面粉68克

D：蛋黄液适量

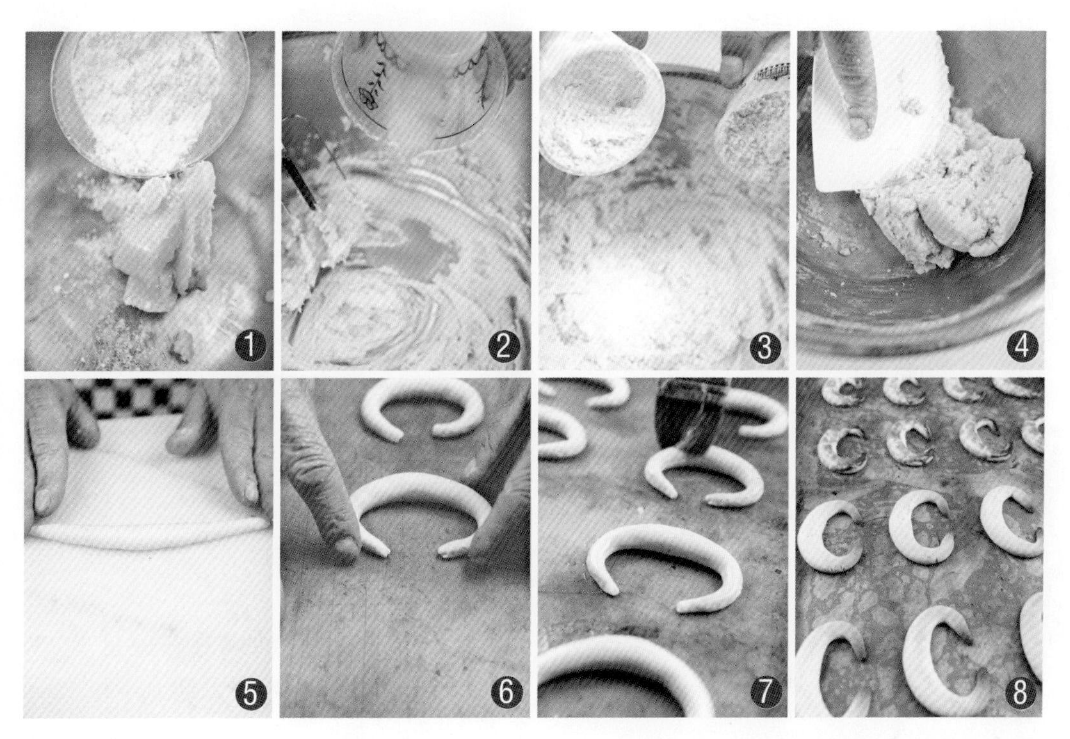

制作过程

1. 先将黄油和糖粉放入容器中搅拌打发。
2. 容器中加入蛋黄后用电动搅拌器拌匀。
3. 将杏仁粉和低筋面粉分别过筛后加入容器中。
4. 再将油面糊混合拌匀成团，松弛10分钟。
5. 将松弛好的面团分割成15克一个的剂子。再搓成长条形。
6. 长条两端弯曲后摆在垫高温布的烤盘中，使其呈羊角形。
7. 在饼坯的表面刷上蛋黄液。
8. 入烤箱中以上火200℃、下火160℃烤约14分钟至表面金黄色即可。

葡萄奶酥饼干

（成品20块）*Potao Naisu Binggan*

材料

黄油100g
糖粉80g
蛋黄40g
低筋面粉150g
盐1g
泡打粉1g
小苏打1g
奶粉22g
葡萄干90g
朗姆酒适量

/装饰材料/

蛋黄液适量

难易度 Nan Yi Du ★★★

制作过程

1. 将葡萄干清洗后，再用朗姆酒浸泡备用。
2. 将黄油、盐和糖粉搅拌至松发状。
3. 再将蛋黄逐次加入，搅拌均匀。
4. 接着将低筋面粉、泡打粉、小苏打和奶粉过筛后加入其中，拌匀。
5. 然后加入备用的酒渍葡萄干，搅拌均匀成面团。
6. 将面团分割成20个，搓圆，摆入烤盘内，再将其轻轻压扁。
7. 在饼坯表面均匀地刷上蛋黄液。
8. 以上下火170℃/150℃烘烤大约18分钟，待表面呈金黄色，即可出炉。

花生脆饼

难易度 Nan Yi Du ★★★

（成品18块）*Huasheng Cuibing*

材料

黄油60g
花生酱55g
绵白糖75g
鸡蛋50g
低筋面粉120g

制作过程

1. 先将黄油、花生酱和绵白糖一起放入容器，搅拌均匀。
2. 再分次加入鸡蛋，搅拌均匀。
3. 接着将过筛的低筋面粉加入其中，拌成面团的形状。
4. 将面团分割成 20g/个的剂子。
5. 用手将分割好的面团轻轻搓圆，摆入烤盘内。
6. 再用手将面团压扁，用印花的模具在表面轻轻地压一下，印出图案。
7. 以上下火180℃/150℃烘烤大约14分钟即可。

香草牛奶饼干（成品28块）

Xiangcao Niunai Binggan

难易度 Nan Yi Du ★★★

材料

黄油40g
糖粉30g
盐1g
香草荚半个
低筋面粉115g
泡打粉1g
牛奶50g

制作过程

1. 先刮出香草荚里的香草籽，备用。
2. 将黄油、香草籽和过筛的糖粉一起搅拌均匀，至香草籽打散。
3. 再加入过筛的低筋面粉和泡打粉，稍微搅拌几下。
4. 然后加入牛奶，搅拌成面团状，松弛30分钟。
5. 将面团分割成28份，每份7g左右。
6. 用手将面团揉圆。
7. 面团摆入烤盘内，并用手压扁。
8. 用印模在饼坯表面印上图案，并且将其压薄。
9. 以上下火180℃/160℃烘烤15分钟左右即可。

Tips

1.搅拌黄油和糖粉的时候，要将盆边缘的材料也搅拌到。
2.加入牛奶的量，要根据面粉的具体吸水量来定。

蕾丝薄片

（成品30片）*Leisi Baopian*

材料

黄油50g
糖粉75g
低筋面粉100g
绵白糖65g
柠檬汁30g
白兰地35g

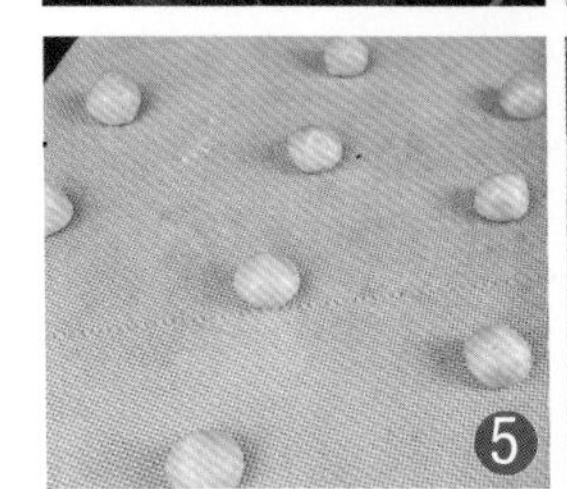

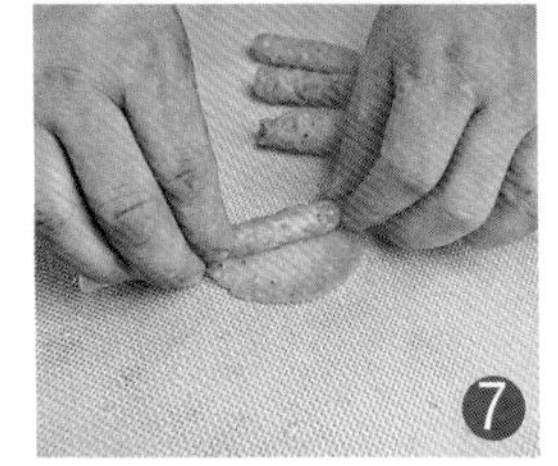

制作过程

1. 先将黄油、过筛糖粉搅拌均匀，再加入白兰地拌匀。
2. 接着将低筋面粉过筛后加入其中，搅拌均匀成面糊状。
3. 将绵白糖与柠檬汁一起煮至沸腾，再稍煮一会儿。
4. 待柠檬糖汁稍凉后加入面糊内，搅拌均匀成面团。
5. 将面团分割成10g/个的剂子，揉圆，摆入烤盘内，用手轻轻压扁。
6. 以上下火180℃/170℃烘烤大约10分钟。
7. 待薄片上色后将其取出，将其卷在圆棒上，凝固后取下来即可。

小戒指饼干

难易度 Nan Yi Du ★★★

（成品20个）*Xiaojiezhi Binggan*

材料

黄油100g
绵白糖50g
鸡蛋40g
柠檬碎适量
低筋面粉200g
糖粉50g
果酱适量

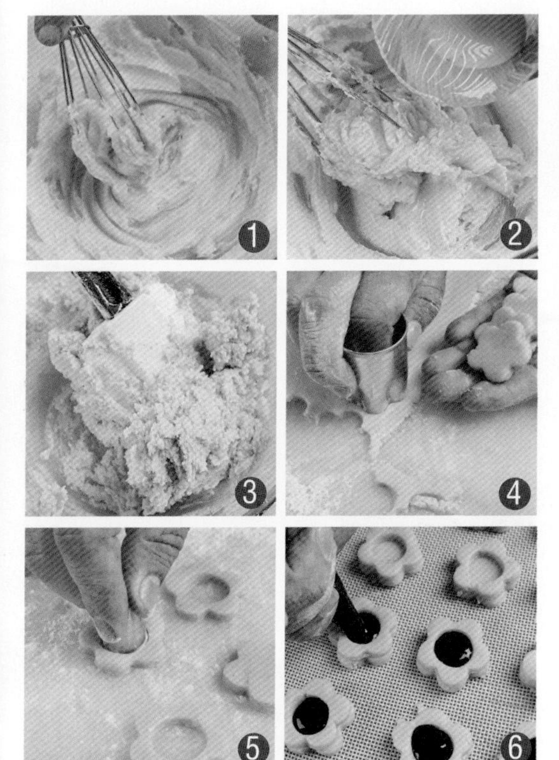

制作过程

1. 将黄油搅拌至柔软状， 加入绵白糖搅拌至微发状态。
2. 再分次加入鸡蛋，搅拌均匀，然后加入柠檬碎搅拌均匀。
3. 将低筋面粉过筛后加入其中，搅拌成面团状。
4. 将面团松弛10分钟，擀开至4mm厚，用梅花形压模将其压出。
5. 将其中一半的饼干坯在中间用圆模具压出一个小孔。
6. 将其摆在另一半没有打孔的饼干坯上面，在小孔内挤上果酱。
7. 在饼坯表面均匀地筛上糖粉，以上下火200℃/170℃烘烤大约18分钟即可。

新月饼干

难易度 Nan Yi Du ★★★

（成品30块）Xinyue Binggan

材料

黄油65g	杏仁粉40g
绵白糖50g	泡打粉0.5g
鸡蛋1个	**/装饰材料/**
低筋面粉125g	糖粉100g

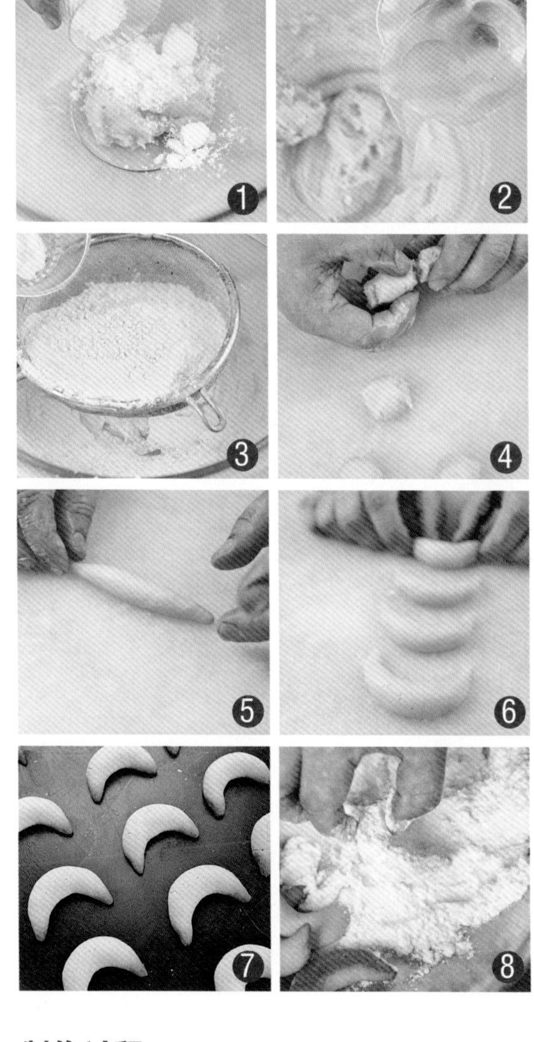

制作过程

1. 先将黄油、绵白糖搅拌至蓬松状。
2. 再分次加入鸡蛋，搅拌均匀。
3. 接着将低筋面粉、泡打粉和杏仁粉过筛后加入其中，拌至呈面团状。
4. 将拌好的面团分割成30个小剂子。
5. 将小剂子搓成小长条状，两端稍细，中间稍粗。
6. 将面条稍微弯曲一点，摆入烤盘。
7. 以上下火180℃/150℃烘烤13分钟左右即可。
8. 冷却后，在表面粘上糖粉做装饰。

天使结

（成品25个）*Tianshijie*

材料

低筋面粉100g　　香粉2g
酥油70g　　蛋白10g
糖粉25g

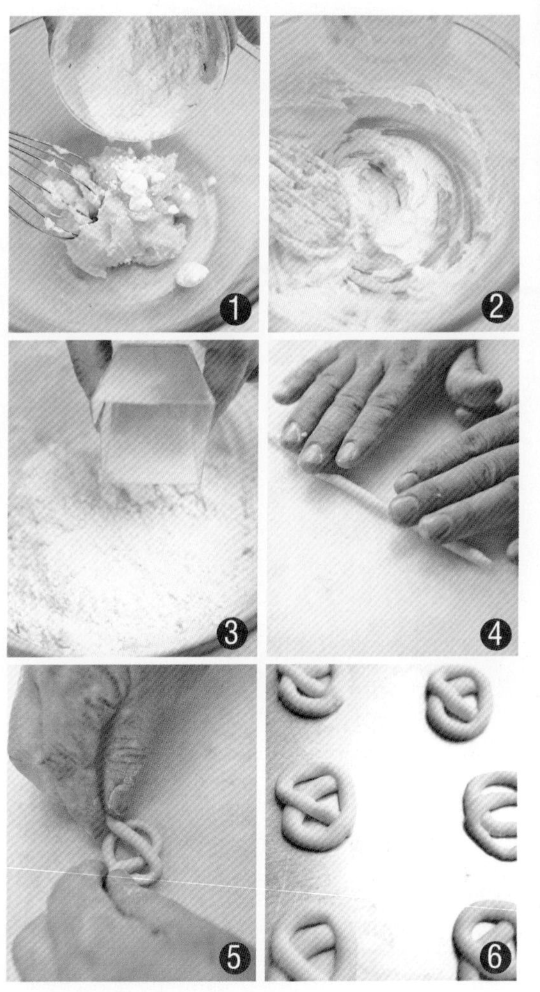

制作过程

1. 先将酥油与过筛糖粉一起搅拌均匀。
2. 再分3次加入蛋白，搅拌均匀。
3. 接着将低筋面粉和香粉过筛后加入其中，拌成面团状。
4. 将面团松弛10分钟左右，再分割成8g/个的剂子，用手搓成长条状。
5. 将长条盘成蝴蝶结状，摆入烤盘。
6. 以上下火180℃/160℃烘烤大约12分钟即可。

Tips

1.加入蛋白的时候，速度不要太快。
2.粉类必须过筛后加入。

双色圈圈饼干（成品20块）

Shuangse Quanquan Binggan

难易度 Nan Yi Du ★★★

材料

糖粉65g	蛋白25g	泡打粉1g	抹茶粉8g
白油55g	低筋面粉100g	玉米粉10g	

制作过程

先将白油和过筛糖粉搅拌均匀，再打发。

分3次加入蛋白，搅拌均匀。

将泡打粉和低筋面粉过筛后加入其中，拌匀呈面团状。

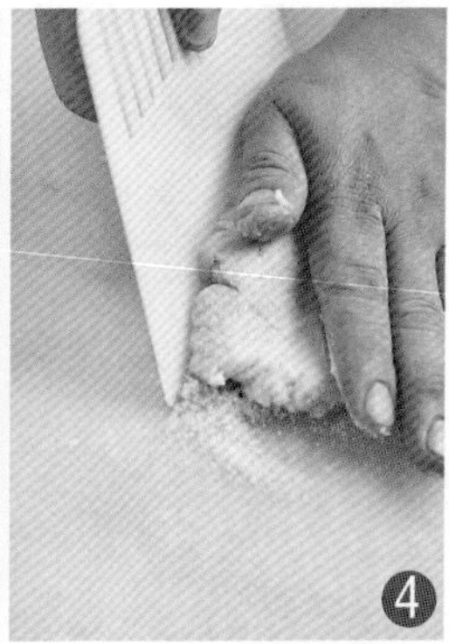

将面团分割成2份，将其中1份加入玉米粉拌匀，备用。

将另一份加入抹茶粉拌匀，备用。

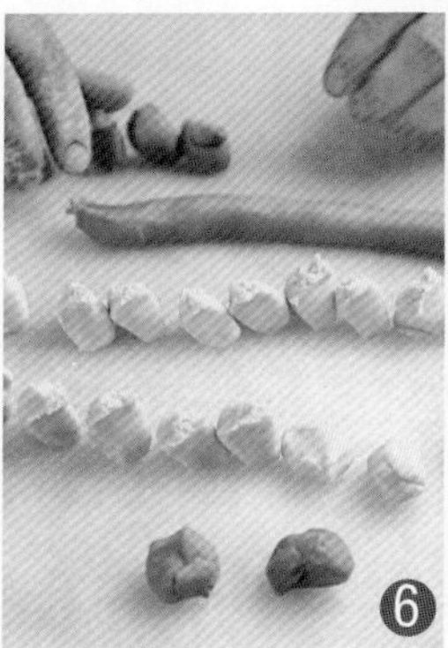

将两个面团各自分割成20份。

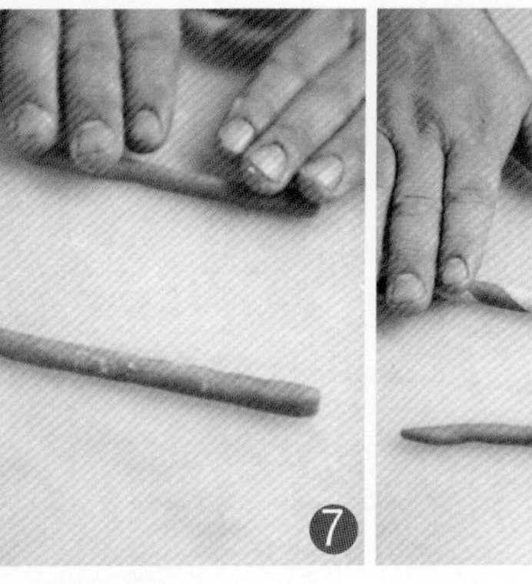

将面团分别搓成长条状。

再将黄色的长条与绿色的长条一起搓紧，搓成细绳状。

再将面条两端接起来。

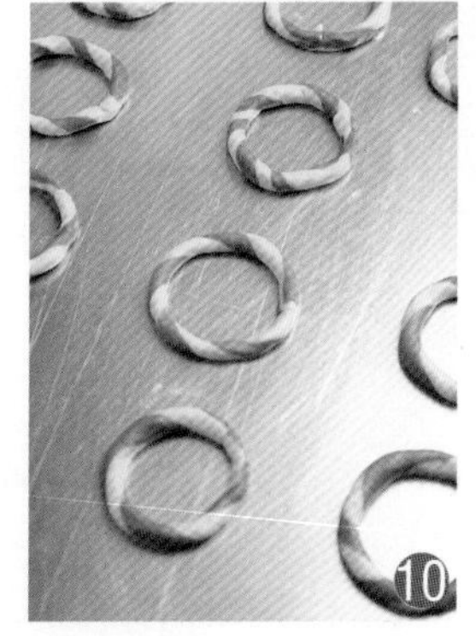

饼干坯均匀摆入烤盘，以上下火160℃/170℃烘烤大约18分钟，待其表面稍微上色后即可出炉。

九层塔夹心饼干

（成品18块）

Jiucengta Jiaxin Binggan

难易度 Nan Yi Du ★★★

材料

黄油90g

绵白糖30g

盐1g

香粉1g

鸡蛋40g

低筋面粉180g

泡打粉1g

/馅料材料/

九层塔叶20g

色拉油10g

盐2g

黑胡椒1g

制作过程

1. 先将九层塔叶洗干净，切碎；再将色拉油、盐和黑胡椒加入拌匀，备用。

2. 将黄油、盐和绵白糖先搅拌均匀，再打发。

3. 接着分次加入鸡蛋，搅拌均匀。

4. 然后将低筋面粉、泡打粉和过筛的香粉加入其中，拌成面团状。

5. 将面团稍作松弛后，再擀开呈四方形。

6. 将备用的夹心馅料撒在一半的面皮上面。

7. 将另一半折叠过来，盖在表面。

8. 再将其擀开至0.6cm厚。

9. 接着切成长15cm、宽大约1.5cm的长条。

10. 将长条稍微扭成螺旋状，摆入烤盘内。

11. 以上下火170℃/160℃烘烤大约23分钟。

枣泥夹心饼干

（成品20块）

Zaoni Jiaxin Binggan

难易度 Nan Yi Du ★★★

材料

黄油200g	低筋面粉380g
糖粉160g	枣泥馅350g
盐2g	**/装饰材料/**
鸡蛋50g	蛋黄液适量

Tips

1.加入鸡蛋的时候要分次加入，以免油蛋产生分离。

2.加入的面粉要先过筛，以免面粉中有颗粒存在。

3.擀压的时候，要注意面皮厚薄度。

4.要注意馅料分布的均匀度。

制作过程

先将黄油、盐和过筛糖粉一起搅拌打发。

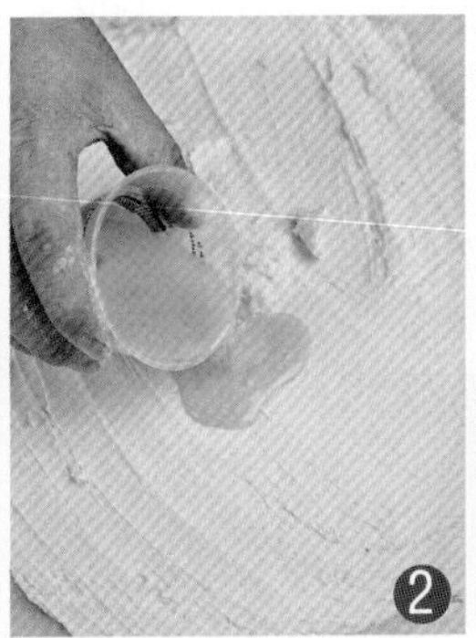

再分次加入鸡蛋，搅拌均匀。

接着将低筋面粉过筛后加入其中，拌匀使其呈面团状。

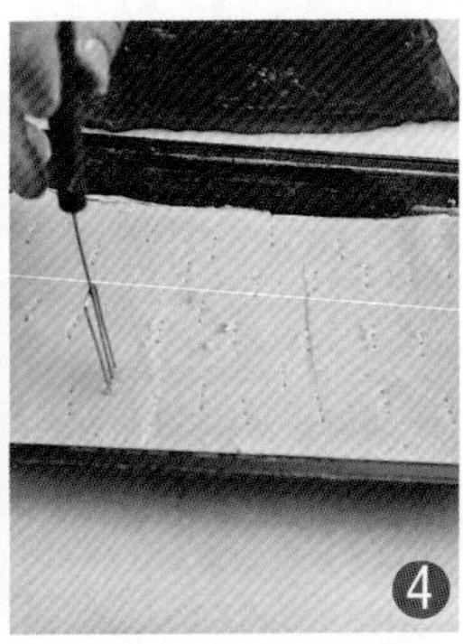

稍作松弛后，将一半的面团放在铺有垫纸的烤盘内擀平,并在表面打上小孔。

将枣泥馅料铺在烤盘内的面皮上面,整平。

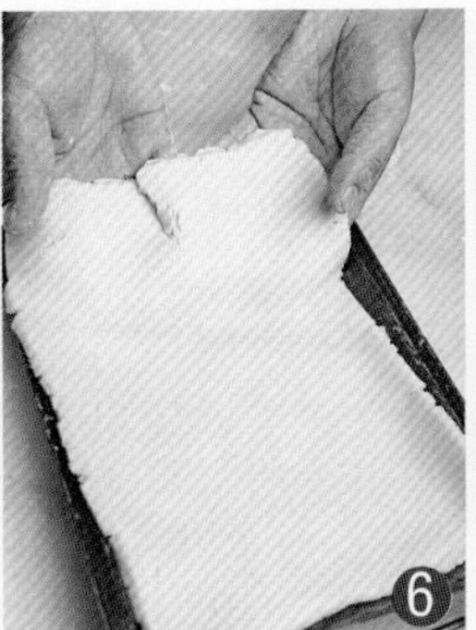

将另一半面团擀开盖在枣泥馅表面，再将其擀平。

然后在面皮表面均匀地刷上蛋黄液。

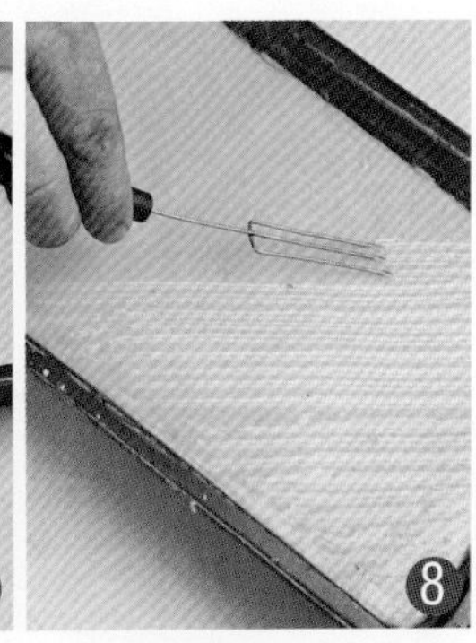

用叉子在面皮表面划上斜线。

将饼坯以上下火190℃/190℃烘烤大约30分钟。

出炉冷却后，将其切成长4cm、宽2.5cm的方块即可。

紫菜肉松咸饼干

（成品14个）*Zicai Rousong Xianbinggan*

材料

黄油70g
绵白糖12g
盐3g
鸡蛋50g
低筋面粉150g
泡打粉3g
紫菜6g
肉松30g

准备

制作前，将紫菜掰碎与肉松拌匀，备用。

制作过程

1. 将黄油、绵白糖和盐搅拌至乳化状。
2. 再分次加入鸡蛋，搅拌均匀。
3. 接着将低筋面粉和泡打粉过筛后加入中，拌均匀。
4. 然后加入备用的紫菜、肉松，拌成面团状。
5. 将面团松弛10分钟，擀开至4mm厚。
6. 将面皮切成长10cm、宽6cm的四方块。
7. 再将其切成三角形。
8. 将饼坯摆入烤盘内，以上下火180℃/160℃烘烤大约20分钟即可。

肉松饼干

（成品16块）*Rousong Binggan*

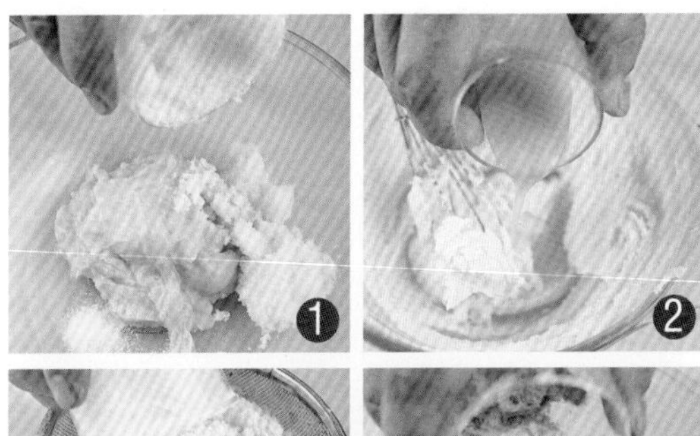

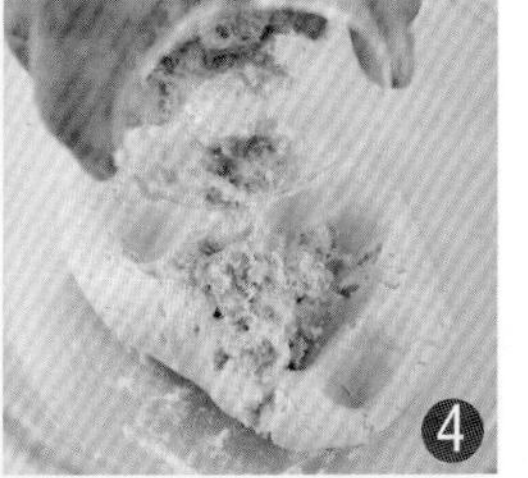

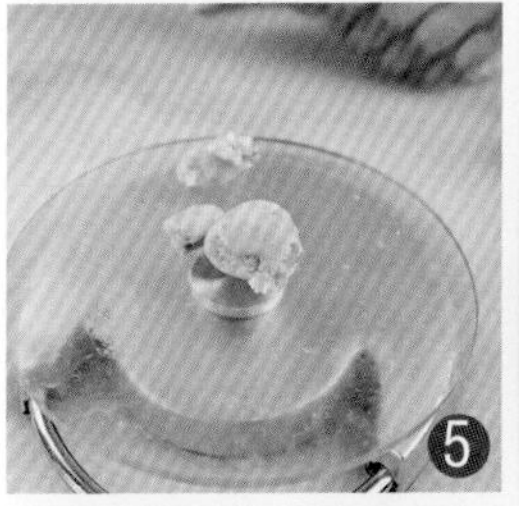

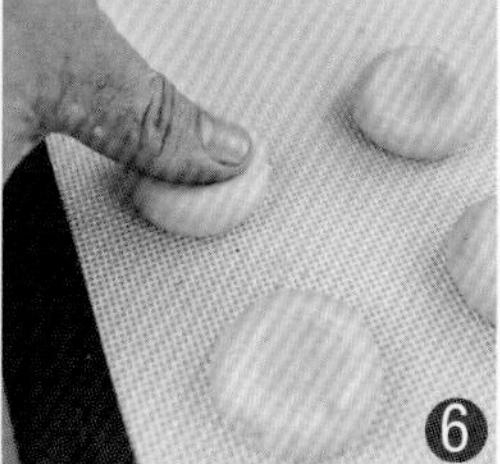

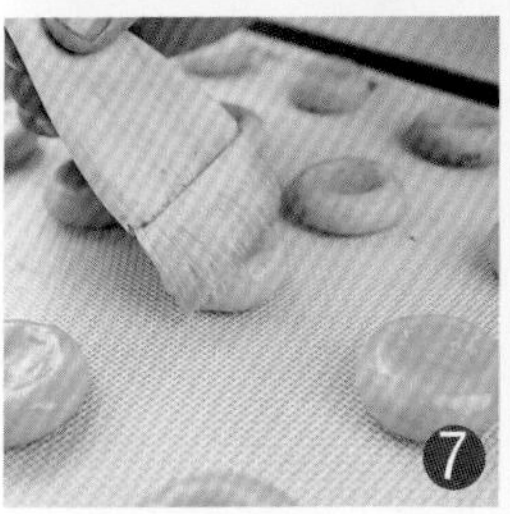

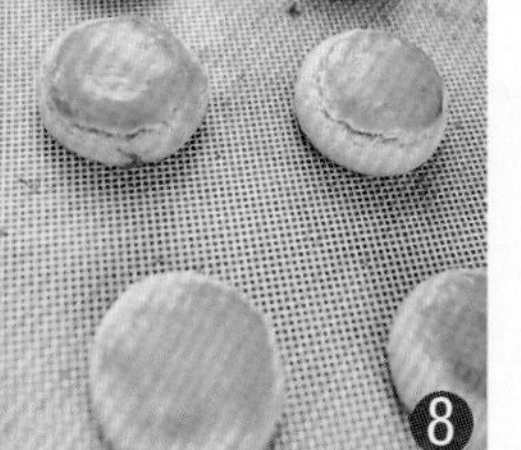

材料

黄油55g	低筋面粉125g
糖粉45g	肉松20g
鸡蛋30g	蛋黄1个
盐0.5g	水适量

制作过程

1. 将黄油、糖粉和盐加入容器，搅拌至松发状。
2. 再分次加入鸡蛋，搅拌均匀。
3. 接着将低筋面粉过筛后加入其中，搅拌均匀。
4. 然后加入肉松搅拌均匀，使其呈面团状。
5. 面团稍作松弛后，将其分割成16个剂子。
6. 用手将面团揉圆，摆入烤盘内，中间用手指轻轻地压一下。
7. 在饼坯表面均匀地刷上蛋黄液。
8. 以上下火180℃/150℃烘烤17分钟左右即可。

巧克力薄饼

（成品8块） *Qiaokeli Baobing*

材料

白油50g
黄油35g
绵白糖65g
鸡蛋1个
淡奶油11g
低筋面粉100g
可可粉15g
小苏打0.5g

/装饰材料/

杏仁片适量

制作过程

1. 先将白油、黄油和绵白糖放入容器，拌均匀。
2. 再将鸡蛋和淡奶油加入，搅拌均匀。
3. 接着将低筋面粉、可可粉和小苏打过筛后加入其中，搅拌均匀成面糊。
4. 将面糊注入裱花袋内，均匀地挤在圆形的矽利康平底软胶膜内。
5. 在饼干坯表面摆放上杏仁片，做装饰。
6. 以上下火170℃/150℃烘烤大约9分钟即可。

Tips

在搅拌黄油与绵白糖的时候，需要将黄油搅拌得发一些，这样烘烤的时候膨胀的效果会更好。

丹麦巧克力饼干

（成品11块）*Danmai Qiaokeli Binggan*

材料

绵白糖60g　鸡蛋40g
黄油30g　高筋面粉95g
白奶油30g　可可粉10g
盐0.5g

制作过程

1. 先将黄油和白奶油加入容器，搅拌柔软。
2. 再加入绵白糖和盐，充分打发。
3. 接着分次加入鸡蛋，搅拌均匀。
4. 然后将高筋面粉和可可粉过筛后加入其中，搅拌均匀成面糊。
5. 将面糊装入裱花袋内，用锯齿形裱花嘴在烤盘内挤出带有花纹的一字形。
6. 以上下火190℃/170℃烘烤大约13分钟即可。

Tips

黄油与白奶油在搅拌的时候，要搅拌得发一些，这样在后期装入裱花袋子挤压的时候，会比较好挤出。

难易度 Nan Yi Du ★★

橘子小饼干

难易度 Nan Yi Du ★★

（成品20块） *Juzi Xiaobinggan*

材料

橘子汁20g
绵白糖120g
鸡蛋60g
低筋面粉200g
黄油125g
橘子粉40g
橘子皮丝20g

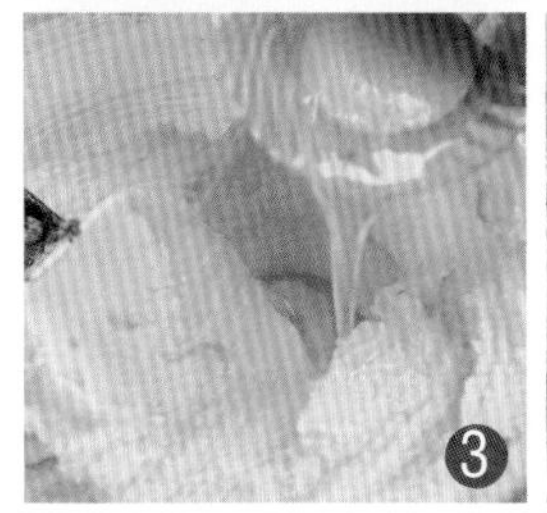

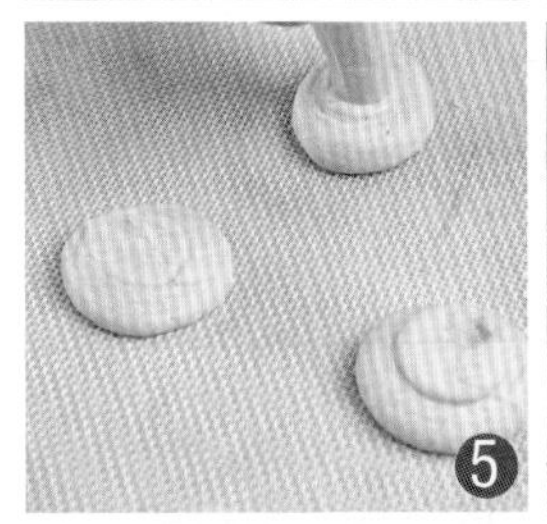

制作过程

1. 先将橘子皮丝和15g绵白糖搅拌均匀后，静置1小时，备用。
2. 将黄油和105g绵白糖搅拌至乳化状。
3. 再分次加入鸡蛋、橘子汁搅拌均匀。
4. 接着将橘子粉和低筋面粉加入其中，拌匀呈面糊状。
5. 将面糊装入裱花袋内，在烤盘内挤成圆饼状。
6. 在圆饼状表面放上备用的橘子丝。
7. 以上下火190℃/170℃烘烤大约18分钟即可。

猫舌薄饼

难易度 Nan Yi Du ★★

（成品90块）*Maoshe Baobing*

材料

黄油140g
绵白糖140g
盐1g
香草荚1个
蛋白60g
低筋面粉160g
水60g

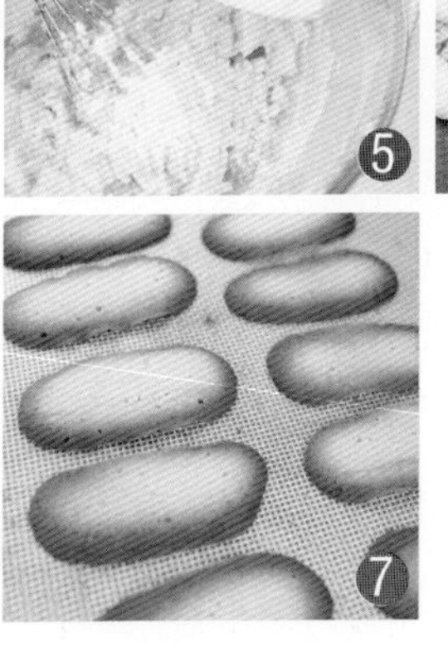

制作过程

1. 先将香草荚和水煮至沸腾，冷却备用。
2. 将黄油、绵白糖和盐放入容器，搅拌至蓬松状。
3. 再分次加入冷却备用的香草荚水，搅拌均匀。
4. 接着分次加入蛋白，搅拌均匀。
5. 然后将低筋面粉过筛后加入其中，搅拌均匀，使其呈面糊状。
6. 将面糊装入裱花袋内，用动物花嘴在铺有高温布的烤盘内挤成“一”字形。
7. 以上下火190℃/150℃烘烤9分钟左右。

原味曲奇

（成品50块）*Yuanwei Quqi*

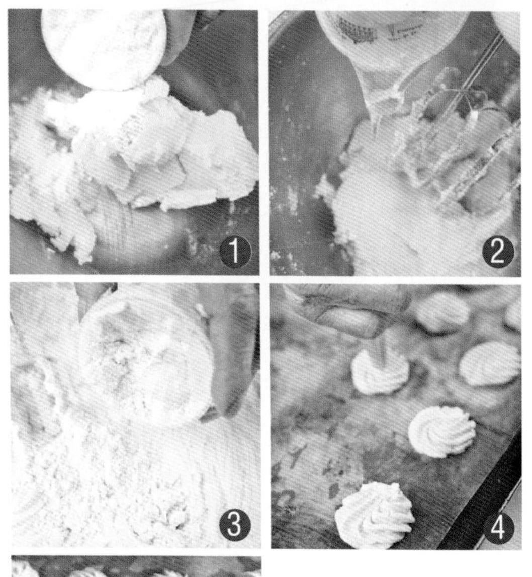

材料

A：黄油220克

糖粉80克

B：鸡蛋1个

C：细盐2克

低筋面粉275克

制作过程

1. 先将黄油和糖粉放在容器中用电动搅拌器搅拌打发。
2. 容器中分次加入鸡蛋液后充分搅拌均匀。
3. 最后加入细盐和低筋面粉，先慢速搅拌，再快速充分搅拌均匀。
4. 将搅拌好的蛋面糊装入挤花袋中，挤在铺有高温布的烤盘中。
5. 最后将饼坯放入预热的烤箱中以上火200℃、下火160℃约烤13分钟至表面金黄色即可。

芝麻酥片

（成品28块）*Zhima Supian*

材料

A：细糖60克
黄油45克
B：蛋白液25克
C：高筋面粉60克
牛奶20克
D：黑芝麻适量

制作过程

1. 先将原料A放在容器中用电动搅拌器打至微发。
2. 再分次加入蛋白液充分搅拌均匀。
3. 在蛋油糊中加入过筛的高筋面粉和牛奶。
4. 再将容器中的油面糊充分地搅拌均匀。
5. 将油面糊装入挤花袋中，挤在垫有高温布的烤盘中，使其呈扁圆球状。
6. 在饼坯的中间撒一点黑芝麻。
7. 入预热的烤箱中以上火180℃、下火160℃烘烤，烤至颜色为中间白，周边金黄色即可。

黄豆甜甜圈

（成品16个）*Huangdou Tiantianquan*

材料

黄油50g	低筋面粉130g
绵白糖50g	玉米淀粉15g
蜂蜜15g	黄豆粉10g
鸡蛋60g	盐适量
牛奶90g	泡打粉3g

制作过程

1. 先将黄油和绵白糖搅拌柔软，再加入蜂蜜，搅拌至呈乳白色。
2. 接着分次加入鸡蛋，搅拌均匀。
3. 然后将低筋面粉、玉米淀粉、黄豆粉和泡打粉过筛后，与盐一起加入其中，搅拌均匀。
4. 最后加入牛奶，搅拌均匀，使其呈面糊状。
5. 将面糊装入裱花袋内，挤入模具。
6. 以上下火180℃/160℃烘烤大约 25分钟即可。

抹茶手指饼干

（成品15块）Mocha Shouzhi Binggan

材料

糖粉70g
白油70g
蛋白70g
低筋面粉105g
玉米粉8g
泡打粉1g
抹茶粉6g

制作过程

1. 先将过筛糖粉和白油搅拌至呈乳化状。
2. 再取40g白油糊和4g的抹茶粉搅拌均匀成抹茶面糊，备用。
3. 在剩余的白油糊中分次加入蛋白，搅拌均匀。
4. 将低筋面粉、玉米粉、泡打粉和2g抹茶粉过筛后加入其中，搅拌均匀使其呈面糊状。
5. 将面糊装入裱花袋内，用锯齿形裱花嘴在烤盘内挤出一字形。
6. 将备用的抹茶面糊装入裱花袋内，在一字形饼干坯的表面均匀地挤上线条。
7. 以上下火180℃/160℃烘烤大约18分钟即可。

帕米森饼干

（成品30块）*Pamisen Binggan*

材料

白油45g

黄油35g

糖粉60g

鸡蛋40g

帕米森芝士粉20g

低筋面粉130g

中筋面粉70g

/装饰材料/

杏仁片适量

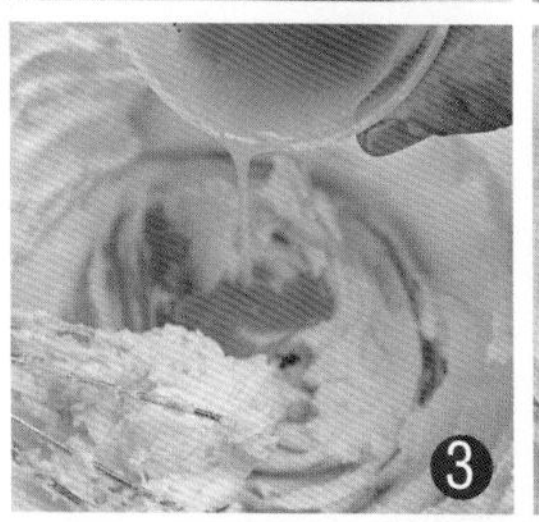

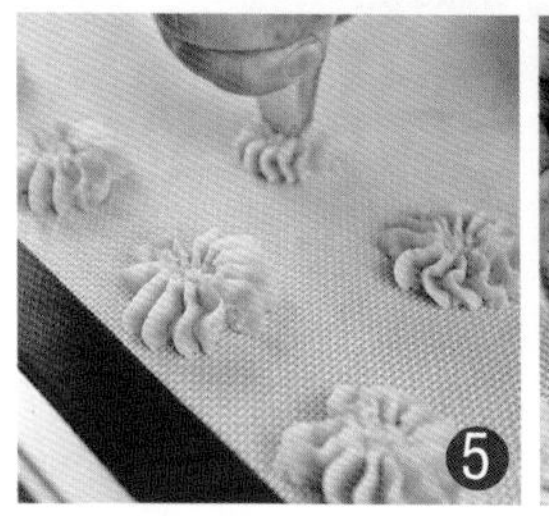

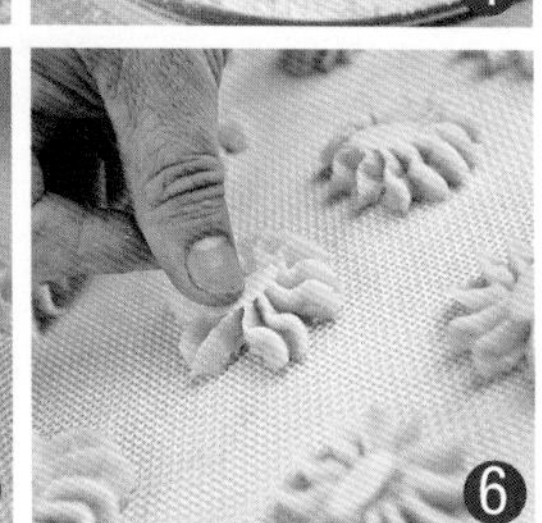

制作过程

1. 先将白油和黄油放入容器，搅拌至微发。
2. 再加入过筛的糖粉，充分打发。
3. 接着分次加入鸡蛋，搅拌均匀。
4. 然后将低筋面粉、中筋面粉和帕米森芝士粉一起过筛后加入其中，搅拌均匀成面糊。
5. 将面糊装入裱花袋内，用锯齿形花嘴在烤盘内挤出形状。
6. 在饼干坯表面放上杏仁片做装饰。
7. 以上下火180℃/160℃烘烤12分钟左右即可。

花生夹心酥饼

（成品12块）*Huasheng Jiaxin Subing*

材料

黄油35g
花生酱30g
红糖30g
蛋白30g
低筋面粉70g
高筋面粉70g
杏仁粉15g

/夹心材料/

花生酱适量

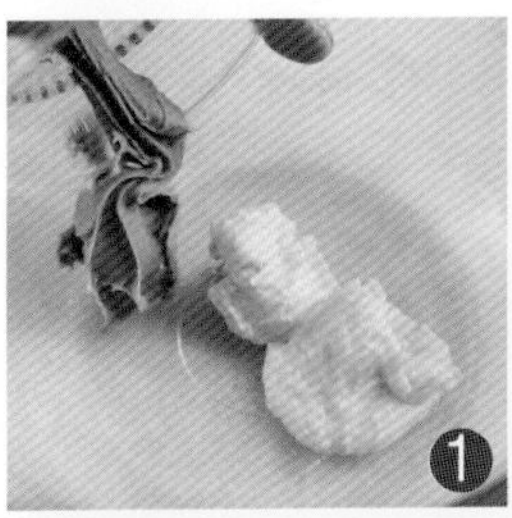

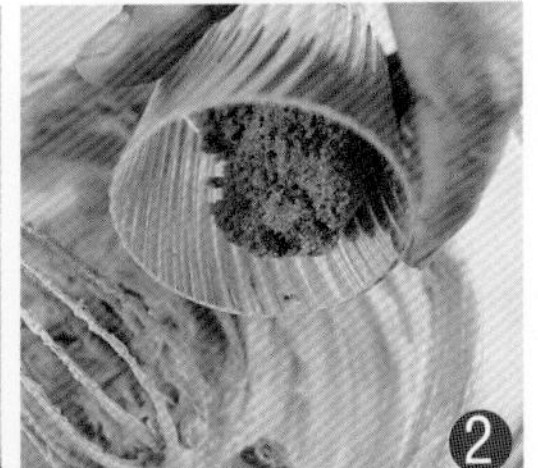

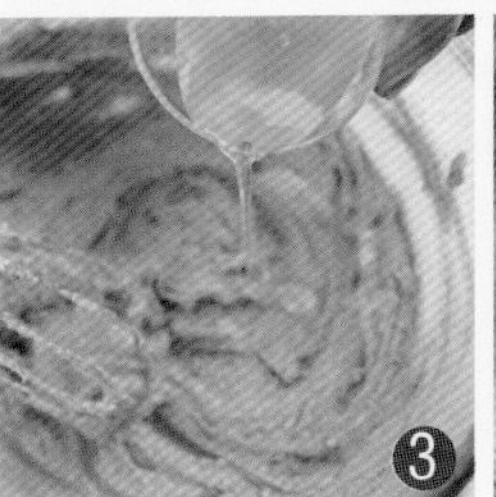

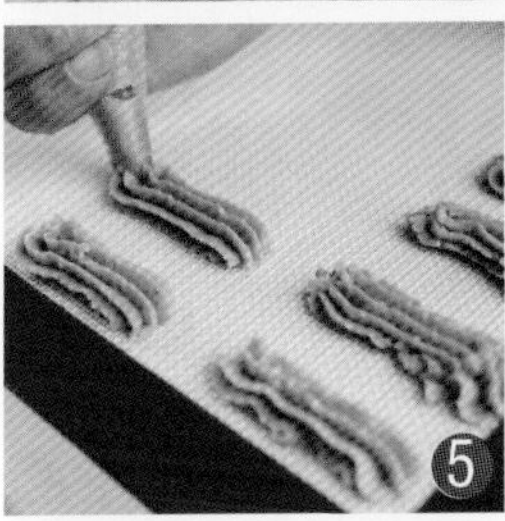

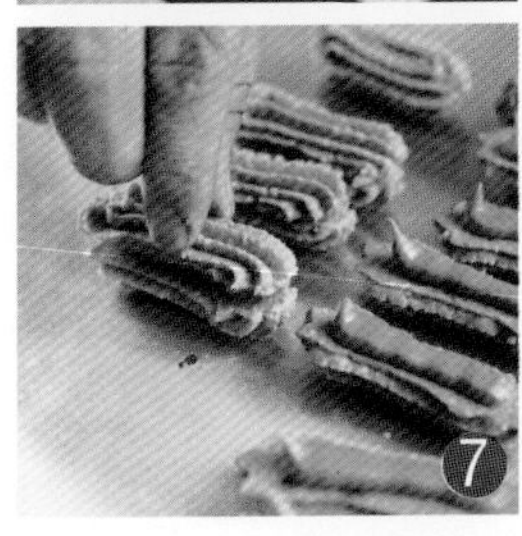

制作过程

1. 先将黄油和花生酱打散。
2. 再加入红糖搅拌均匀，再搅拌至发白。
3. 接着分次加入蛋白，搅拌均匀。
4. 将低筋面粉、高筋面粉过筛后，和杏仁粉一起加入其中，将其充分搅拌均匀成面糊。
5. 将面糊装入裱花袋内，用锯齿形花嘴在烤盘内挤一字形，共24个。
6. 以上下火170℃/150℃烘烤12~15分钟。
7. 出炉冷却后，将花生酱挤在饼干的底部，将另一片粘在上面即可。

黄油小饼干

难易度 Nan Yi Du ★★★

（成品30块）*Huangyou Xioobinggan*

材料

黄油150g
糖粉100g
鸡蛋1个
盐3g
香粉5g
低筋面粉200g
泡打粉1g

1

2

3

4

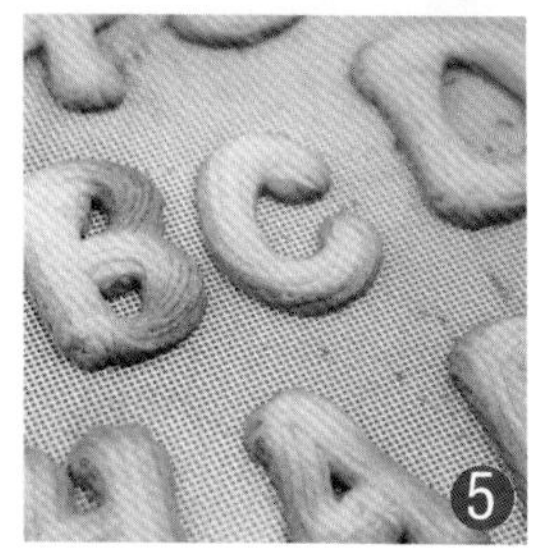

5

制作过程

1. 先将黄油软化后，加入过筛的糖粉和盐打发。
2. 再分次加入鸡蛋，搅拌均匀。
3. 接着将香粉、低筋面粉和泡打粉过筛后加入其中，搅拌均匀，使其呈面糊状。
4. 将面糊装入裱花袋内，用锯齿形花嘴在烤盘内挤出字母形状。
5. 以上下火180℃/160℃烘烤12~15分钟即可。

Tips

1.黄油与糖粉在搅拌的时候，要将黄油搅拌得发一些，这样面糊从裱花袋内会比较好挤压出来。

2.加入鸡蛋的时候，要分次慢慢加入，以免油蛋产生分离。

三色煎饼

难易度 Nan Yi Du ★★★

（成品15块）*Sanse Jianbing*

材料

绵白糖100g	杏仁粉100g
黄油100g	核桃碎30g
鲜奶油25g	草莓色香油适量
蜂蜜25g	哈密瓜色香油适量
麦芽糖20g	

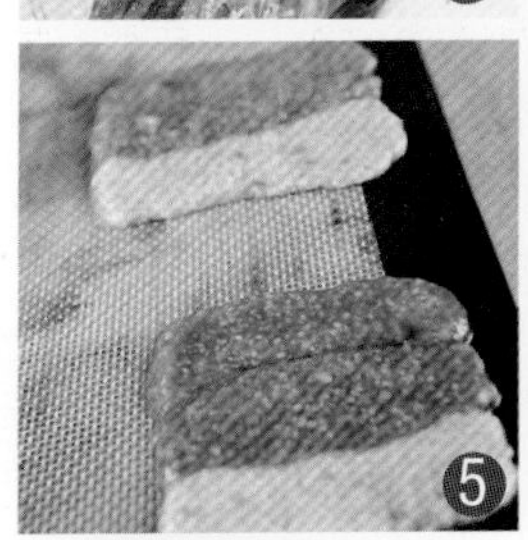

制作过程

1. 先将绵白糖、黄油、鲜奶油、蜂蜜、麦芽糖煮至沸腾。
2. 将杏仁粉过筛后，和核桃碎一起加入其中，搅拌均匀成面糊。
3. 取1/3的面糊与草莓色香油搅拌均匀，取1/3的面糊与哈密瓜色香油搅拌均匀，再将其与剩下的1/3面糊分别装入裱花袋内。
4. 在铺有垫子的烤盘内并排挤一字形，三条面糊要均匀。
5. 将面糊轻轻压平。
6. 放入烤箱内 ，以上下火160℃/150℃烘烤大约15分钟。
7. 待烤熟之后，取出。趁稍有温度将其折叠起来即可。注意在折叠的时候要控制好长度。

无花果饼干

（成品12块）*Wuhuaguo Binggan*

材料

黄油75g
糖粉70g
鸡蛋1个
杏仁粉90g
蛋糕碎70g
低筋面粉35g
泡打粉13g
蛋黄15g

/装饰材料/

无花果适量

制作过程

1. 先将黄油搅拌柔软，再加入过筛糖粉，充分搅拌均匀。
2. 接着分3次加入鸡蛋和蛋黄，搅拌均匀。
3. 然后将低筋面粉、泡打粉和杏仁粉过筛后，与蛋糕碎一起加入其中，搅拌均匀，呈面糊状。
4. 将面糊装入裱花袋内，挤入模具，并在表面用无花果装饰一下。
5. 以上下火190℃/150℃烘烤大约17分钟，出炉冷却后脱模即可。

巧克力迷你甜甜圈

（成品16块）*Qiaokeli Mini Tiantianquan*

材料

黄油50g
绵白糖40g
蜂蜜25g
鸡蛋1个
牛奶90g
低筋面粉145g
玉米淀粉5g
可可粉15g
盐适量
泡打粉3g

准备

将80g黑巧克力切碎后加入80g鲜奶油中，隔水完全搅拌均匀化开备用。

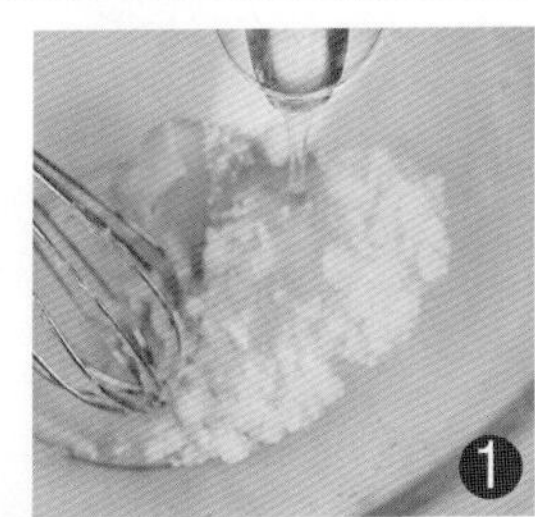

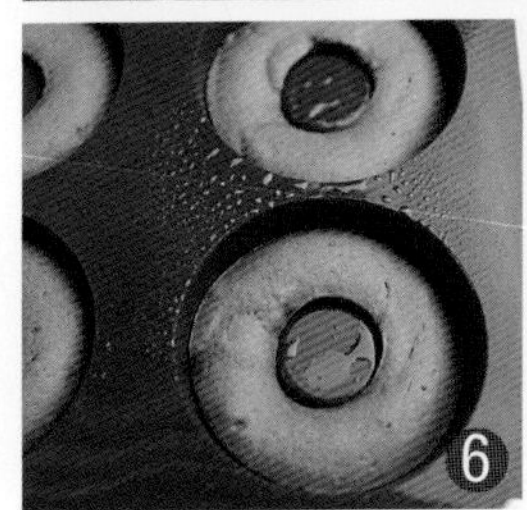

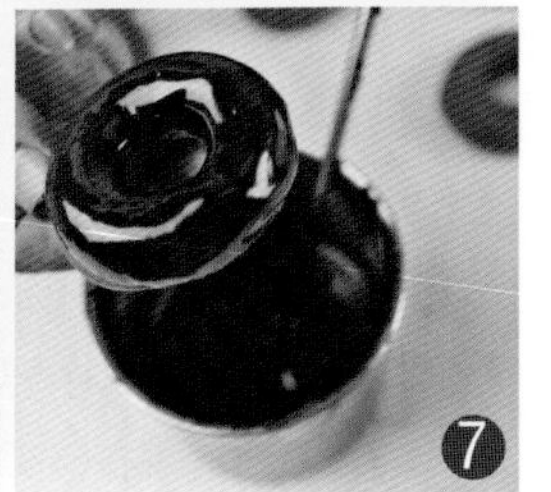

制作过程

1. 先将黄油、绵白糖和蜂蜜搅拌至呈乳白色。
2. 再分次加入鸡蛋，搅拌均匀。
3. 将一半的低筋面粉、玉米淀粉、可可粉、泡打粉过筛后，和盐一起加入其中，搅拌均匀。
4. 然后加入牛奶，搅拌均匀，再加入另一半过筛粉类，搅拌均匀，呈面糊状。
5. 将面糊装入裱花袋内， 挤入模具。
6. 以上下火180℃/160℃烘烤大约 25分钟。
7. 出炉冷却后，脱模，在表面蘸上备用的巧克力奶油即可。

巧克力杏仁饼干

（成品25块）*Qiaokeli Xingren Binggan*

材料

黄油140g	低筋面粉185g
糖粉60g	可可粉25g
蛋白25g	杏仁片55g

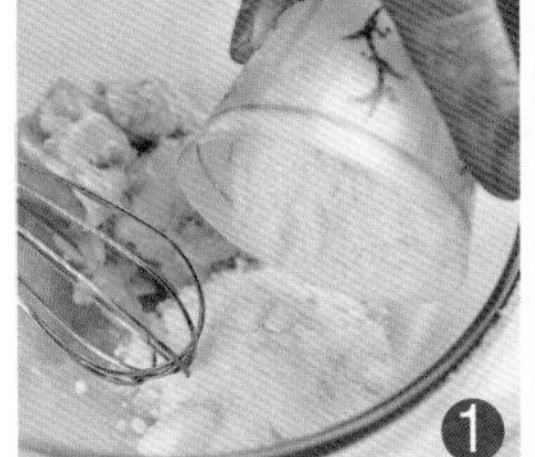

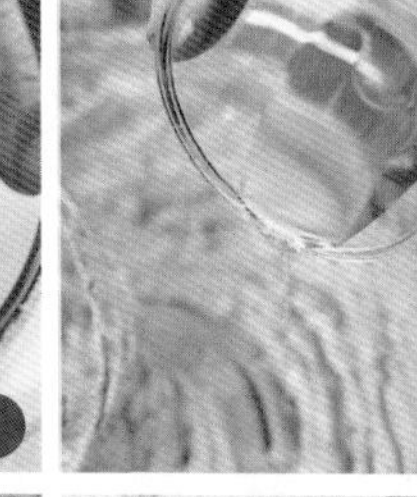

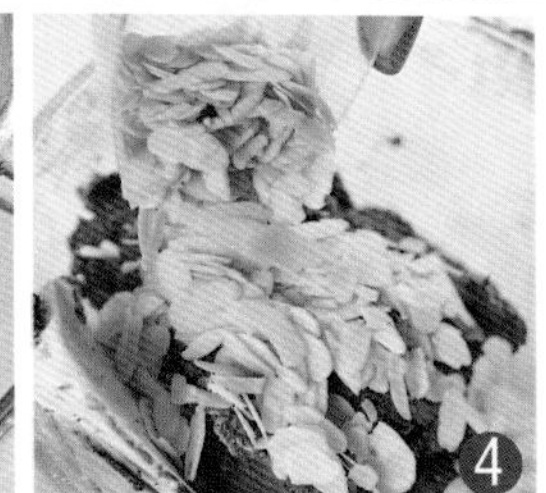

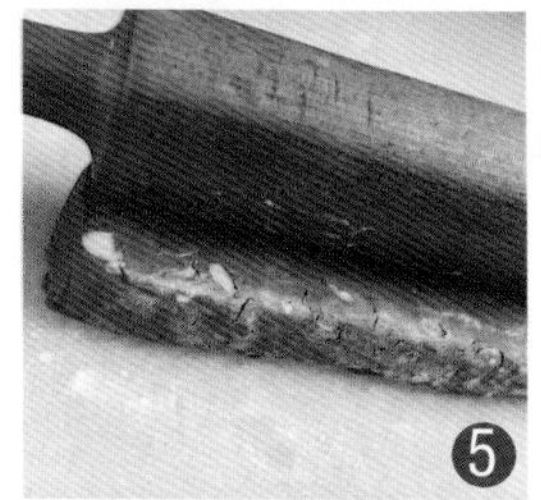

制作过程

1. 将120g黄油和过筛的糖粉加入容器，搅拌至呈乳化状。
2. 再分次加入蛋白，搅拌均匀。
3. 将低筋面粉、可可粉过筛后，和20g黄油拌匀。
4. 然后加入备用的杏仁片，拌成面团状。
5. 面团稍作松弛后，将其擀成宽5cm、高2cm的四方块，放进冰箱内冷藏30分钟。
6. 当面块软硬适中的时候取出，将其切成25片。
7. 将切好的饼坯摆入烤盘内。
8. 以上下火180℃/160℃烘烤18分钟左右即可。

巧克力核桃酥片

难易度 Nan Yi Du ★★

（成品40片）Qiaokeli Hetaosupian

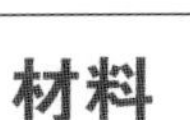

材料

黄油135g
绵白糖130g
鸡蛋55g
低筋面粉235g
可可粉35g
核桃仁100g

准备

先将核桃仁放入烤箱内烤熟，备用。

制作过程

1. 将黄油先搅拌至微发。
2. 再加入绵白糖，搅拌至蓬松状。
3. 接着分次加入鸡蛋，拌匀。
4. 将低筋面粉和可可粉过筛后一起加入其中，拌成面团状。
5. 在面团中加入备用的核桃仁，拌匀。
6. 将面团稍作松弛后，整成四方形的长条状，放入冰箱内冷冻1小时。
7. 将面团取出后，切成1cm厚的片状。
8. 将饼坯摆入烤盘内，以上下火180℃/160℃烘烤大约20分钟即可。

原味切片饼干

（成品20块）*Yuanwei Qiepian Binggan*

材料

黄油85g
糖粉70g
香粉2g
鸡蛋30g
低筋面粉140g
奶粉30g
泡打粉1.5g

制作过程

1. 先将黄油与过筛糖粉拌匀，再搅拌至微发。
2. 接着分3次加入鸡蛋，搅拌均匀。
3. 然后将香粉、低筋面粉、奶粉和泡打粉过筛后加入其中，拌成面团状。
4. 将面团稍作松弛后，搓成圆柱体形状，放入冰箱内冷藏40分钟左右。
5. 将面团取出，切成大约1cm厚的圆片。
6. 将饼坯摆入烤盘内，以上下火180℃/150℃烘烤大约20分钟即可。

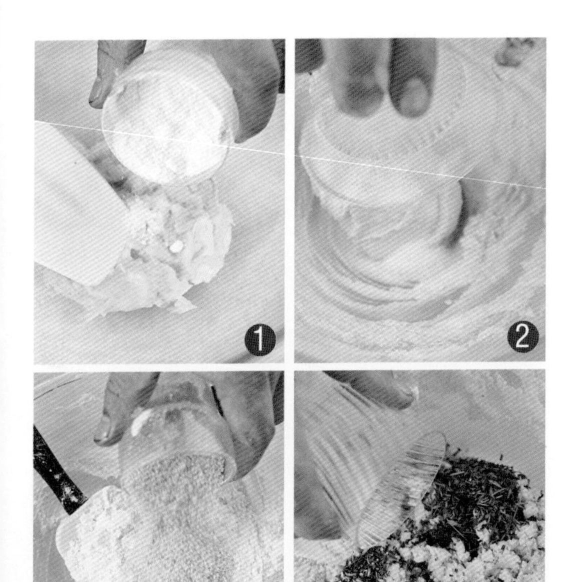

迷迭香饼干

（成品15块）*Midiexiang Binggan*

材料

黄油120g	杏仁粉50g
糖粉50g	迷迭香10g
盐0.5g	百里香10g
低筋面粉170g	香草荚1个

制作过程

1. 先将黄油、糖粉一起在容器中搅拌至呈蓬松状。
2. 再加入盐，搅拌均匀。
3. 接着将低筋面粉过筛后，和杏仁粉一起加入容器中拌匀。
4. 将迷迭香、百里香切碎，和香草荚内部的籽一起加入其中，拌匀成面团。
5. 将面团稍作松弛后，做成长方体，放入冰箱内冷藏2小时。取出后切成大约1cm厚的面皮。
6. 将饼坯摆入烤盘内，以上下火170℃/160℃烘烤18分钟左右即可。

杏仁沙不列

（成品20块）*Xingren Sabulie*

材料

黄油150g
绵白糖90g
鲜奶油5g
鸡蛋30g
高筋面粉90g
低筋面粉105g
杏仁片100g
/装饰材料/
砂糖适量
手粉（撒在手上、面皮上或容器上防粘的粉）适量

准备

制作前，先将杏仁片放入烤箱内烘烤熟，备用。

制作过程

1. 将黄油与绵白糖搅拌至呈乳化状。
2. 再加入鲜奶油与鸡蛋，搅拌均匀。
3. 接着将低筋面粉和高筋面粉过筛后加入其中，拌匀。
4. 然后加入备用的杏仁片，拌成面团状。
5. 面团稍作松弛后，将其整成四方形，并将其表面蘸上砂糖。
6. 将面团放进冰箱内冷藏1小时，取出；切大约1cm厚的块，摆入烤盘内，以上下火180℃/160℃烘烤20分钟左右即可。

杂粮饼干

难易度 Nan Yi Du ★★

（成品23块）Zaliang Binggan

材料

黄油60g	鸡蛋30g
绵白糖45g	杂粮粉35g
盐1g	泡打粉2g
蜂蜜5g	低筋面粉130g

制作过程

1. 先将黄油、绵白糖、盐和蜂蜜放入容器，搅拌均匀。
2. 再分次加入鸡蛋，搅拌均匀。
3. 接着将低筋面粉、杂粮粉和泡打粉过筛后一起加入其中，拌成面团状。
4. 面团稍作松弛后，搓成圆柱体，放入冰箱内冷冻40分钟。
5. 待圆柱体面团稍硬后，取出，均匀地切块，每片厚度约0.5cm，将其摆入烤盘内。
6. 以上下火180℃/150℃烘烤大约13分钟即可。

抹茶饼干

（成品40块）*Mocha Binggan*

材料

黄油130g	低筋面粉185g
糖粉75g	抹茶粉12g

制作过程

1. 先将黄油搅拌至柔软。
2. 再加入过筛的糖粉，搅拌均匀。
3. 接着将低筋面粉和抹茶粉过筛后依次加入其中，拌成面团状。
4. 面团稍作松弛后，将其搓成圆柱体，放入冰箱内冷藏1小时。
5. 待圆柱体面团软硬适中的时候取出，将其切成40片薄片。
6. 将薄片均匀地摆入烤盘内。
7. 以上下火170℃/160℃烘烤20分钟左右即可。

玉米片饼干

（成品22块）*Yumipian Binggan*

材料

酥油100g	低筋面粉200g
绵白糖30g	玉米片30g
鸡蛋50g	芝士粉12g

制作过程

1. 先将酥油和绵白糖搅拌均匀后再打发。
2. 将鸡蛋分次加入其中，拌匀。
3. 再将低筋面粉、芝士粉过筛后加入其中拌匀，然后加入玉米片拌成面团，将面团放入冰箱内松弛30分钟左右。
4. 将松弛好的面团取出，擀开至0.5cm厚。
5. 将面片切成长12cm、宽1.2cm的长条状饼坯。
6. 将饼坯摆入烤盘内，以上下火180℃/160℃烘烤大约25分钟即可。

开心果酥饼

（成品24块）*Kaixinguo Subing*

难易度 Nan Yi Du ★★

材料

黄油75g	低筋面粉135g
绵白糖50g	泡打粉1g
鸡蛋20g	开心果仁70g

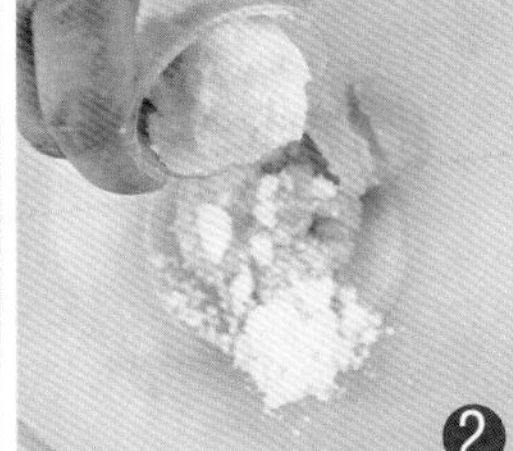

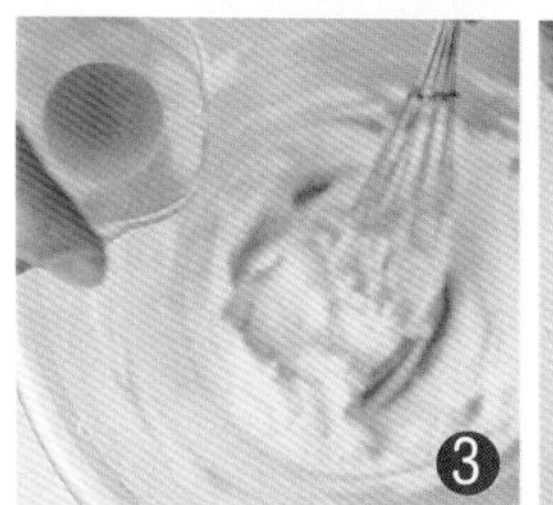

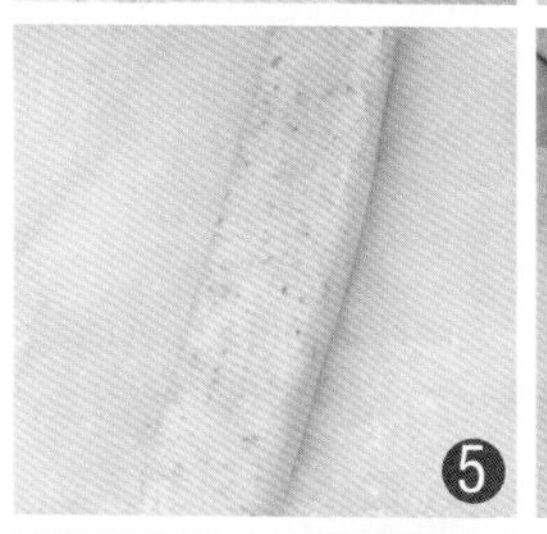

制作过程

1. 先将开心果用擀面棍压碎，备用。
2. 将黄油、绵白糖搅拌至呈蓬松状。
3. 再分次加入鸡蛋，搅拌均匀。
4. 接着将低筋面粉、泡打粉过筛后，和开心果碎一起加入其中，拌成面团状。
5. 面团稍作松弛后，先将其搓成圆柱体再整成四方形的长方体，放入冰箱内冷冻20分钟。
6. 待面团软硬适中后取出，切成大约8mm厚的块。
7. 将饼坯摆入烤盘内，以上下火170℃/170℃烘烤大约18分钟即可。

丹尼酥

（成品20块）Dannisu

材料

黄油80g
绵白糖57g
鸡蛋35g
香粉1g
杏仁粉20g
低筋面粉145g
牛奶15g

/装饰材料/

白巧克力适量

制作过程

1. 先将黄油、绵白糖依次放入容器，搅拌均匀。
2. 再分次加入鸡蛋，搅拌均匀。
3. 接着将香粉、低筋面粉和杏仁粉过筛后加入其中，搅拌均匀。
4. 然后加入牛奶，拌匀成面团状，松弛10分钟。
5. 将松弛完成的面团搓成圆柱体，放入冰箱内冷冻40分钟。
6. 待面团软硬适中后，取出，切块。
7. 饼坯摆入烤盘内，以上下火170℃/160℃烘烤12分钟左右。
8. 待饼干冷却后，先将白巧克力隔水化开，再装入裱花袋，在饼干上面挤上巧克力线条即可。

椰子花生酥

（成品35块）*Yezi Huashengsu*

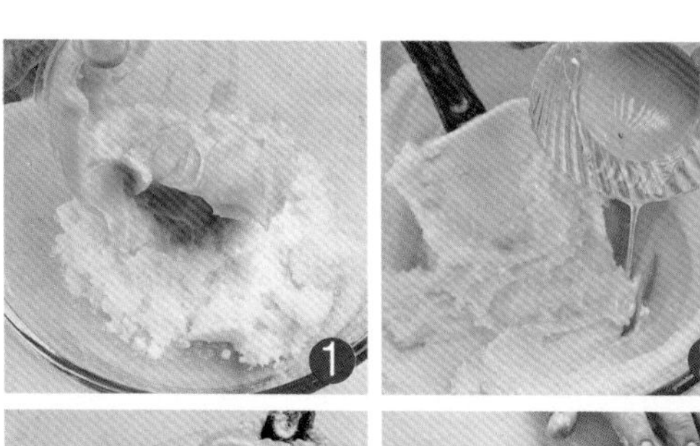

材料

花生碎90g
黄油130g
绵白糖115g
鸡蛋55g
低筋面粉230g
椰蓉55g

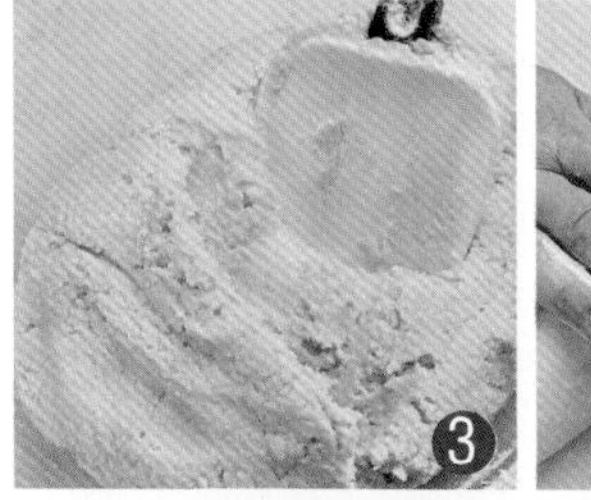

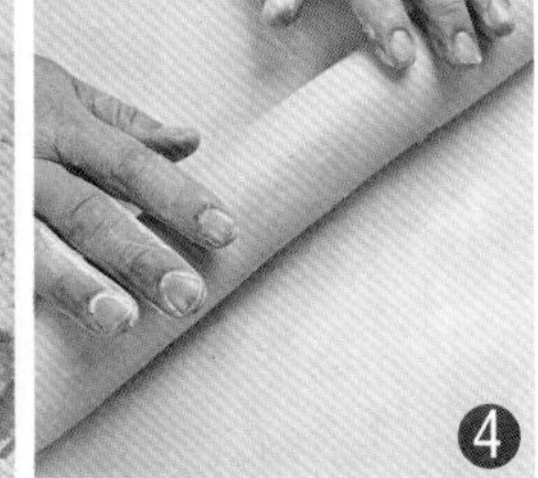

制作过程

1. 先将黄油搅拌至松散状，再加入绵白糖搅拌至呈乳化状。
2. 接着将鸡蛋分次加入其中，搅拌均匀。
3. 然后将低筋面粉过筛后和椰蓉一起加入其中，搅拌成面团状。
4. 将面团稍作松弛后，搓成直径大约为4cm的圆柱体。
5. 将花生碎倒在台面上，将圆柱体面棍在花生碎上滚一下，让表面蘸满花生碎。
6. 放入冰箱内冷藏1小时，将其取出后切成大约1cm厚的薄片。
7. 将饼干坯摆入烤盘内，以上下火180℃/160℃烘烤大约18分钟即可。

奥利奥奶酥饼干

（成品20块）*Aoliao Naisu Binggan*

材料

奥利奥巧克力饼干60g	蛋白40g
黄油70g	低筋面粉160g
糖粉50g	玉米粉15g
香粉2g	泡打粉1g

制作过程

1. 先将奥利奥巧克力饼干掰成小块，备用。将黄油和过筛糖粉搅拌至微发。
2. 再分次加入蛋白，搅拌均匀。
3. 接着将低筋面粉、香粉、玉米粉和泡打粉过筛后加入其中，拌匀。
4. 然后加入奥利奥饼干，拌成面团状。
5. 将面团搓成圆柱体，放入冰箱内冷藏1小时。
6. 将面团取出，切成1cm厚的圆片。
7. 将饼坯摆入烤盘内，以上下火180℃/150℃烘烤大约20分钟即可。

罗兰酥（成品15块）

Luolansu

难易度 Nan Yi Du ★★★

材料

黄油130g
鸡蛋20g
高筋面粉80g
绵白糖65g
低筋面粉85g
果酱适量

/装饰材料/

蛋液适量

制作过程

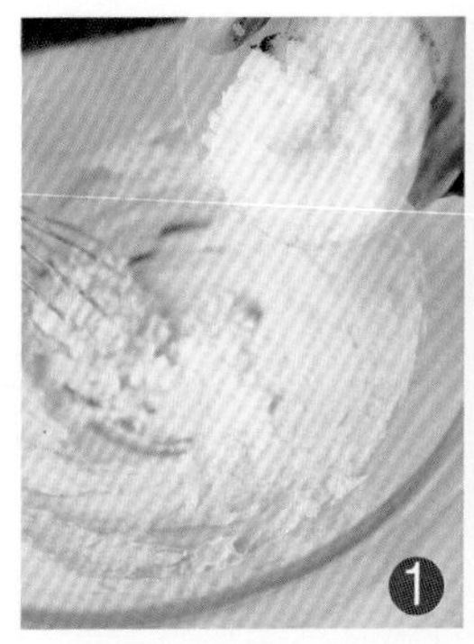

先将黄油与绵白糖搅拌至呈均匀状态。

再分次加入鸡蛋，搅拌均匀。

接着将低筋面粉和高筋面粉过筛后加入，拌成面团状。

将面团放进冰箱内冷冻50分钟后取出，擀至大约0.8cm厚。

用一个直径为5cm的圆压模将其压出。

将一半饼坯摆入烤盘内，并在其表面均匀刷上鸡蛋液。

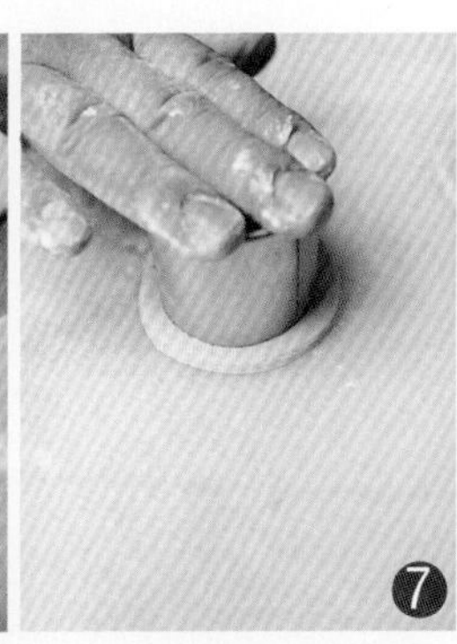

另一半饼坯用直径4cm的压模将中间的部分垂直压出。

将边缘的部分放在直径为5cm的饼坯表面，并再刷一次鸡蛋液。

再在饼坯中间挤上各种果酱。

以上下火200℃/190℃烘烤大约17分钟即可。

Tips

1. 黄油和绵白糖在搅拌的时候，不要搅拌得太发，以免膨胀过大，会影响成品的形状。
2. 加入鸡蛋的时候，要分次慢慢加入，以免油蛋产生分离。
3. 擀压面团的时候，要注意面皮的厚薄度和用力的均匀。
4. 饼坯摆放的距离要控制得当。
5. 如果没有草莓果酱，也可以用别的果酱来代替。

夹心葡萄饼干（成品7块）

Jiaxin Putao Binggan

难易度 Nan Yi Du ★★★

材料

发酵奶油70g	鸡蛋25g	**/馅料材料/**	朗姆酒15g	白兰地1g
糖粉36g	低筋面粉110g	发酵奶油35g	葡萄干50g	
盐0.5g	泡打粉少许	糖粉30g	红酒30g	

制作过程

先将发酵奶油和过筛糖粉、盐搅拌至呈蓬松状。

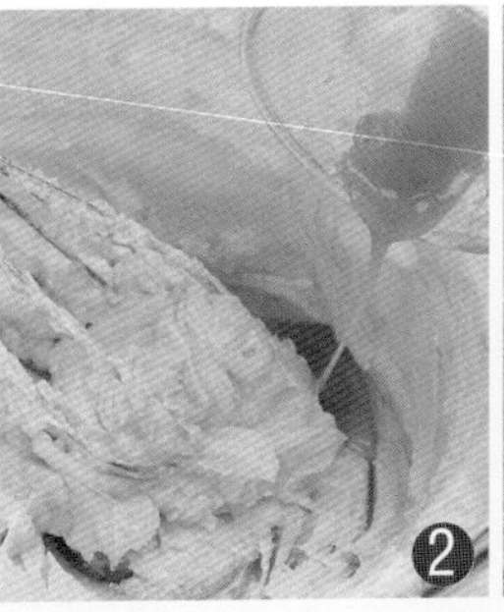

再分次加入鸡蛋，搅拌均匀。

将低筋面粉和泡打粉过筛后加入其中，搅拌均匀成面团，放进冰箱内冷藏20分钟。

取出后将面团擀开至大约5mm厚的面皮。

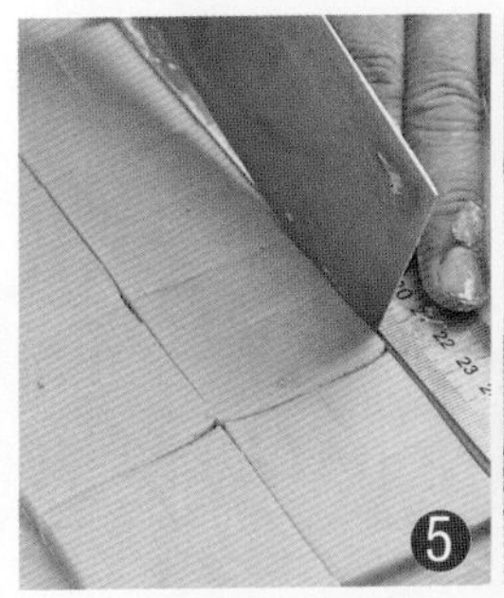

将面皮切成长宽各是4cm的正方形。

在面皮表面刷上蛋黄液，以上下火190℃/160℃烘烤大约12分钟。

将其中一半饼干翻过来，在其上面挤上预备好的馅料。

将另一片盖上即可。

馅料制作过程

将葡萄干与红酒煮至酒干，加入朗姆酒搅拌均匀，备用。

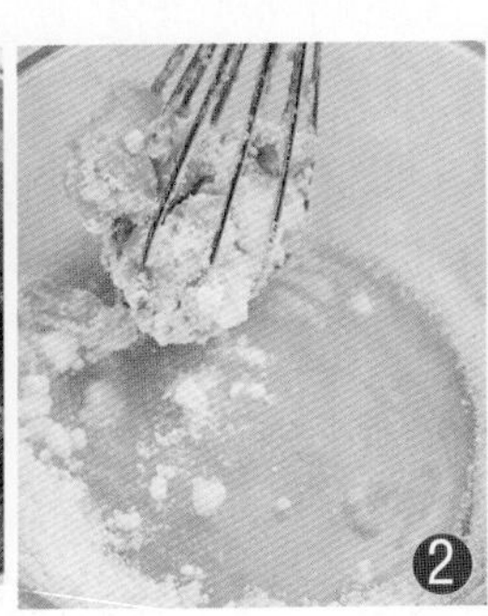

将发酵奶油和过筛糖粉充分打发。

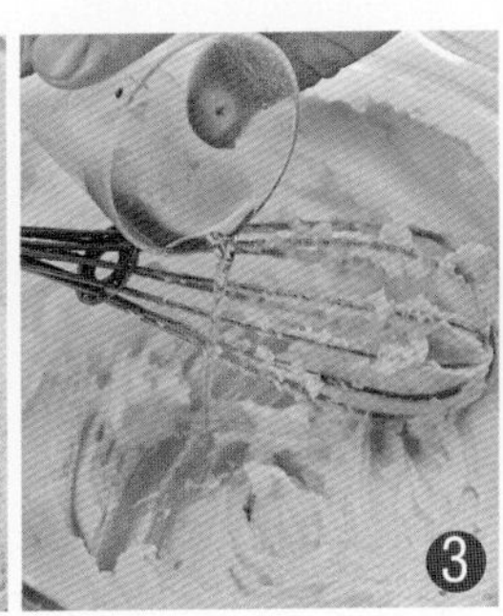

再加入白兰地，充分搅拌均匀。

将备用的酒渍葡萄干加入其中，搅拌均匀即可。

松子卷饼干（成品20块）

Songzijuan Binggan

材料

黄油125g	鸡蛋80g	泡打粉3g	松子仁80g
绵白糖60g	低筋面粉225g	麦芽糖25g	绵白糖30g

制作过程

先将黄油与绵白糖搅拌至微发。

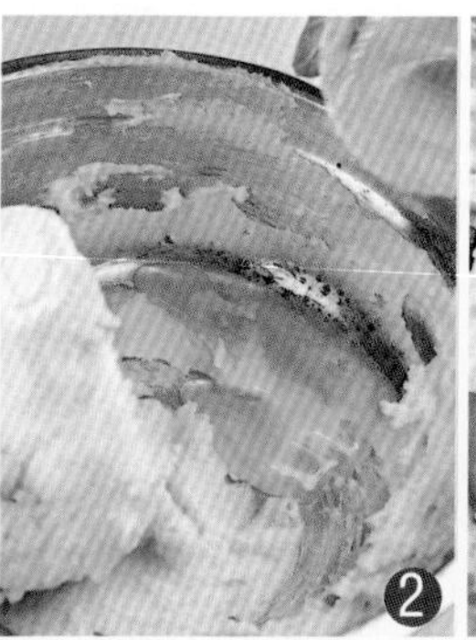

再分次加入鸡蛋液充分搅拌均匀。

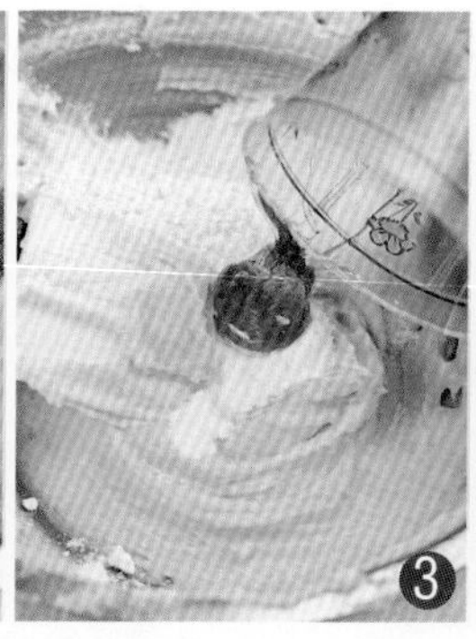

接着将泡打粉和麦芽糖加入其中，拌匀。

然后将低筋面粉过筛后加入其中，拌成面团的形状。

将面团松弛15分钟左右，擀开成大约4mm厚的面皮，并将其修整成四方形。

在面皮上撒上一半的松子仁，再将30g绵白糖撒在表面。

将面皮卷起来，放进冰箱内冷藏30分钟左右。

待面软硬适中的时候取出，切成大约1cm厚的圆片。

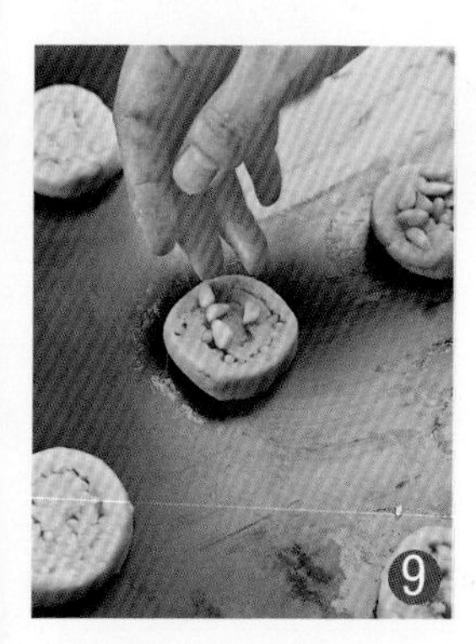

在面皮表面撒上松子仁，用手轻轻压紧，摆入烤盘内。

入炉烘烤，以上下火180℃/170℃烘烤大约20分钟即可。

花生曲奇（成品30块）

Huasheng Quqi

难易度 Nan Yi Du ★★★

材料

黄油80g	肉桂粉1g	杏仁粉75g	**/装饰材料/**	杏仁粉60g
绵白糖50g	鸡蛋20g	柠檬皮15g	蛋白30g	花生整粒30个
盐0.5g	低筋面粉130g		绵白糖60g	

制作过程

1. 先将黄油、绵白糖搅拌至呈蓬松状。

2. 再加入肉桂粉、盐、柠檬皮，搅拌均匀。

3. 接着分次加入鸡蛋，搅拌均匀。

4. 然后将低筋面粉过筛后，和杏仁粉一起加入其中，拌成面团状，松弛10分钟。

5. 将面团搓成圆柱体，放入冰箱内冷藏20分钟左右。

6. 待面团稍硬后取出，切成大约6mm厚的薄片。

7. 薄片平摆入烤盘内，在表面挤上制作完成的蛋白糊。

8. 再在表面放上脱皮的花生整粒。

9. 以上下火180℃/180℃烘烤18分钟左右即可。

装饰制作过程

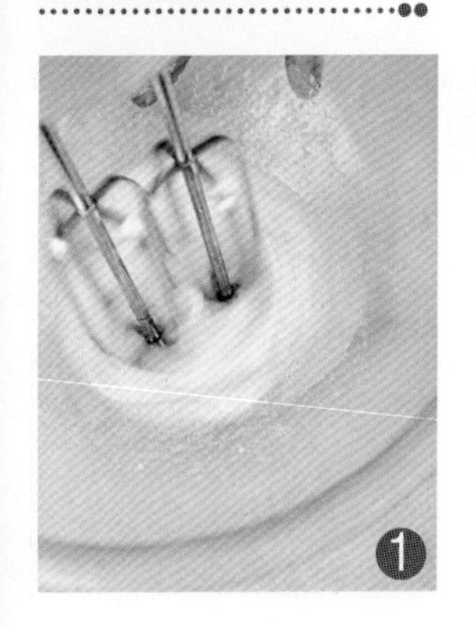

先将蛋白、绵白糖一起搅拌至中性发泡。

将低筋面粉过筛后，和杏仁粉一起加入其中，搅拌均匀即可。

爱雅思饼

（成品15块）Aiyasibing

材料

黄油50g	鸡蛋25g	泡打粉1g
白油30g	奶粉23g	蓝莓酱50g
绵白糖45g	低筋面粉100g	蓝莓馅150g
糖粉43g	高筋面粉100g	黄油15g
盐1g	香粉1g	

制作过程

1. 先将黄油、白油、绵白糖和过筛糖粉、盐搅拌至呈乳化状。
2. 再分次加入鸡蛋，搅拌均匀。
3. 接着将奶粉、低筋面粉、高筋面粉、香粉和泡打粉过筛后加入其中，拌成面团状，松弛10分钟。
4. 将蓝莓酱、黄油、蓝莓馅搅拌均匀成团状，备用。
5. 将面团和备用的馅料面团擀开成长方形，后者比前者窄一些。
6. 将馅料皮放在宽面皮的上面，然后卷起来，放进冰箱内冷冻30分钟。
7. 待面团冻到软硬适中的时候取出，切成1.5cm厚的圆柱。
8. 将饼坯放入圆形模具内，摆入烤盘，以上下火170℃/180℃烘烤大约25分钟即可。

养生芝麻饼干

（成品18块）Yangsheng Zhima Binggan

材料

黄油40g
绵白糖28g
蛋黄10g
低筋面粉65g
黑芝麻粉20g

制作过程

1. 先将黄油与绵白糖搅拌至呈乳化状。
2. 再分次加入蛋黄，搅拌均匀。
3. 接着将低筋面粉过筛后和黑芝麻粉一起加入其中，搅拌成面团状。
4. 将面团稍作松弛后，擀开至4mm厚。
5. 用压模将其压出，摆入烤盘内。
6. 以上下火170℃/150℃烘烤12~15分钟即可。

心形饼干（成品21个）

Xingxing Binggan

难易度
Nan Yi Du
★★★

材料

黄油100g

糖粉80g

盐0.5g

鸡蛋20g

低筋面粉200g

/装饰材料/

蛋白1个

太古糖粉200g

柠檬汁10g

色香油适量

制作过程

1 先将糖粉、黄油和盐一起搅拌至微发。

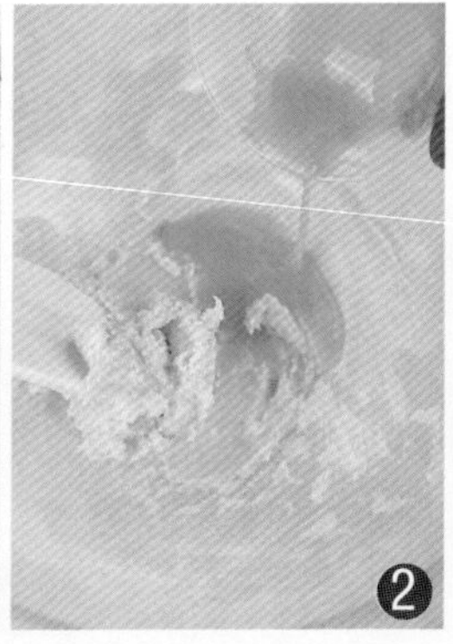

2 分次加入鸡蛋，充分搅拌均匀。

3 将低筋面粉过筛后加入其中，拌成面团状。

4 面团稍作松弛后，将其擀开至4mm厚。

5 用心形模具将其压出，摆入烤盘内。

6 以上下火170℃/150℃烘烤20分钟左右。

7 出炉冷却后，用备用的糖霜在表面进行装饰。

糖霜制作过程

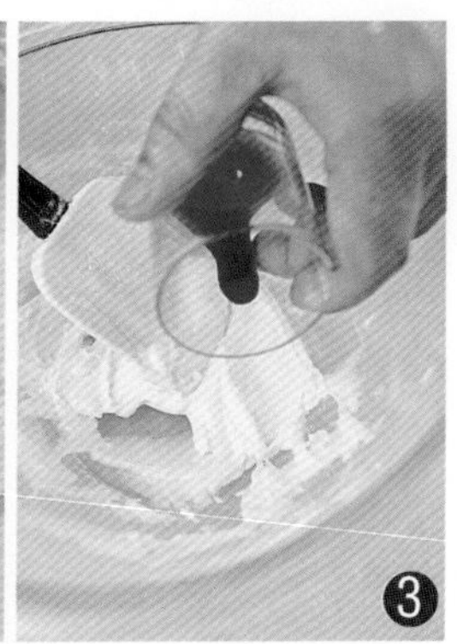

1. 将太古糖粉过筛后倒入碗中。
2. 加入柠檬汁、蛋白，搅拌均匀至浓稠适中。
3. 再加入色香油，搅拌均匀，备用。

内衣饼干（成品25块）

Neiyi Binggan

难易度 Nan Yi Du ★★★

材料

牛油60g
糖粉50g
鸡蛋半个
低筋面粉40g
高筋面粉70g
泡打粉2g
猕猴桃干15g
苏打粉4g
奶粉20g
盐适量

/装饰材料/

黑色、白色、肉色蛋白膏适量
银珠糖适量

制作过程

将牛油放在室温中软化，与糖粉打至松软变白，然后加入蛋液拌匀。

将低筋面粉、高筋面粉、奶粉、苏打粉、盐过筛后加入其中，拌成面团。

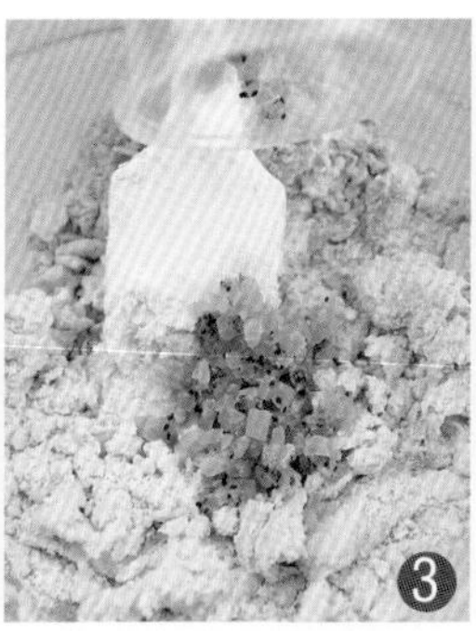

把猕猴桃干切成小碎丁，加入面团中搅拌均匀。

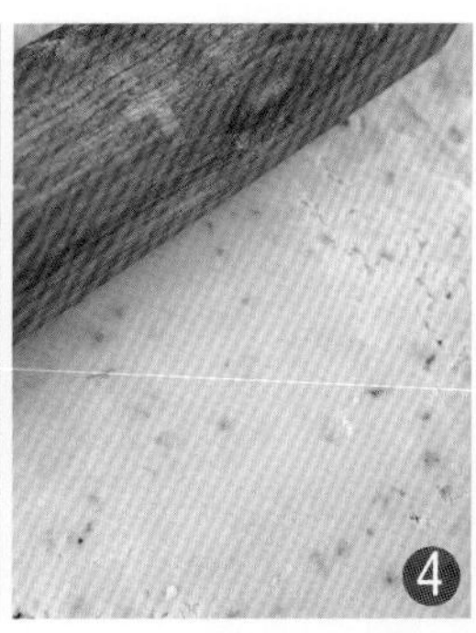

把面团放在不粘布上揉匀，用擀面杖擀至0.5cm厚，放入冰箱冷冻15分钟。

将面皮取出，用心形模具压出形状。

将饼干坯放入烤盘，送入烤箱烘烤，以上下火150℃烘烤约8分钟，烤熟后取出放凉即可。

将所需要的黑色、白色、肉色蛋白膏调好备用。用白色蛋白膏细裱，将心形饼干的轮廓线条勾勒出来，线条要流畅。

把肉色蛋白膏挤在相应的位置。

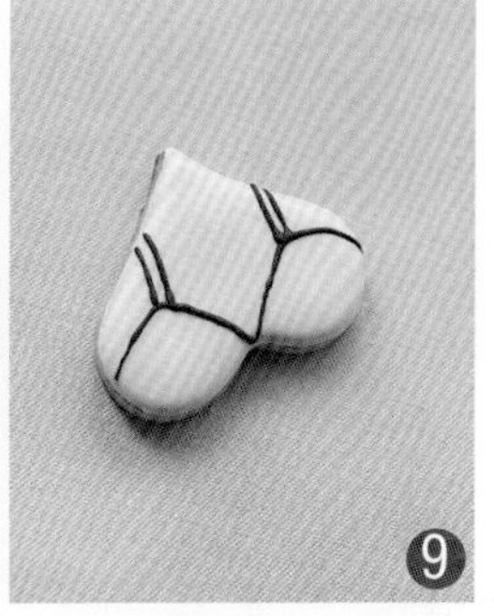

用黑色蛋白膏分别勾勒出上下内衣的形状。

然后把黑色蛋白膏加水调软，挤在相应处。

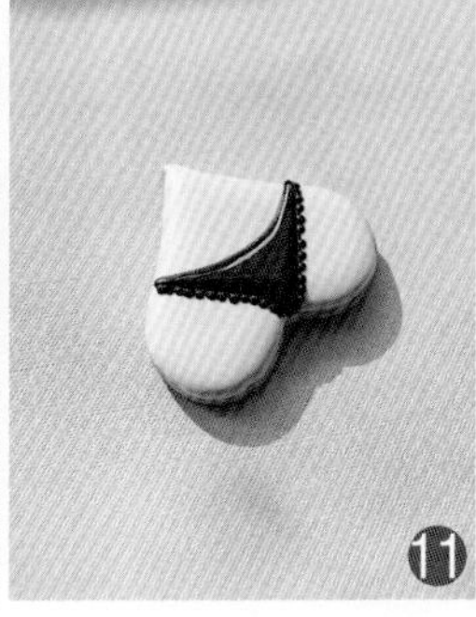

在衣服边缘点上黑点，作为蕾丝边。

做好的衣服上面点上白色蛋白膏作为图案。

最后加上银珠糖作为装饰即可。

小鸭子饼干（成品25块）

Xiaoyazi Binggan

难易度 Nan Yi Du ★★★

材料

牛油70g
糖粉60g
菠萝蜜2茶匙
低筋面粉120g
鸡蛋30g
奶粉20g
黄色、白色、黑色蛋白膏适量

制作过程

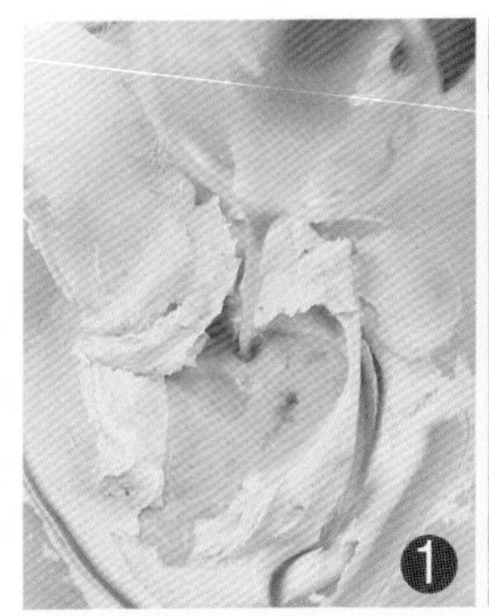

将牛油放在室温中至软化，与糖粉打至松软变白，加入蛋液拌匀。

将低筋面粉、奶粉过筛后加入其中，拌成面团。

在面团中加入2茶匙的菠萝蜜，搅拌均匀。

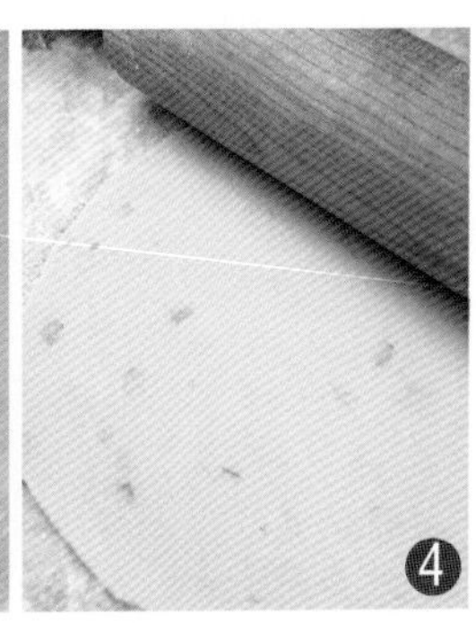

把面团放在不粘布上揉匀，然后用擀面杖擀至0.5cm厚，放入冰箱冷冻15分钟。

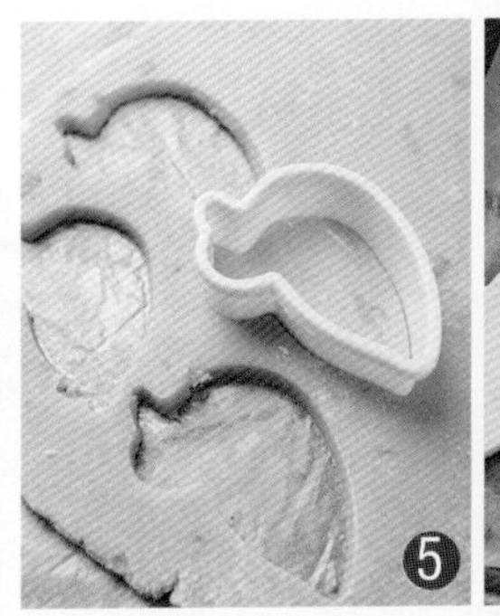

将面皮取出，用模具压出鸭子的形状。

将饼干放入烤盘，送入烤箱以上下火150℃烘烤约8分钟，烤熟后取出放凉即可。

将所需要的黄色、白色、黑色蛋白膏调好，准备鸭子形饼干备用。

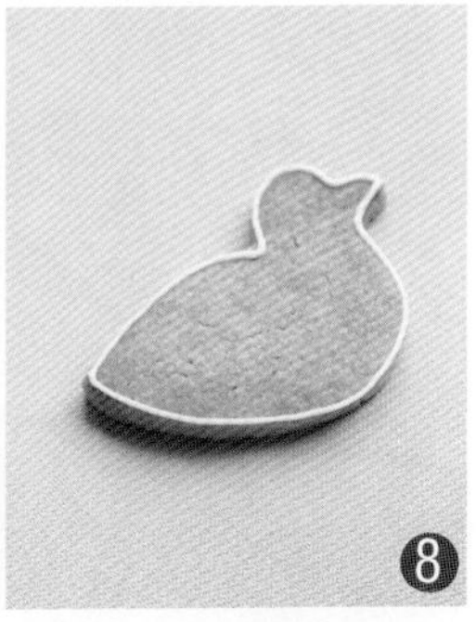

用白色蛋白膏细裱，将鸭子饼干的轮廓线条勾勒出来，线条要流畅。

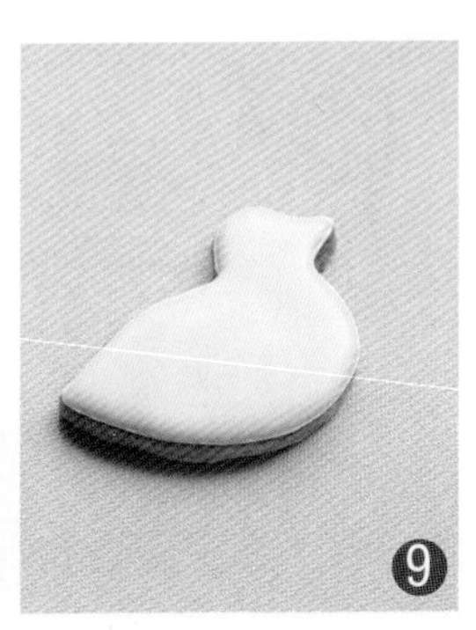

将黄色蛋白膏挤在相应的位置。

黄色蛋白膏晾干后，用白色蛋白膏与黑色蛋白膏装饰细节即可。

鸭梨饼干

（成品25块）

Yali Binggan

材料

牛油70g	鸡蛋30g	高筋面粉55g	苏打粉2g	黄色、白色、黑色、
糖粉60g	低筋面粉55g	泡打粉2g	芥末粉20g	绿色蛋白膏适量

制作过程

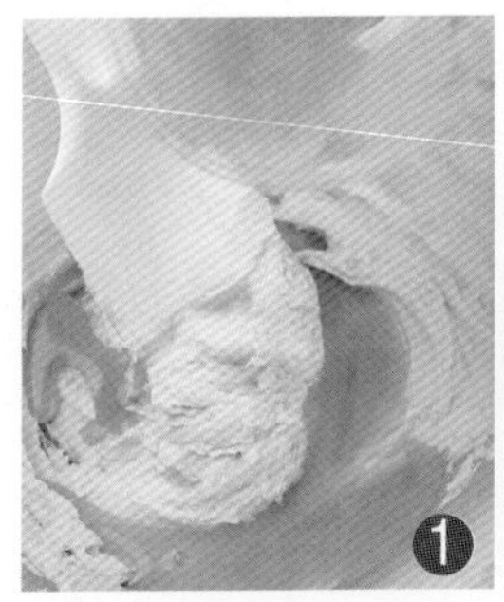

将牛油放在室温中至软化，与糖粉打至松软变白，加入蛋液拌匀。

将低筋面粉、高筋面粉、苏打粉、泡打粉过筛后加入其中拌匀。

最后加入芥末粉，拌成面团。

把面团放在不粘布上揉匀，用擀面杖擀至0.5cm厚，放入冰箱冷冻15分钟。

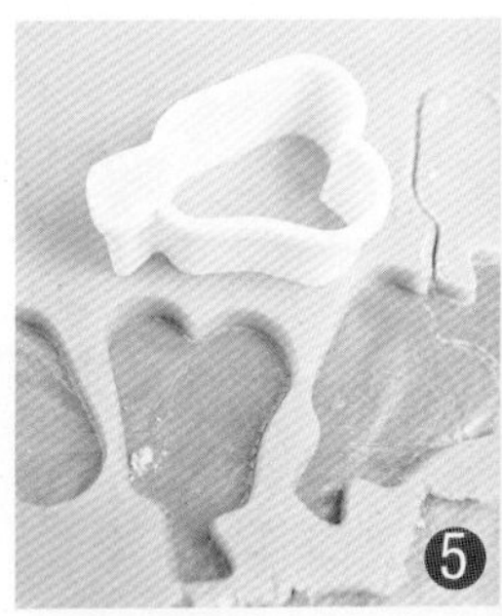

将面皮取出，用模具压出梨子形。

放入烤盘，送进烤箱，以上下火150℃烘烤约10分钟，烤熟后取出放凉即可。

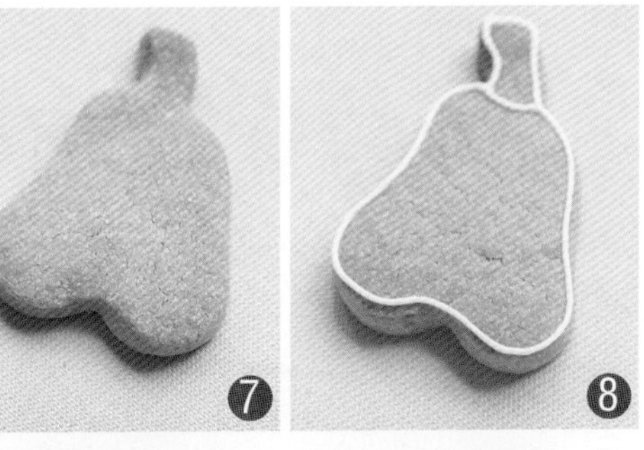

将所需要的黄色、白色、绿色、黑色蛋白膏调好备用。

用白色蛋白膏细裱，将梨子形饼干的轮廓线条勾勒出来，线条要保证流畅。

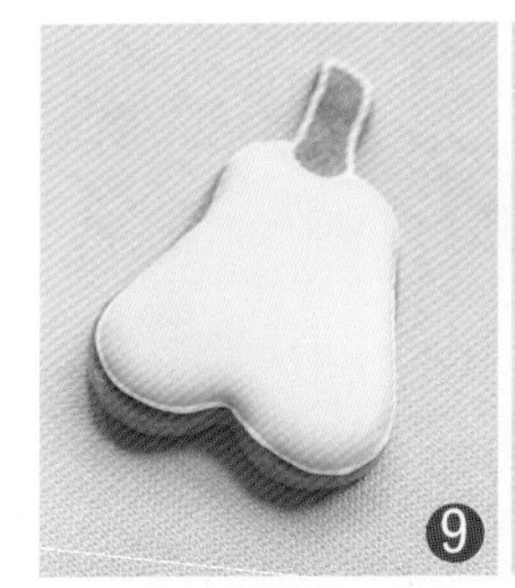

再将黄色蛋白膏涂在相应的位置。

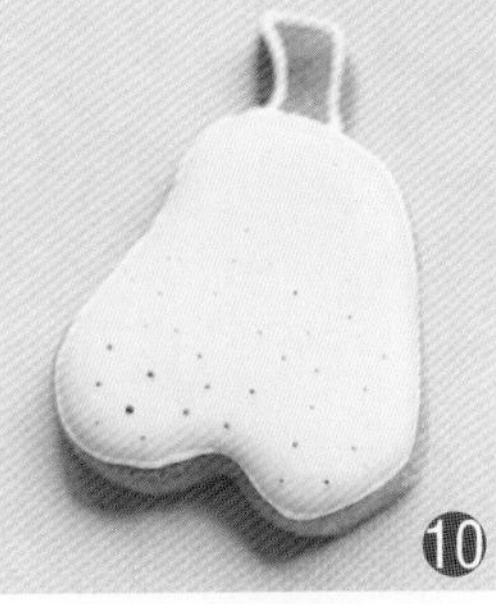

等黄色蛋白膏晾干后，再用黑色蛋白膏点上梨子身上的黑点。

用绿色蛋白膏做出梨子的梗和叶子。

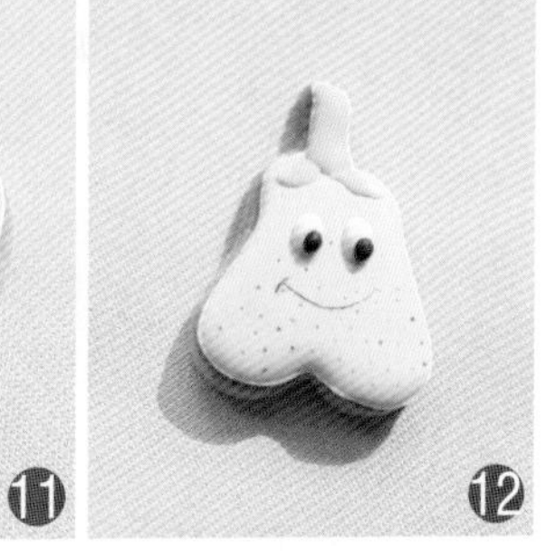

最后用白色和黑色蛋白膏做上卡通的眼睛和嘴巴即可。

月亮饼干（成品30块）

Yueliang Binggan

材料

牛油110g　鸡蛋半个　奶粉10g
糖粉55g　低筋面粉150g　蓝莓果酱10g
白色、红色、黄色、黑色蛋白膏适量

制作过程

1. 将牛油放在室温中软化，与糖粉打至松软变白，然后加入蛋液拌匀。
2. 将低筋面粉、奶粉过筛后加入其中，拌成面团。
3. 把面团放在不沾布上拌匀，用擀面杖擀至0.3cm厚，放入冰箱冷冻15分钟。
4. 将面皮取出，用模具压出月亮形状。
5. 放入烤盘，送进烤箱烘烤，以上下火150℃烘烤约8分钟，烤熟后取出放凉即可。
6. 将所需要的白色、黄色、红色、黑色蛋白膏调好备用。
7. 用白色蛋白膏勾出月亮的轮廓线，线条要流畅。
8. 用黄色蛋白膏涂上月亮的颜色，
9. 等黄色蛋白膏部分晾干后再进行装饰，用红色蛋白膏做出帽子，再用黑色蛋白膏细裱出月亮的表情。

大理石饼干（成品30块）

Dalishi Binggan

难易度 Nan Yi Du ★★★

材料

/白面团材料/	/巧克力面团材料/
黄油70g	黄油55g
糖粉42g	糖粉45g
盐0.5g	盐0.3g
香粉2g	香粉2g
低筋面粉130g	低筋面粉75g
鸡蛋30g	鸡蛋25g
	可可粉25g

白面团制作过程

1. 先将糖粉过筛，再和黄油、盐一起充分搅拌均匀。
2. 分次将打散后的鸡蛋慢慢加入，充分搅拌均匀。
3. 将香粉、低筋面粉过筛后加入，拌成面团状，备用。

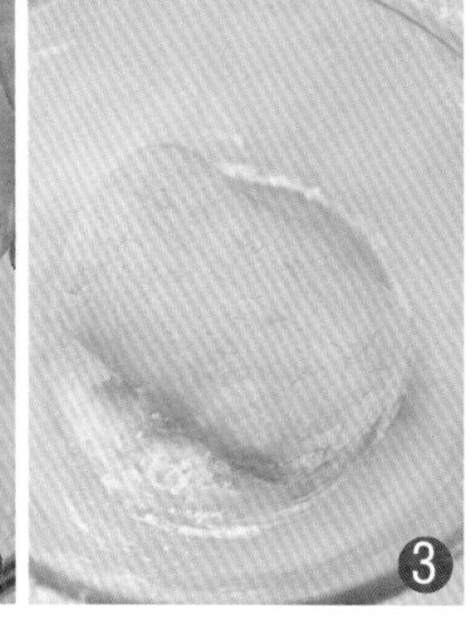

巧克力面团制作过程

1. 先将糖粉过筛，再和黄油、盐一起搅拌均匀。
2. 分次将打散后的鸡蛋慢慢加入，搅拌均匀。
3. 将香粉、可可粉和低筋面粉过筛后加入，拌成面团状，注意不可起筋。

组合制作过程

1. 将巧克力面团和一半白面团搓两个圆柱体。
2. 再将两个圆柱体并列放在一起揉在一起，并从中间截断。
3. 并排摆放在一起，用手滚圆后，从中间再次截断，再并排放在一起。
4. 再次将其滚成圆柱体后，从中间截断，将其中的一条横着放，粘紧后，再搓成圆柱体。
5. 将另一半白面团放塑料纸上，用面棍将其擀成约1mm厚的面皮。
6. 在表面刷上鸡蛋液。
7. 将混合面条放在面皮上，并均匀地卷起来，放入冰箱内冷藏，至圆柱体软硬适中。
8. 取出均匀切薄片。
9. 摆入烤盘内，以上下火150℃/170℃烘烤12~15分钟即可。

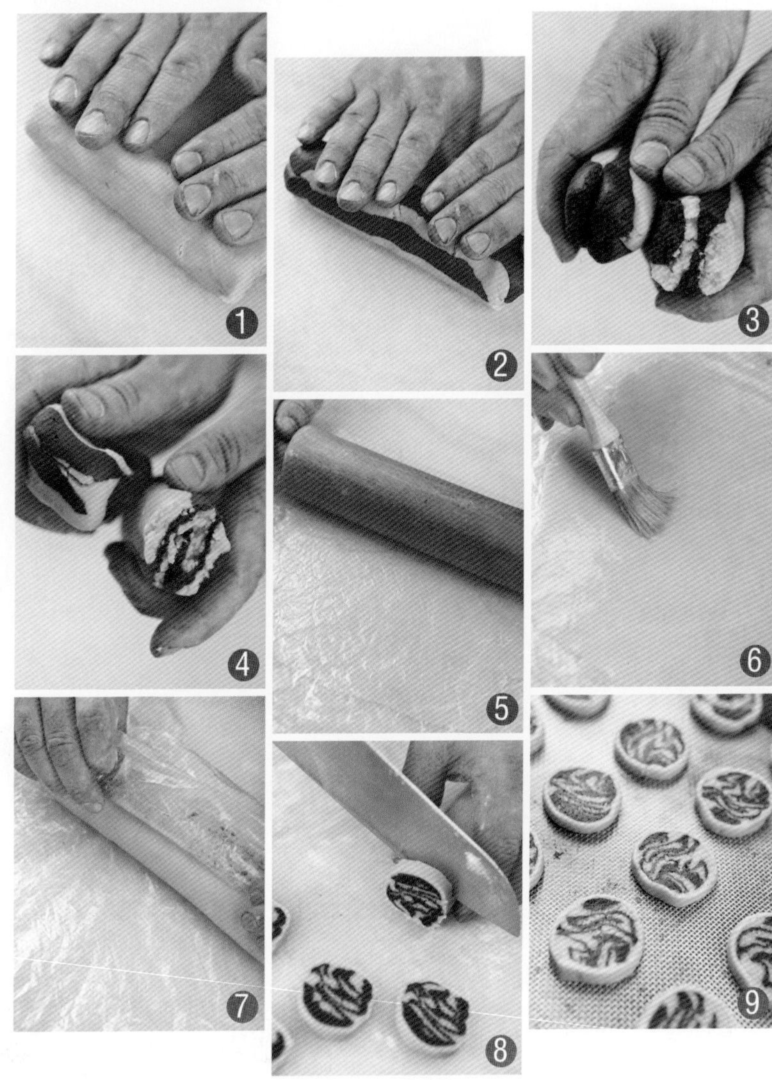

德式圣诞饼干（成品20块）

Deshi Shengdan Binggan

难易度 Nan Yi Du ★★★

材料

低筋面粉135g	盐0.3g	**/装饰材料/**	食用色素适量
泡打粉1g	鸡蛋25g	太古糖粉100g	银珠糖少许（撒在饼干表面）
绵白糖37g	黄油63g	柠檬汁25g	

制作过程

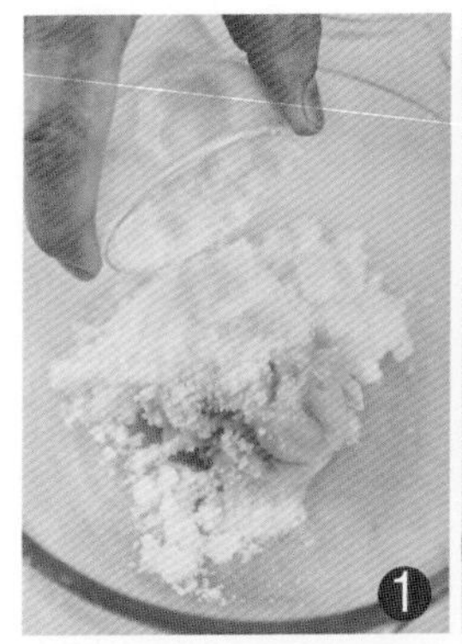

先将黄油、绵白糖和盐放入容器，搅拌均匀。

将鸡蛋打散放入，搅拌均匀。

将低筋面粉和泡打粉过筛后加入，拌成面团的形状。

面团稍作松弛后，将其擀开大约5mm厚。

用压模压出形状，摆入烤盘。

以上下火170℃/150℃烘烤18分钟左右。

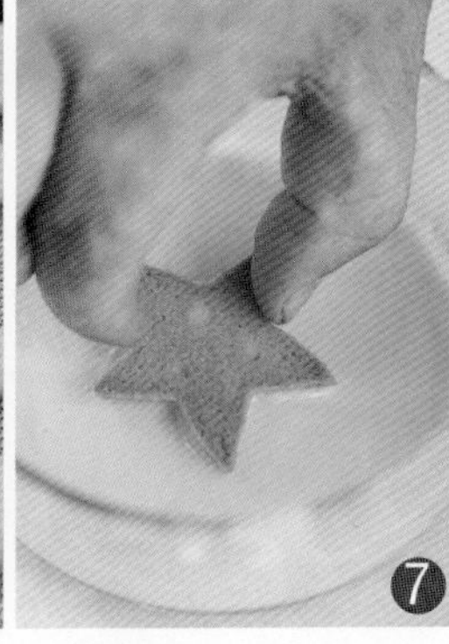

出炉冷却后，在饼干的表面蘸上调好的糖霜。

最后放上银珠糖做装饰即可。

糖霜制作过程

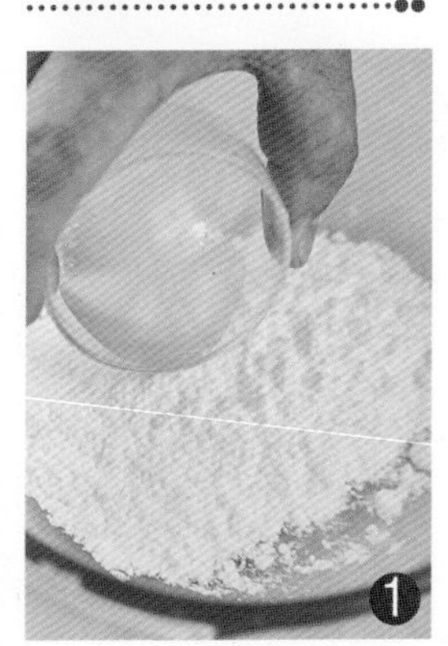

将太古糖粉和柠檬汁一起搅拌均匀。

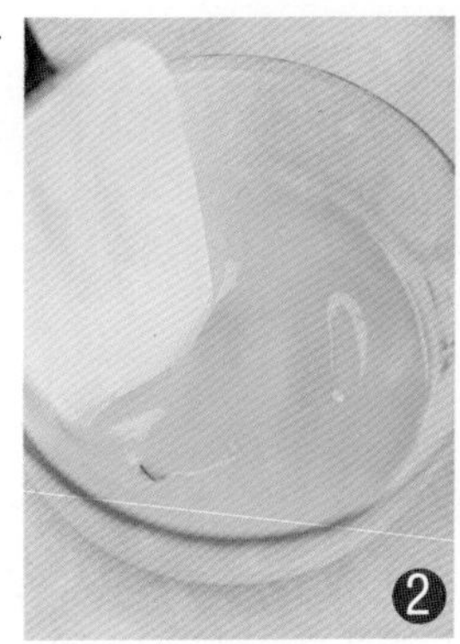

加入食用色素，搅拌均匀即可。

圣诞姜饼（成品24个）

Shengdan Jiangbing

材料

低筋面粉175g
泡打粉0.5g
绵白糖75g
盐0.5g
蜂蜜15g
姜粉8g
鸡蛋1个
黄油65g

/装饰材料/

太古糖粉200g
柠檬汁30g
彩色巧克力米适量
色香油适量

制作过程

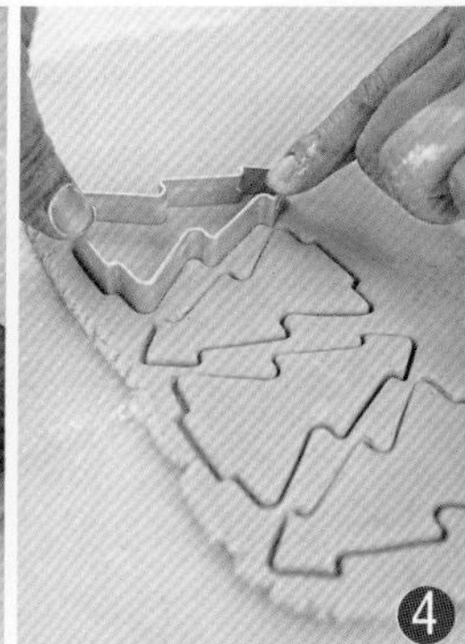

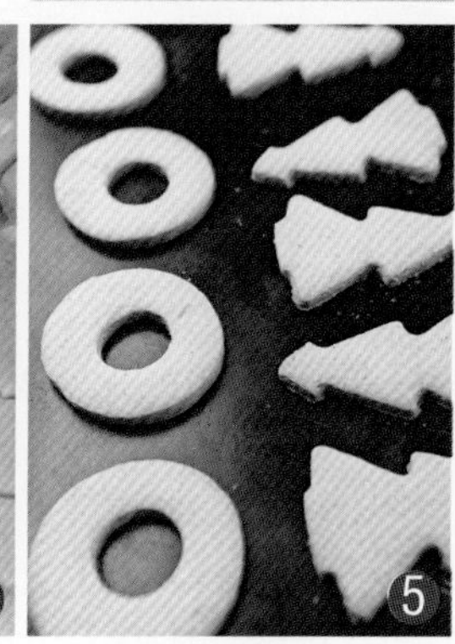

1. 先将低筋面粉、泡打粉和姜粉过筛后，一起搅拌均匀。

2. 再将黄油、绵白糖加入，搅拌均匀，然后加入蜂蜜、盐、鸡蛋，拌至面团状，将面团用塑料纸包好，松弛3个小时。

3. 将面团擀开至4mm厚。

4. 用压模压出形状，摆入烤盘内。

5. 以上下火180℃/160℃烘烤18分钟左右，出炉冷却。

6. 在表面用糖霜和彩色巧克力米装饰即可。

糖霜制作过程

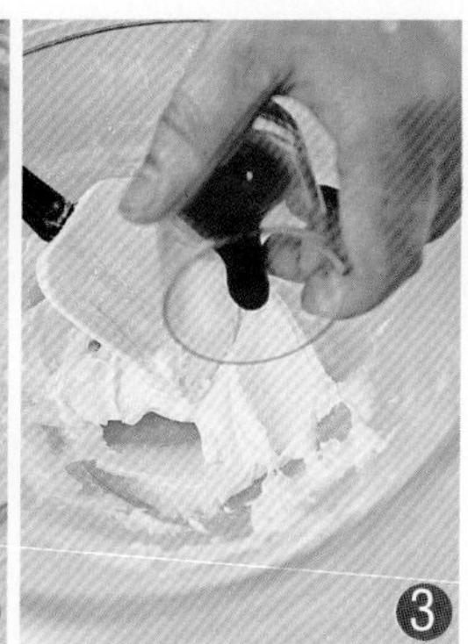

1. 将太古糖粉过筛后，倒入碗中。

2. 加入柠檬汁，搅拌均匀至浓稠适中。

3. 再加入色香油搅拌均匀，备用。

T恤裙子（成品2块）

Tixu Qunzi

难易度 Nan Yi Du

材料

/奶油糊材料/

酥油200g

绵白糖160g

鸡蛋50g

香粉3g

盐2g

/红面团材料/

基本奶油糊100g

草莓色香油适量

低筋面粉105g

杏仁粉15g

/巧克力面团材料/

基本奶油糊150g

低筋面粉110g

杏仁粉30g

可可粉30g

/原色面团材料/

基本奶油糊150g

低筋面粉130g

杏仁粉 20g

准备

将红面团、巧克力面团、原色面团各自的所有材料一起拌成面团备用。

奶油糊制作过程

1. 先将酥油和绵白糖搅拌均匀。
2. 再分次加入鸡蛋，拌匀。
3. 将盐和过筛香粉加入其中，搅拌均匀，成为基本的奶油糊。

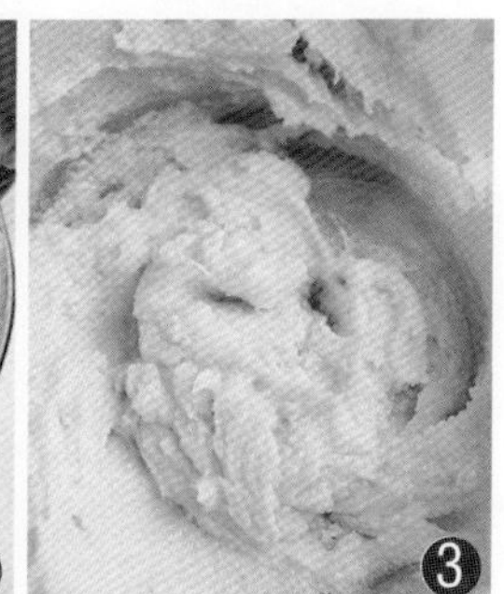

组合制作过程

将巧克力面团与原色面团各自搓成圆柱体。

将面团擀成大约1cm厚的面皮。

在其中的原色面皮表面刷上鸡蛋液。

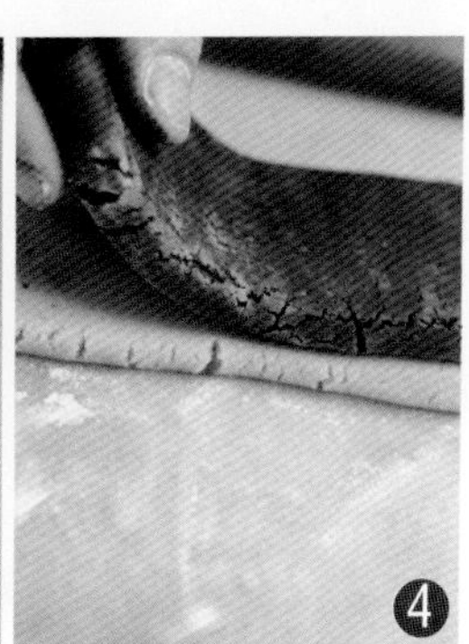

将另一片巧克力面皮摆放在原色面皮表面。

用刀将面皮平均切成两段。

在其中的一段上刷上鸡蛋液，将另一段摆放在上面。

再用刀将其平均切成两段，在其中一段上刷上鸡蛋液，将另一段摆在上面，共8层。

用刀将其横着切成1cm厚的片，将一部分摆在烤盘内做衣片用。

再从剩下的面皮里取两片，将其竖着切成大约1cm宽的条。

在一端用刀斜着切，做袖子用。

将其贴在衣片的两侧，在接口的地方刷上适量的鸡蛋液，使其粘在一起；在顶部用刀开出一个领口，呈倒三角形。

将红色的面团擀成大约1cm厚的面皮。

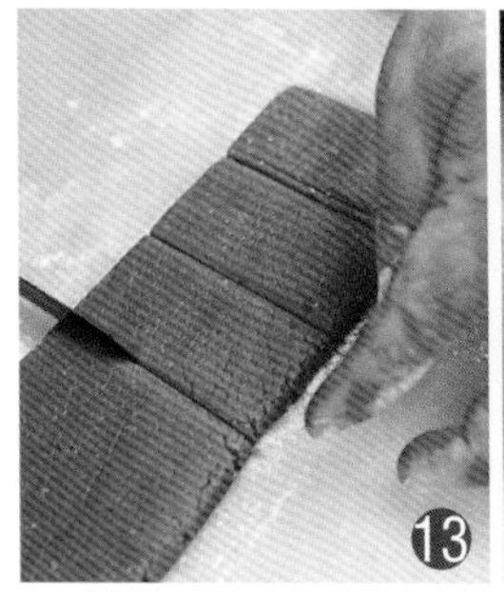

将红色面皮切成与衣服下摆宽窄一致的薄片，将其与衣服下摆贴在一起。在接口处少刷一些鸡蛋液使两者粘紧。

用刀将红色面皮修剪成裙子的形状。

以上下火130℃/160℃烘烤大约25分钟即可。

铃铛饼干

难易度 Nan Yi Du ★★★

（成品25块）*Lingdang Binggan*

材料

牛油70g
糖粉30g
蛋黄1个
低筋面粉120g
炼乳90g
黄色、白色、红色蛋白膏各适量

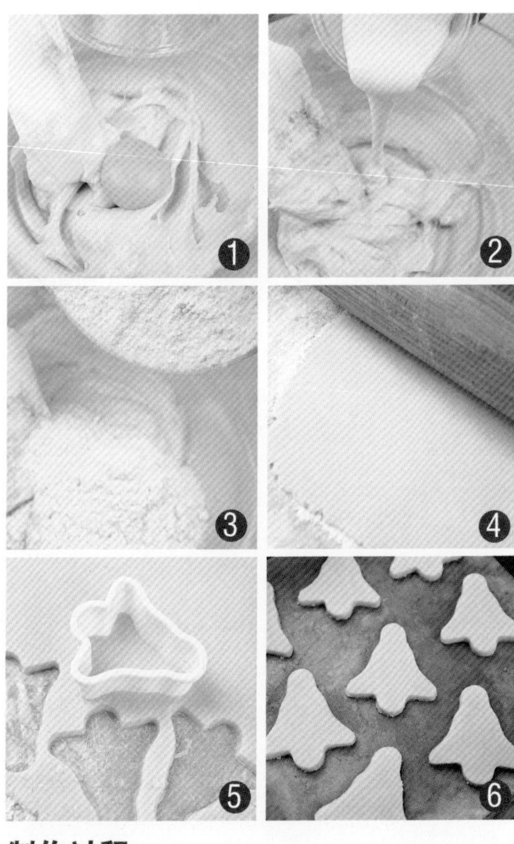

制作过程

1. 将牛油放在室温中至软化，与糖粉一起打至松软变白，然后加入蛋黄拌匀。
2. 加入炼乳搅拌均匀。
3. 将低筋面粉过筛后加入其中，拌成面团。
4. 把面团放在不粘布上，用擀面杖擀至0.2cm厚，放入冰箱冷冻15分钟。
5. 将面皮取出，用铃铛模具压出形状。
6. 放入烤盘，送入烤箱烘烤，以上下火150℃烘烤约5分钟。烤熟后取出放凉即可。

装饰过程

将所需要的黄色、白色、红色蛋白膏调好备用。用白色蛋白膏细裱，将铃铛形饼干的轮廓线条勾勒出来，线条要流畅。再将黄色蛋白膏挤在相应处。最后涂上红色蛋白膏即可。

蝴蝶结饼干（成品10块）

材料

/奶油糊材料/

酥油105g

绵白糖85g

鸡蛋20g

香粉2g

盐1g

/红面团材料/

基本奶油糊140g

草莓色香油适量

低筋面粉110g

杏仁粉35g

/巧克力面团材料/

基本奶油糊70g

低筋面粉55g

杏仁粉15g

可可粉10g

准备

1.基本奶油糊制作方法参照“T恤裙子”制作方法。

2.将红面团、巧克力面团各自的所有材料一起拌成面团，备用。

制作过程

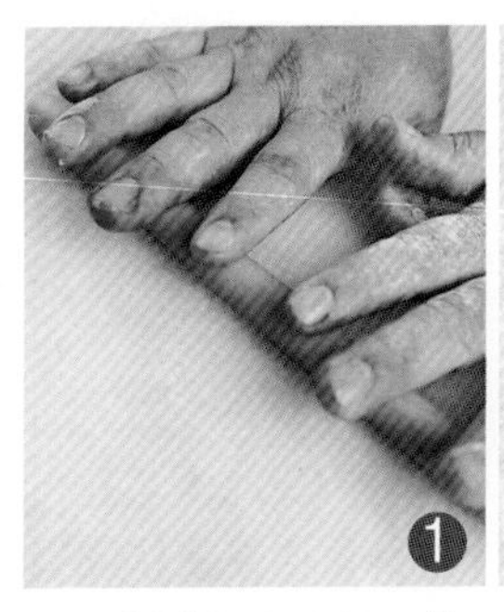

取一部分红色面团，将其搓成两个小圆柱体，备用。

将巧克力面团擀开至3mm厚，在表面刷上鸡蛋液。

将圆柱体摆放在巧克力面团的表面，然后卷起来呈圆柱状，共两个。

将一块红色面团擀至大约5mm厚，将完成的两条巧克力面团摆放在表面。

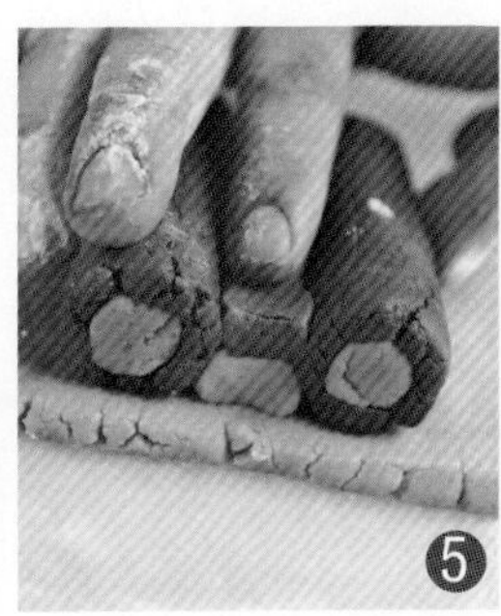

在两个巧克力圆柱体中间稍微摆放一点用巧克力面团搓成的面皮。

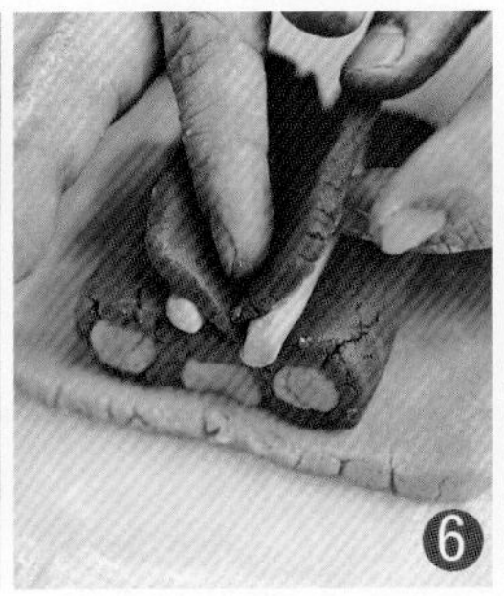

在两个圆柱体的内侧稍微摆放一点红色面皮。在两块红色面皮的中间将巧克力面团制作成三角形，并使其中一个倒放在中间。

将旁边的没有填平的地方用红色面团填满使其呈四方形。

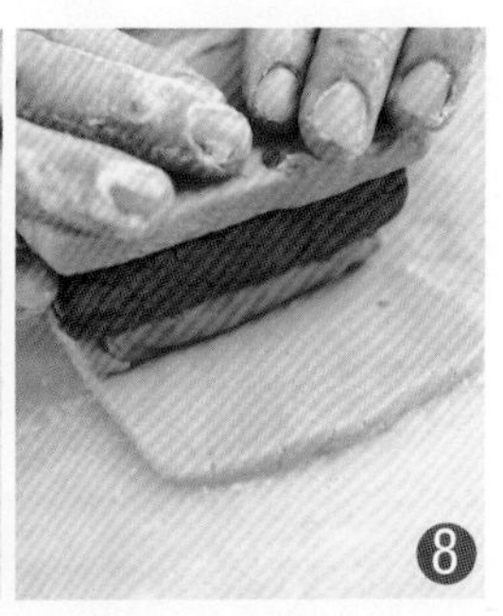

再擀压一块红色面皮，将制作完成的面团造型放在上面，在表面刷上鸡蛋液，再均匀地卷起。

将面团放入冰箱内冷冻1小时，待其软硬适中的时候取出，切成1cm厚的片状。

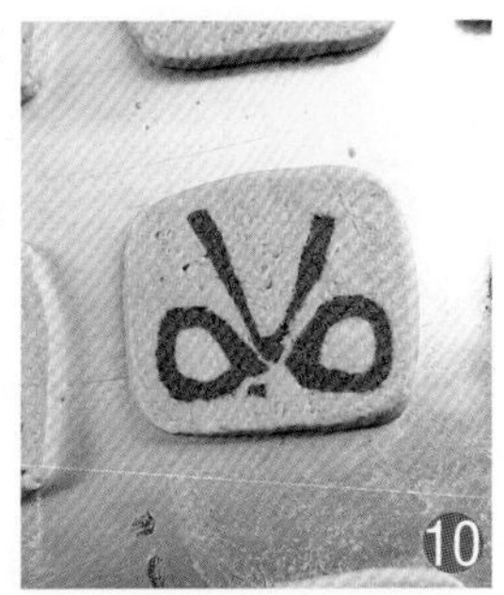

将饼干坯摆入烤盘内，以上下火140℃/160℃烘烤约25分钟即可。

蝴蝶饼干（成品10块）

Hudie Binggan

材料

/奶油糊材料/

酥油100g
绵白糖80g
鸡蛋25g
香粉1.5g
盐1g

/红面团材料/

基本奶油糊20g
草莓色香油适量
低筋面粉18g
杏仁粉4g

/巧克力面团材料/

基本奶油糊20g
低筋面粉13g
杏仁粉5g
可可粉5g

/紫色面团材料/

基本奶油糊70g
低筋面粉65g
杏仁粉13g
香芋色香油适量

/原色面团材料/

基本奶油糊90g
低筋面粉80g
杏仁粉15g

准备

1.奶油糊制作法参照“T恤裙子”。
2.将红面团、巧克力面团、紫色面团、原色面团各自的所有材料拌成面团。

制作过程

❶

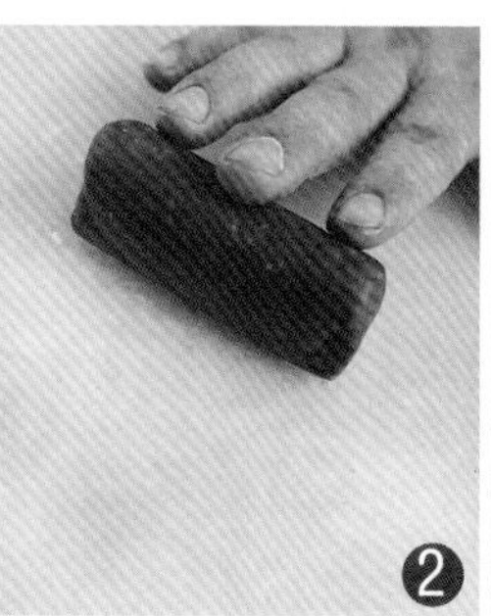
❷

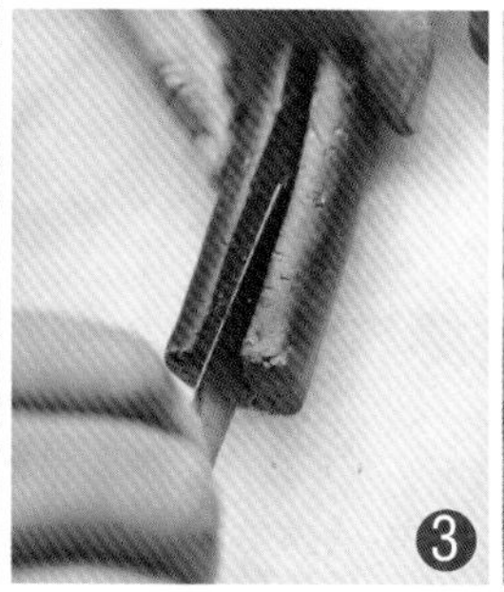
❸

❹

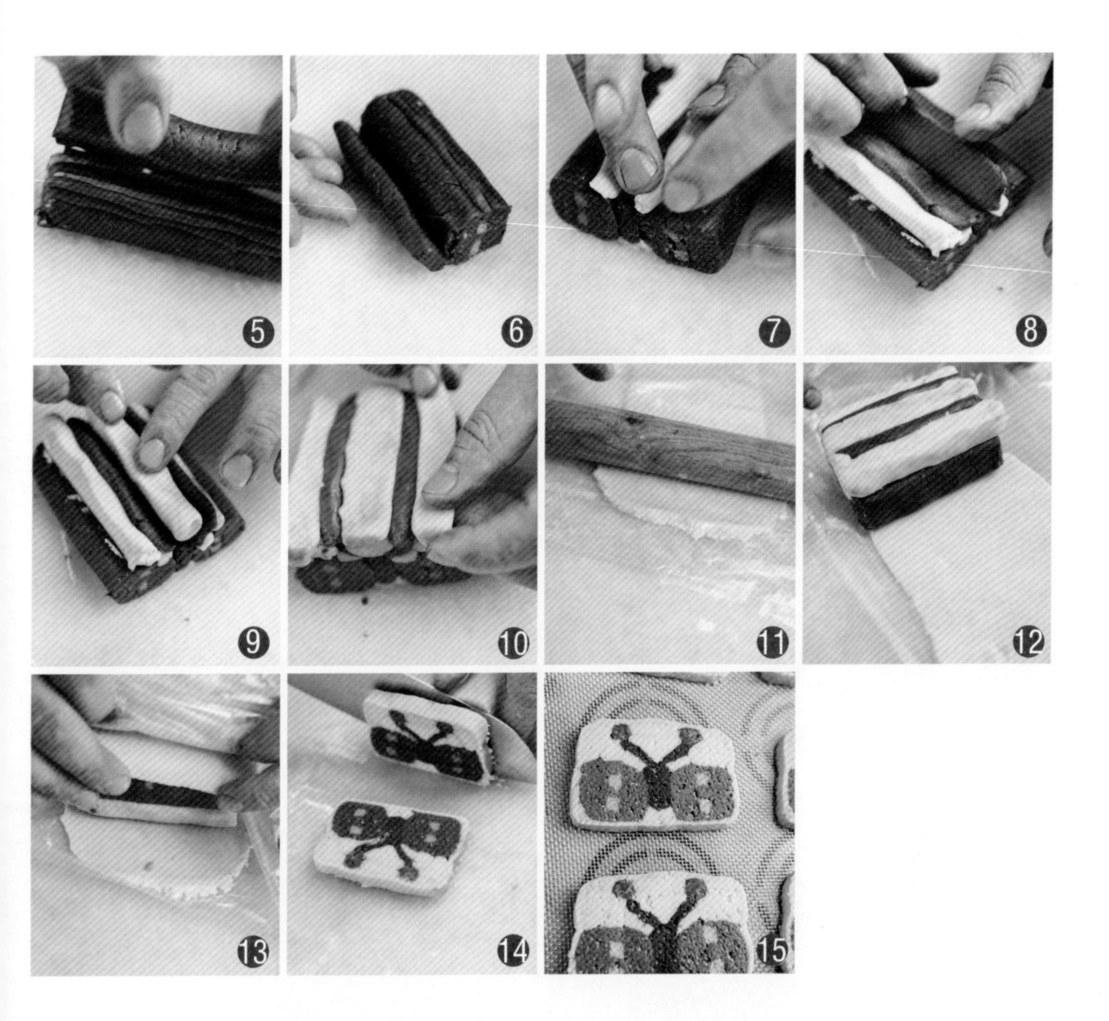

1. 将红色面团搓成4个小圆柱体，备用。
2. 将紫色面团搓成圆柱体，备用。
3. 将巧克力面团分成四份，搓成长条备用；再将紫色面团从中间切开。
4. 将两个红色圆柱体摆放在紫色圆柱中间。两个小圆柱体中间再用紫色面团将其隔开。
5. 再将另一半紫色圆柱盖在上面，稍微滚搓一下使其均匀，做成翅膀用。
6. 将巧克力面团轻轻压扁，摆放在两个紫色面团的中间，做蝴蝶身体用。
7. 将空隙的地方用原色面团填满。
8. 将蝴蝶翅膀和身体摆放在原色面团上面。
9. 在贴着翅膀上面两侧再摆放上原色面团，要薄一些。
10. 在原色面团内侧做两个巧克力颜色的触角，在中间空余的部分放上原色面团填平。
11. 将剩余的原色面团擀开呈长方形，在表面刷上鸡蛋液。
12. 将制作好的面团放在原色面皮上。
13. 将面皮卷起来。
14. 放入冰箱内冷藏1小时后取出，切成大约1cm厚的薄片，摆入烤盘内。
15. 以上下火140℃/170℃烘烤大约20分钟后即可。

材料

/奶油糊材料/
酥油100g
绵白糖70g
鸡蛋30g
香粉1.5g
盐1g

/红面团材料/
基本奶油糊40g
草莓色香油适量
低筋面粉35g
杏仁粉10g

/巧克力面团材料/
基本奶油90g
低筋面粉70g
杏仁粉10g
可可粉15g

/原色面团材料/
基本奶油糊70g
低筋面粉65g
杏仁粉15g

准备

1.基本奶油糊的制作方法参照“T恤裙子”。
2.将红面团、巧克力面团、原色面团各自的所有材料一起拌成面团，备用。

制作过程

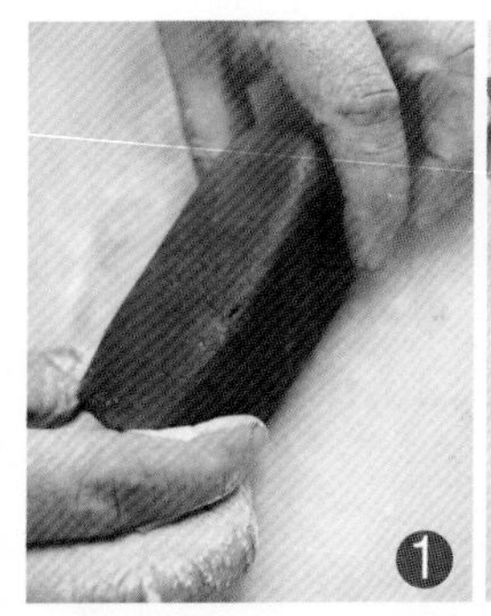

先将巧克力面团整形成一个长方体备用；将原色面团擀成片状；将红色面团也擀开备用。

将长方体巧克力面团切成四个小长方体。

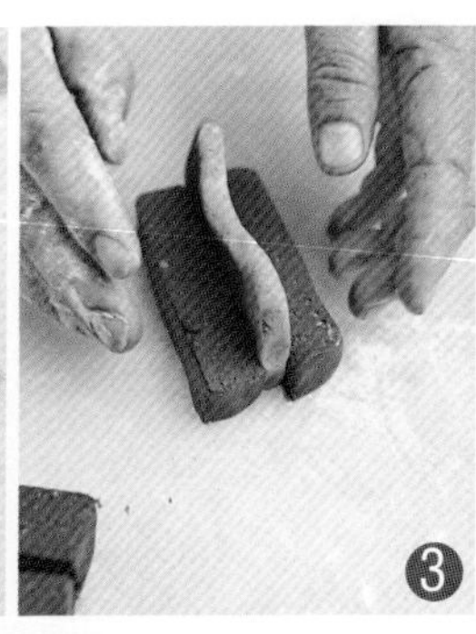

取一些红色面皮将四个小长方体隔开，而且与其粘在一起。

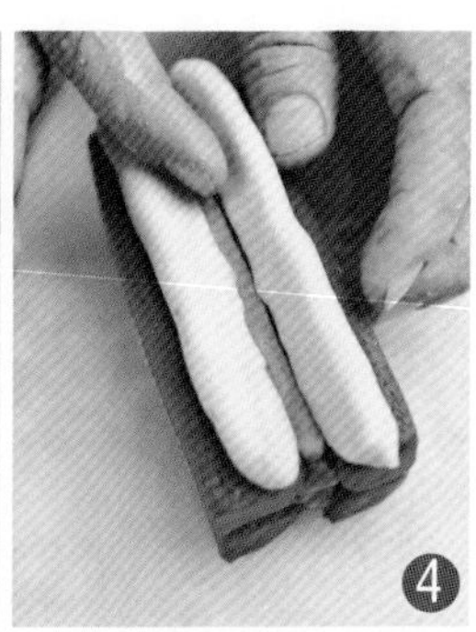

在表面放上适量的原色面团，两边稍厚。

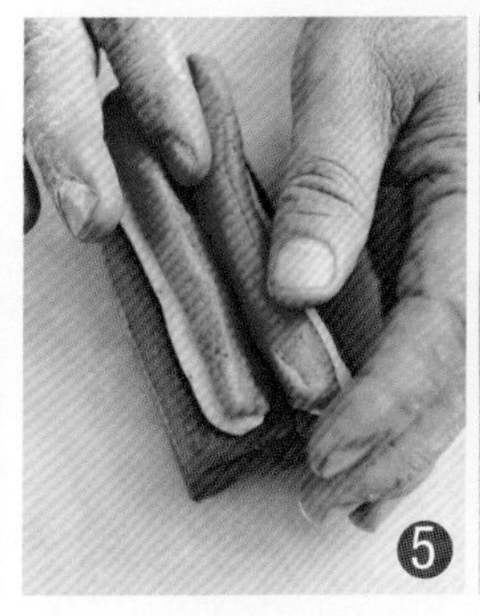

再在上面放上红色的面皮，上面宽下方稍窄，做蝴蝶结用。

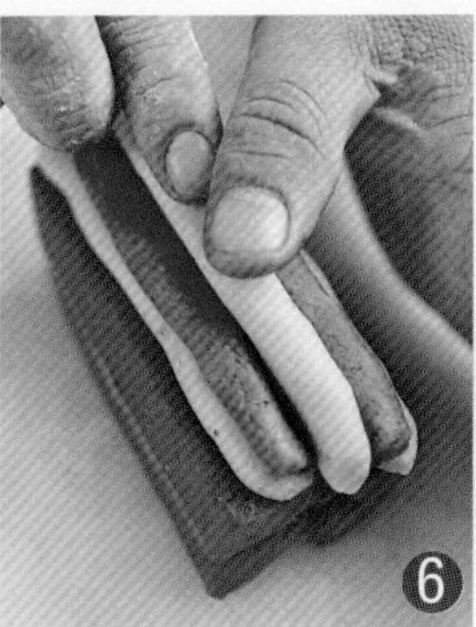

将空隙的地方用原色面团填平。

将剩余的原色面团擀开成薄片。

将整形完成的面团放在薄片上面，将其卷起来放入冰箱内冷藏1小时左右。

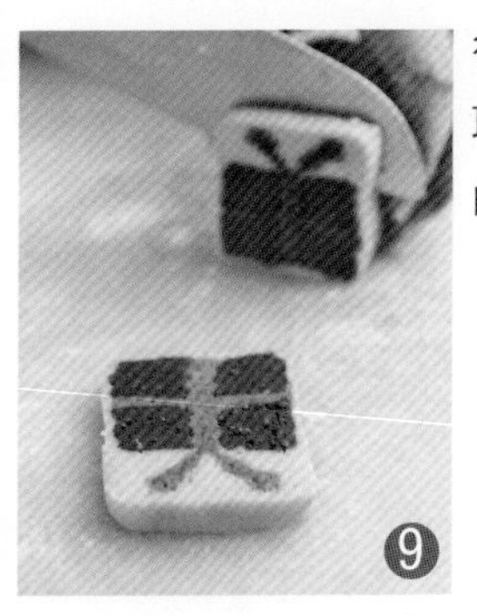

待面团软硬适中的时候取出，切成大约1cm厚的片。

将其摆入烤盘内，以上下火140℃/160℃烘烤22分钟即可。

蜡烛饼干（成品10块）

Lazhu Binggan

难易度
Nan Yi Du

材料

/奶油糊材料/

酥油105g

绵白糖85g

鸡蛋20g

香粉2g

盐1g

/香芋面团材料/

基本奶油40g

香芋色香油适量

低筋面粉30g

杏仁粉10g

/蓝色面团材料/

基本奶油糊25g

低筋面粉20g

杏仁粉10g

蓝色着色剂适量

/巧克力面团材料/

基本奶油糊70g

低筋面粉55g

杏仁粉15g

可可粉10g

/红色面团材料/

基本奶油糊20g

草莓色香油适量

低筋面粉15g

杏仁粉5g

/原色面团材料/

基本面糊40g

低筋面粉35g

杏仁粉6g

准备

1.基本奶油糊制作方法参照“T恤裙子”制作。

2.将香芋面团、蓝色面团、巧克力面团、红面团、原色面团各自的所有材料一起拌成面团备用。

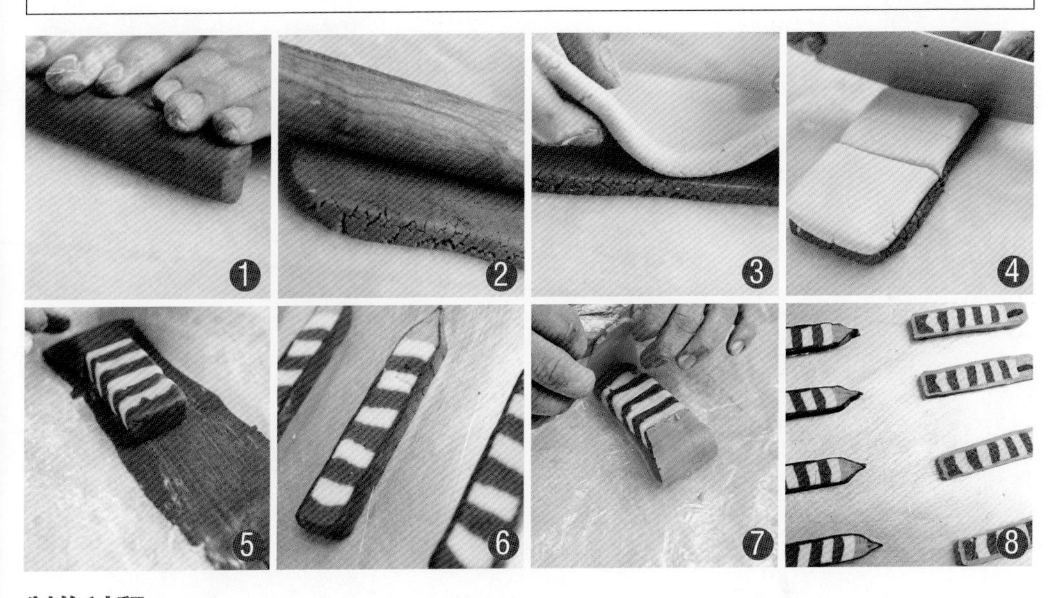

制作过程

1. 将原色面团和香芋面团搓成圆柱体，备用。
2. 将香芋面团擀成0.5cm厚的薄片，备用。
3. 将原色面团擀成0.5cm厚的薄片，然后放在香芋面皮上面。
4. 用小刀将其切成三等份，叠在一起。
5. 取一块红色小面团压成薄片，将蓝色面团搓成圆柱体，放在上面，卷起来，做成灯芯的形状，并且摆放在三叠块的一端。将巧克力面团擀成1mm厚的薄片，稍微刷上蛋液。将其放在表面，并且卷起来。
6. 进入冰箱内冷冻1小时，用刀切成大约7mm厚的面块，呈蜡烛状，摆入烤盘内。
7. 制作其他颜色时，制作方法同步骤5。
8. 入炉烘烤，以上下火150℃/170℃烘烤大约15分钟即可。

六角星饼干（成品30块）

Liujiaoxing Binggan

难易度 Nan Yi Du ★★★★

材料

牛油75g	鸡蛋半个	高筋面粉适量	苏打粉3g	咖啡液2茶匙
糖粉70g	低筋面粉150g	奶粉适量	盐少许	黄色、白色、蓝色蛋白膏各适量

制作过程

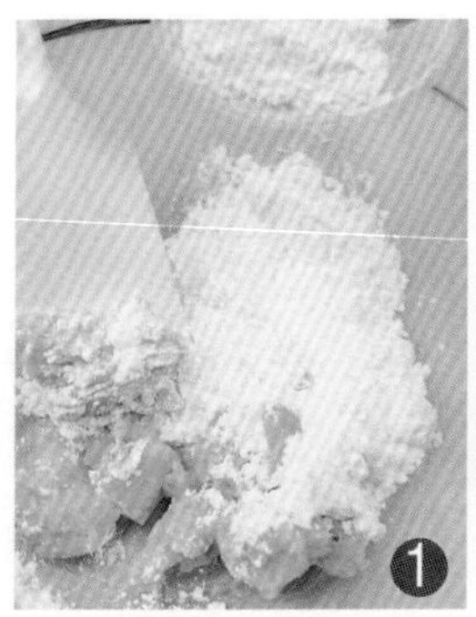

将牛油放在室温中软化，与糖粉搅打至松软变白。

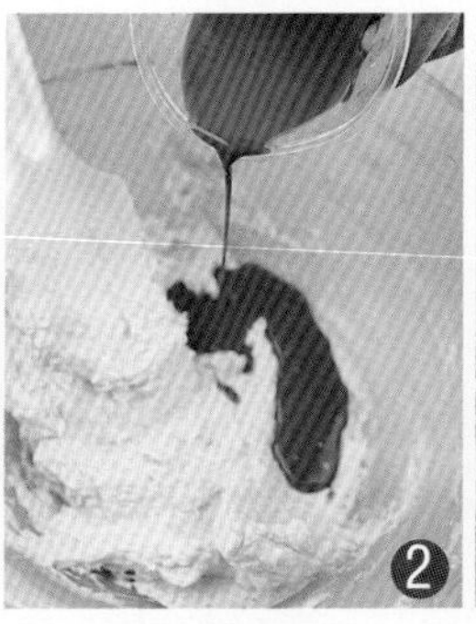

加入蛋液搅拌均匀，再加入咖啡溶液搅匀。

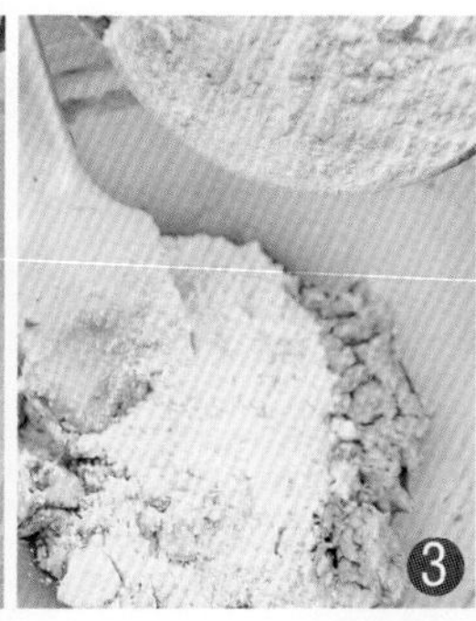

将低筋面粉、高筋面粉、奶粉、苏打粉和盐筛匀，分别拌入其中，搓成面团。

将面团放在不粘布上揉匀，用擀面杖擀至0.3cm厚，放入冰箱冷冻30分钟。

取出面皮，用模具压出六边形。

放入已垫有牛油纸的烤盘中，放进烤箱，用上下火150℃烘烤15~20分钟，取出晾凉后，用糖膏装饰。

将所需要的黄色、白色、蓝色蛋白膏调好备用，准备好六角形饼干备用。

用蓝色蛋白膏细裱，将六角形饼干的轮廓线条勾勒出来，挤出的线条要流畅。

再用黄色蛋白膏勾一个圈。

最后用白色蛋白膏再勾一圈，六角形中间分别点上彩色的小点即可。

汽车饼干（成品10块）

Qiche Binggan

材料

/奶油糊材料/
酥油110g
绵白糖85g
鸡蛋30g
香粉2g
盐1g

/红面团材料/
基本奶油糊140g
草莓色香油适量
低筋面粉115g
杏仁粉20g

/巧克力面团材料/
基本奶油糊20g
低筋面粉15g
杏仁粉3g
可可粉5g

/蓝色面团材料/
基本奶油糊25g
低筋面粉25g
杏仁粉6g
食用蓝色着色剂适量

/黄色面团材料/
基本奶油糊20g
柠檬色香油适量
低筋面粉15g
杏仁粉4g

准备

1.基本奶油糊制作方法参照“T恤裙子”制作。
2.将红面团、巧克力面团、蓝色面团、黄色面团各自的所有材料一起拌成面团备用。

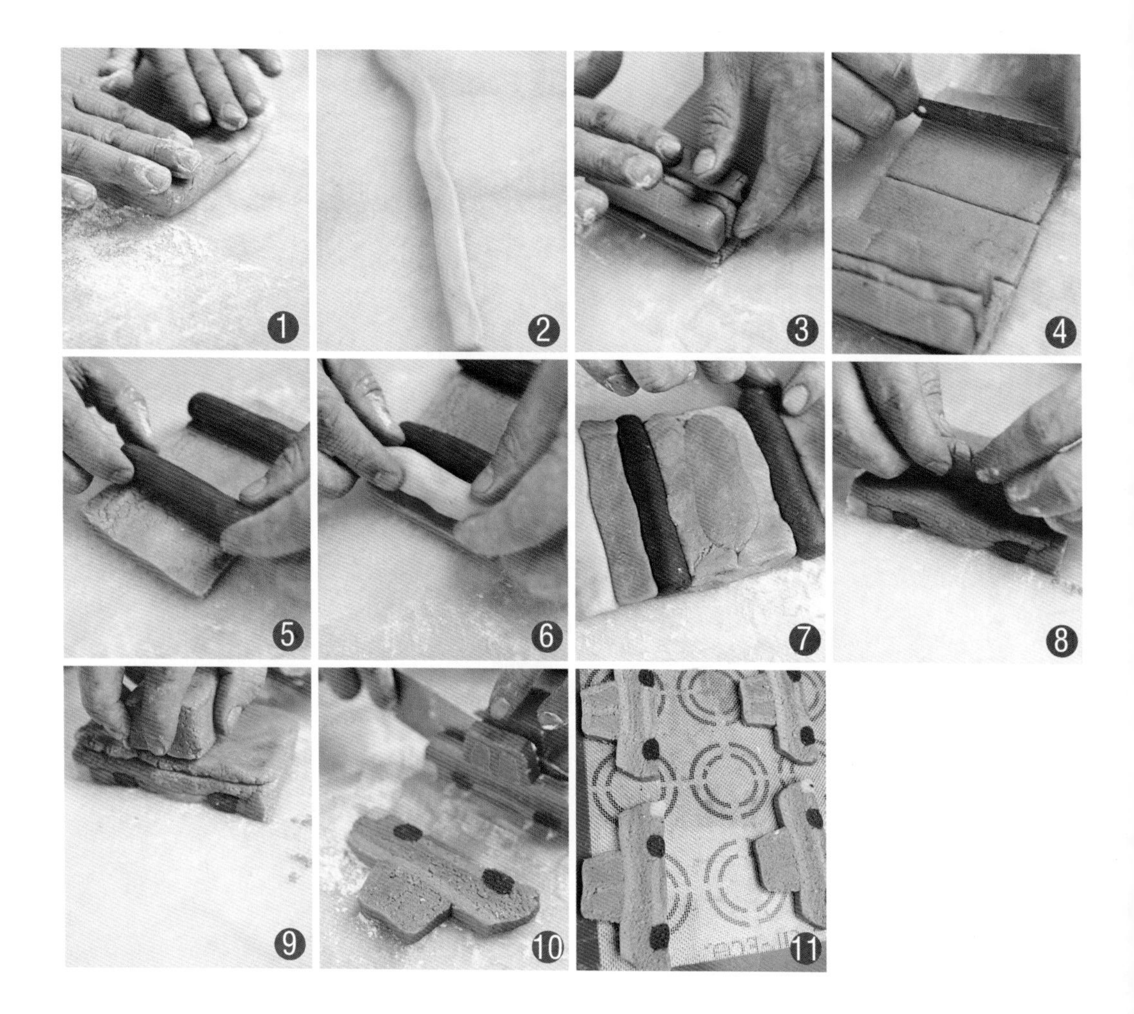

制作过程

1. 将红色面团擀成片状。
2. 将蓝色的面团搓成两个圆柱体备用。巧克力面团也搓成两个圆柱体。黄色面团整成四方柱状备用。
3. 将蓝色面团整成2个梯形，在2个梯形之间放一片红色面团皮，将2个梯形倒放在红色的面皮上。
4. 将梯形的两边也裹上红色面皮备用。
5. 将2个巧克力的圆柱体放在一大块红色面皮上制作汽车轮。
6. 在其中一端放上黄色面团四方块。
7. 在巧克力面团的两边再加入红色的面皮将其填平。
8. 将面团翻过来，汽车轮向下，在表面再加一块大约1cm厚的面皮。
9. 将汽车窗摆放在中间，将其粘紧后稍作修整。
10. 放入冰箱内冷藏大约1小时左右取出，将其切成大约1cm厚的生坯。
11. 将饼坯摆入烤盘内，以上下火140℃/160℃烘烤大约25分钟即可。

CHAPTER 3

饼干面团（糊）拌和法之

油粉拌和法

油粉拌和法是指，先干后湿的材料组合，即所有的干性材料，包括面粉、泡打粉、小苏打粉、糖粉等先混合，再加入奶油（或白油）用双手轻轻搓揉成松散状，再陆续加入湿性的蛋液或其他的液体材料，混合成面糊或面团。

甜饼干

（成品30个）*Tianbinggan*

材料

鸡蛋1个	低筋面粉160g
绵白糖40g	泡打粉2g
盐1g	蛋黄1个
黄油25g	椰蓉10g

制作过程

1. 先将鸡蛋与绵白糖搅拌至糖化开。
2. 再在里面加入盐、过筛低筋面粉和泡打粉、黄油，拌成光滑的面团。
3. 将面团松弛30分钟左右，擀开至2mm厚。
4. 用叉子在面皮表面打上小孔。
5. 将面皮切成长5cm的正方形，在表面刷上蛋黄，撒上椰蓉。
6. 摆入烤盘，以上下火160℃/160℃烘烤大约17分钟即可。

Tips

1.鸡蛋与绵白糖在搅拌时，要将绵白糖搅拌化开。

2.刷上蛋黄的时候，一定要均匀。

玉米饼干

（成品20块）*Yumi Binggan*

材料

低筋面粉80g
玉米面粉60g
泡打粉3g
小苏打1g
鸡蛋1个
绵白糖25g
牛奶45g
黄油20g
罐头玉米30g
盐适量

/装饰材料/

牛奶适量

制作过程

1. 先将鸡蛋打散，加入绵白糖，搅拌至糖化开。
2. 再加入牛奶和融化的黄油，搅拌均匀。
3. 接着将低筋面粉、玉米粉、泡打粉和小苏打过筛后，和盐一起加入，搅拌均匀。
4. 然后将罐头玉米沥干水分后加入其中，搅拌均匀，使其呈面团状。
5. 将面团分割成13g/个的剂子。
6. 将分割的面团搓圆，摆入烤盘内，在表面均匀地刷上牛奶。
7. 在饼干坯表面开上刀口。
8. 以上下火180℃/160℃烘烤20~25分钟即可。

咖啡棒

难易度 Nan Yi Du ★★

（成品20根） *Kafeibang*

材料

即溶咖啡粉8g	低筋面粉110g
牛奶20g	泡打粉1g
黄油60g	杏仁碎45g
绵白糖50g	

制作过程

1. 先将即溶咖啡粉和牛奶一起搅拌至咖啡完全溶化，备用。
2. 将低筋面粉、泡打粉过筛后，和绵白糖一起混合拌匀。
3. 加入黄油，充分搅拌均匀。
4. 然后依次加入杏仁碎和备用的咖啡液，拌成面团状。
5. 面团稍作松弛后，将其擀开至0.4cm左右厚的四方形。
6. 将面皮切成长12cm、宽1.5cm的长条状。
7. 将饼干坯均匀摆入烤盘内。
8. 以上下火180℃/160℃烘烤大约20分钟。

Tips

即溶咖啡粉可以先压碎再进行制作，这样会容易溶解。

全麦干果方块饼干

Quanmai Ganguo Fangkuai Binggan

（成品12块）

材料

全麦粉100g
糖粉40g
酥油50g
葡萄干30g
金橘饼30g
橘皮丁20g
鸡蛋20g
白芝麻20g

制作过程

1. 先将金橘饼切成碎块，备用。
2. 将全麦粉和糖粉过筛后放入容器，搅拌均匀。
3. 然后加入酥油，搅拌均匀。
4. 再将葡萄干、金橘饼、橘皮丁加入其中，拌匀。
5. 接着加入鸡蛋搅拌均匀，使其呈面团状。
6. 将面团放入铺有垫纸的烤盘内擀平，在表面均匀地撒上白芝麻。
7. 以上下火180℃/170℃烘烤大约25分钟。
8. 出炉冷却后，将其切成宽4cm、长6cm的方块即可。

椰子饼干

（成品19块）*Yezi Binggan*

材料

黄油60g
绵白糖60g
盐0.5g
椰蓉35g
牛奶55g
低筋面粉155g
泡打粉1.5g

/装饰材料/
椰蓉适量

/柠檬糖霜/
绵白糖35g
水20g
柠檬汁3g
（将材料混合均匀备用即可。）

制作过程

1. 先将黄油、绵白糖和盐加入容器，搅拌均匀。
2. 再加入椰蓉搅拌均匀，接着加入牛奶搅拌均匀。
3. 将低筋面粉和泡打粉过筛后加入其中，搅拌成面团。
4. 面团稍作松弛后，将其擀开至3mm厚。
5. 用圆形的压模将其压出。
6. 将饼干坯摆入烤盘内，以上下火180℃/150℃烘烤12分钟左右。
7. 出炉后在饼干表面刷上柠檬糖霜。
8. 再撒上烘烤好的椰蓉即可。

海苔苏打饼干

（成品20块）*Haitai Suda Binggan*

材料

酵母1g
小苏打1g
低筋面粉120g
全麦粉55g
盐1.5g
绵白糖10g
黄油25g
水85g
海苔粉12g

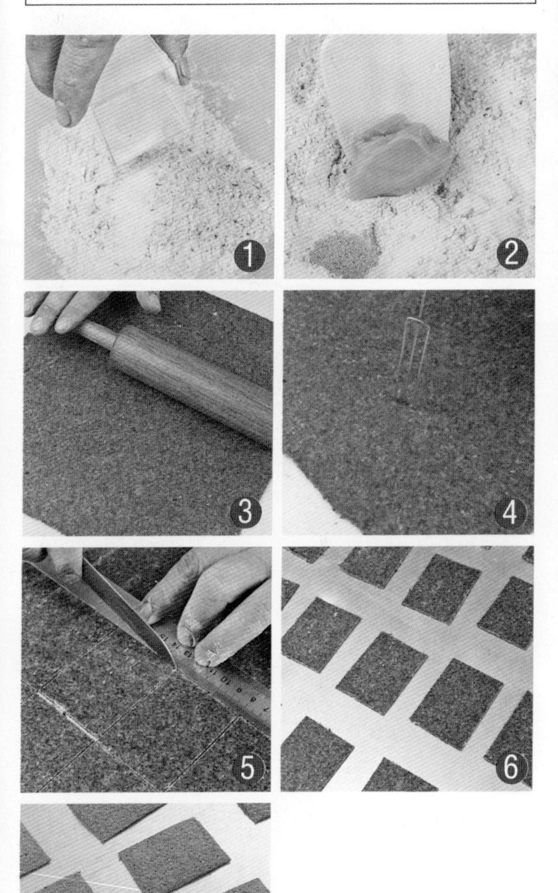

制作过程

1. 先将低筋面粉和小苏打过筛后与酵母、全麦粉搅拌均匀；再加入盐和绵白糖，搅拌均匀。
2. 接着加入黄油、海苔粉和水，一起拌成面团，并将面团用塑料纸包起来松弛1.5小时。
3. 待面团膨胀后，将其擀开至1mm厚。
4. 在擀开的面皮表面用叉子打上小孔。
5. 将面皮切成长 5cm、宽 3cm的四方块。
6. 将饼干坯放入烤盘，在常温下松弛20分钟左右。
7. 将烤箱以上下火200℃/170℃烘烤15分钟左右即可。

芝麻方酥（成品20块）

Zhima Fangsu

难易度 Nan Yi Du ★★

材料

A：低筋面粉275克

绵白糖125克

糖桂花12.5克

B：猪油137.5克

/装饰材料/

清水20克

白芝麻适量

视频 扫二维码

制作过程

先将低筋面粉过筛，再加入绵白糖、糖桂花混合拌匀。

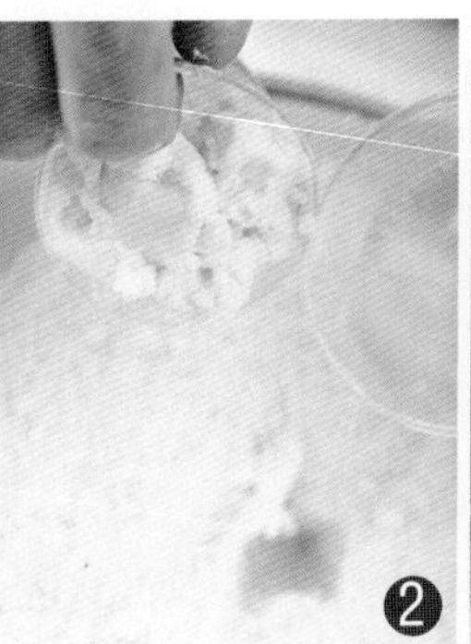

容器中加入猪油和清水。

用电动搅拌器将油面糊混合。

将混合好的面糊用手和成面团状，松弛10分钟。

将松弛好的面团用擀面杖擀开。

将面片擀成约0.4厘米厚。

将面片切成长5厘米的正方形。

在正方形面片的表面刷清水。

在面片的表面蘸上白芝麻。

再将饼坯摆入垫有高温布的烤盘，放入预热好的烤箱。

以上火130℃、下火140℃烤约17分钟至表面金黄色即可。

Tips

白芝麻容易烤煳，因此在烤制表面有芝麻的饼干时一定要控制好火候，千万不要烤过，以免影响饼干的外观和口感。

胡萝卜燕麦脆饼（成品30块）

Huluobo Yanmai Cuibing

难易度
Nan Yi Du
★★

材料

胡萝卜65g	低筋面粉150g
红糖40g	泡打粉1g
盐2g	黄油60g
燕麦片60g	

制作过程

1. 先将胡萝卜用粉碎机打碎。
2. 再加入红糖和盐，搅拌均匀。
3. 接着加入燕麦片，稍微搅拌几下，让燕麦片吸足水分。
4. 然后加入黄油，搅拌均匀。
5. 最后将低筋面粉和泡打粉过筛后加入其中，拌成面团状。
6. 面团稍作松弛后，用面棍将其擀开。
7. 用圆形压模将其压出。
8. 在饼干坯表面用牙签均匀地打上小孔。
9. 以上下火180℃/150℃烘烤10分钟左右即可。

Tips

1.搅拌红糖和胡萝卜的时候，必须将红糖搅拌至完全化开。

2.加入低筋面粉以后，搅拌的时间不可太长。

3.擀压面团的时候，手的用力要均匀，擀压厚薄要一致。

杏仁圈饼（成品30块）

Xingren Quanbing

材料

A：黄油125克、牛油125克、糖粉125克

B：鸡蛋2.5个

C：低筋面粉350克、玉米淀粉150克、泡打粉1.5克

D：杏仁片适量、蛋黄液适量、芒果果粒果酱适量

制作过程

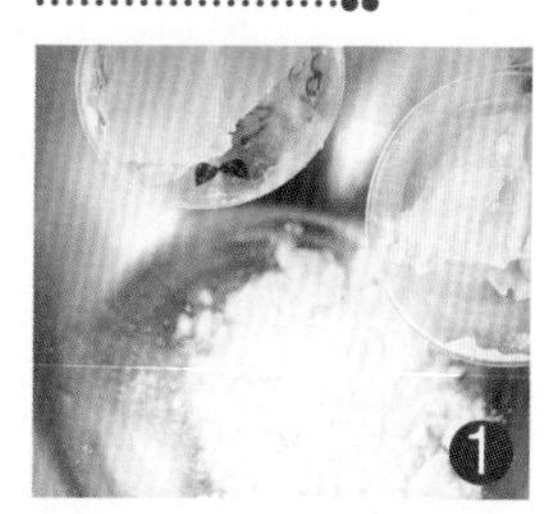

1 将黄油、牛油、糖粉放入容器中搅拌至呈乳化状。

2 将鸡蛋液分次加入糖油糊中搅拌均匀。

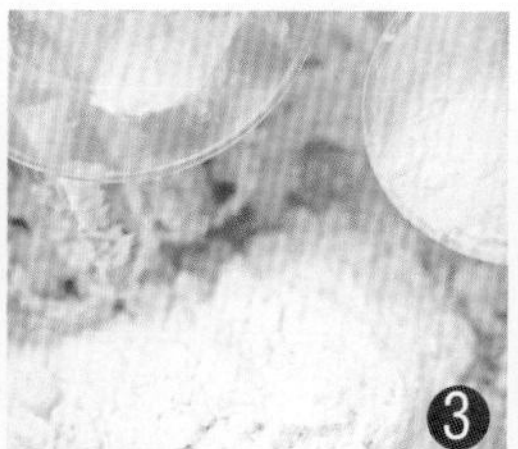

3 将低筋面粉、玉米淀粉、泡打粉分别过筛后加入容器中。

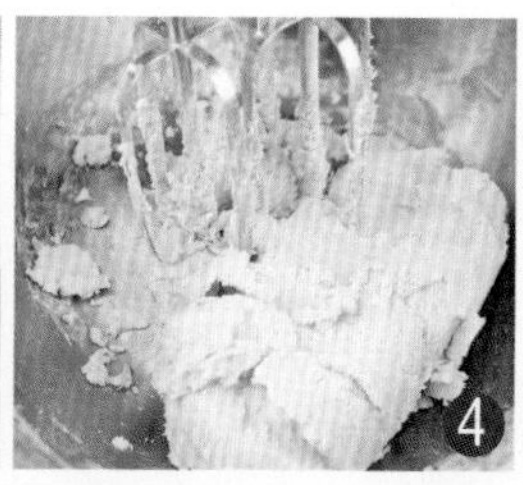

4 再将面糊用电动搅拌器搅拌至呈面团状。

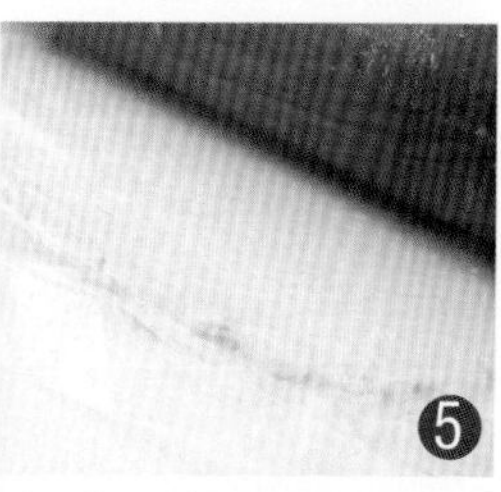

5 将面团放在操作台上用擀面杖擀成约0.5厘米厚的片。

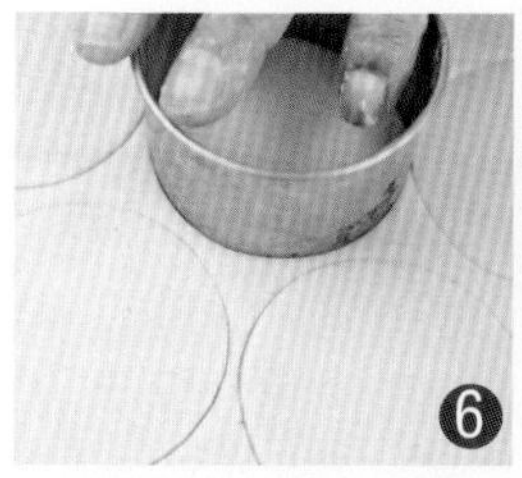

6 将面片用大模具压印成大圆形。

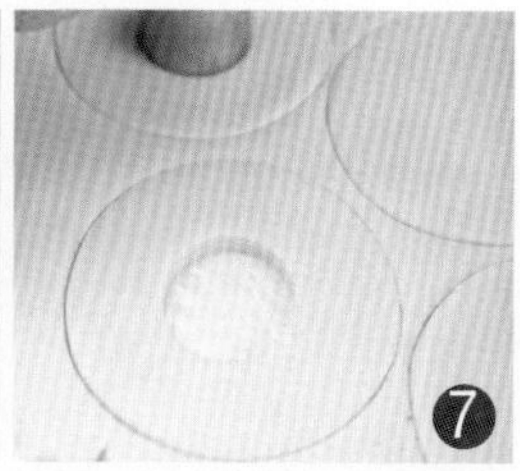

7 再将一半大圆的中间用小模具压印成小圆形，并扣出中间部分。

8 将另一半未扣圆心的饼坯表面刷上蛋黄液。

9 将圆环盖在圆饼的表面。

10 在圆环的表面刷上蛋黄液。

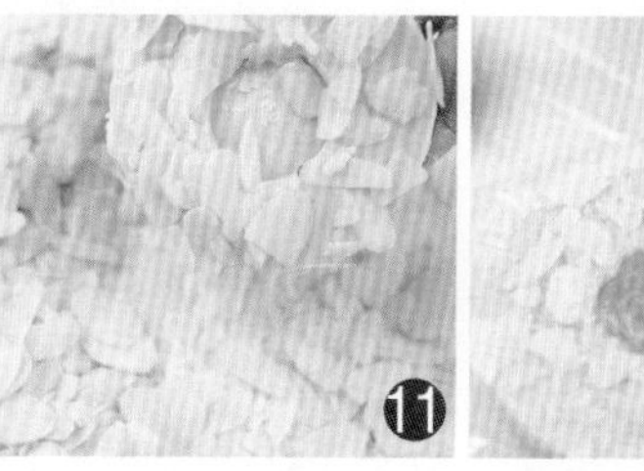

11 在其表面蘸适量的杏仁片。

12 在圆环中心处挤入芒果果粒果酱，将饼坯放在铺有高温布的烤盘中摆齐。

13 入烤箱以上下火200℃/170℃烤约25分钟至表面金黄色即可。

日式烤饼

（成品20块）*Rishi Kaobing*

材料

鸡蛋1个
绵白糖79g
黄油45g
酱油10g
高筋面粉65g
低筋面粉120g
小苏打1g
杏仁碎适量
黑芝麻适量

制作过程

1. 将鸡蛋打散，加入绵白糖搅拌至糖化开，备用。
2. 将黄油化开后，加入酱油，搅拌均匀，备用。
3. 将备用的黄油酱液加入备用的蛋液内，搅拌均匀。
4. 再将过筛的低筋面粉、高筋面粉加入其中，然后加入小苏打拌至呈现面团状。
5. 面团稍作松弛后，将其擀至大约0.4cm厚。
6. 用滚轮刀切成长6.5cm、宽3.5cm的方块。
7. 在表面放上黑芝麻或杏仁碎，并用手压紧。
8. 以上下火190℃/170℃烘烤14分钟左右即可。

芝士条

（成品20根）*Zhishitiao*

材料

低筋面粉115g
芝士粉10g
黄油60g
马苏里拉芝士片20g（切碎备用）
水20g
蛋白35g
白芝麻70g

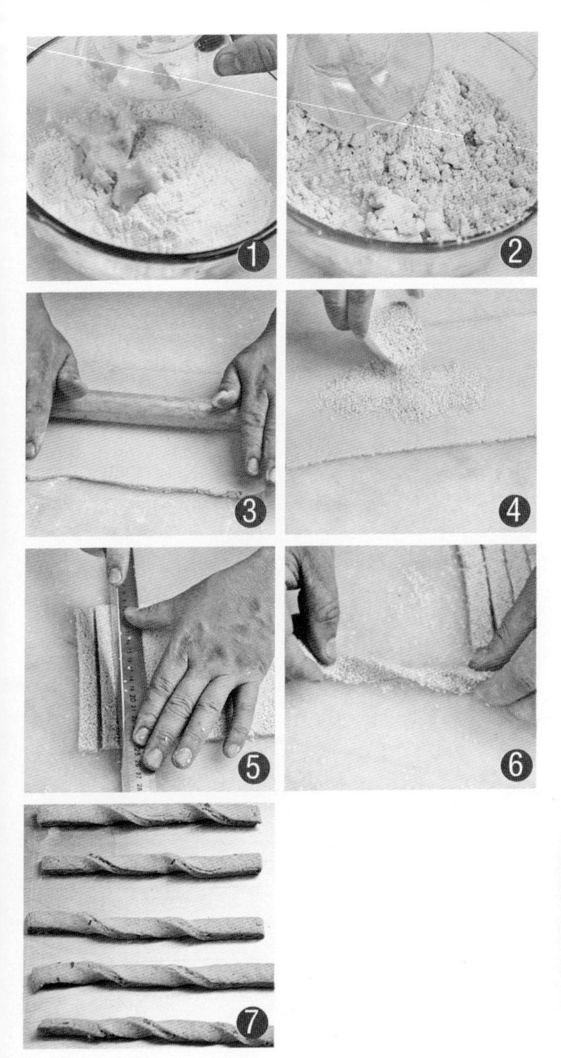

制作过程

1. 先将低筋面粉和芝士粉过筛后放入容器拌匀，再加入黄油和马苏里拉芝士碎片，充分搅拌至呈现松散状。
2. 接着加入水与蛋白，拌成面团状。
3. 面团稍作松弛后，将其擀开至大约0.5cm厚。
4. 在表面刷上鸡蛋液，并撒上白芝麻，再将其压紧。
5. 将面皮切成长18cm、宽1.5cm的长条。
6. 用手将其扭成螺旋状，摆入烤盘内。
7. 以上下火180℃/160℃烘烤大约20分钟，再用余温闷5~8分钟即可。

蛋黄饼干（成品17块）

Danhuang Binggan

难易度 Nan Yi Du ★★★

材料

低筋面粉100g	鸡蛋30g
黄油26g	糖粉40g
泡打粉0.7g	盐0.5g
蛋黄35g	

Tips

1.在搅拌面团的时候，不要将面团的筋搅拌出来。

2.搅拌的时间不可太长。

3.擀压的时候，手的用力要均匀。

4.切块的时候大小要一致。

5.烘烤的时候要注意烤箱温度。

制作过程

1. 先将低筋面粉过筛后加入容器内，再加入黄油、泡打粉，将其搅拌均匀，备用。
2. 将鸡蛋打散，再加入蛋黄继续打散拌匀，接着加入糖粉和盐搅拌至糖化开。
3. 以隔水加热的方式将鸡蛋液加热至35℃~40℃。
4. 再将蛋糊充分搅拌，至浓稠状。
5. 将备用拌匀的面粉加入其中，搅拌均匀，呈面团状。
6. 面团稍作松弛后，将其放在高温布上擀平至约0.35cm厚。
7. 用刀切成长6cm、宽4cm的小方块。
8. 取出中间多余部分的面皮。
9. 以上下火180℃/160℃烘烤16分钟左右即可。

德式姜饼（成品14块）

Deshi Jiangbing

材料

鸡蛋1个	低筋面粉80g	**/装饰材料/**	柠檬汁20g
红糖60g	泡打粉0.5g	苦甜巧克力100g	开心果碎适量
盐0.4 g	肉桂粉1g	核桃碎适量	
橙皮丁35g	杏仁粉45g	太古糖粉100g	

制作过程

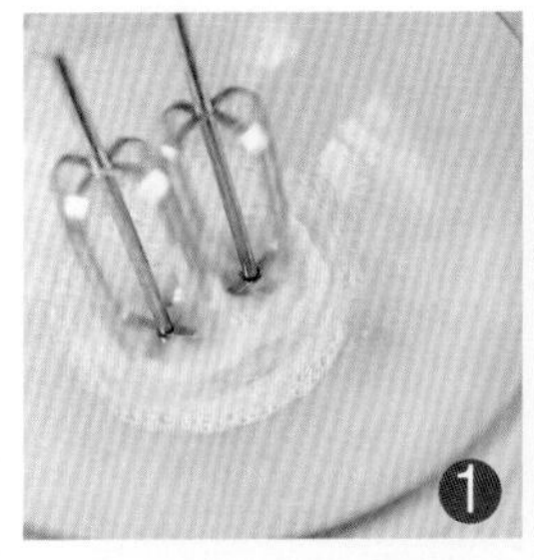

先将鸡蛋打散至稍有泡沫状。

加入红糖，搅拌至糖化，并有泡沫状。

依次加入盐、橙皮丁，搅拌均匀。

将低筋面粉、肉桂粉和泡打粉过筛后，与杏仁粉一起加入其中，拌成均匀的面团。

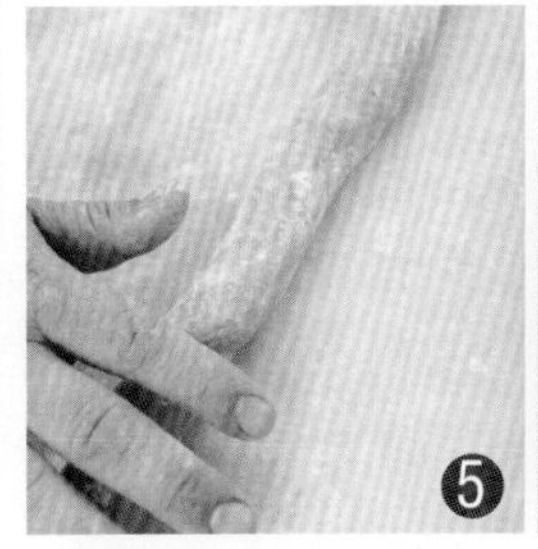

将面团搓成长条状，并分割成14个。

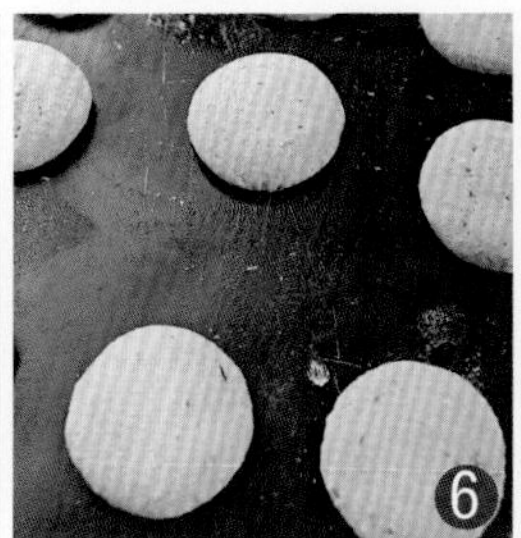

将面团搓圆，摆入烤盘内，以上下火180℃/170℃烘烤15分钟左右，出炉冷却。

在表面蘸上事先备用的糖霜，并撒上开心果碎。

也可以将苦甜巧克力化开后，涂在表面，并用核桃碎装饰。

糖霜制作过程

1. 将太古糖粉过筛后，倒入碗中。
2. 加入柠檬汁，搅拌均匀至浓稠适中即为糖霜，备用即可。

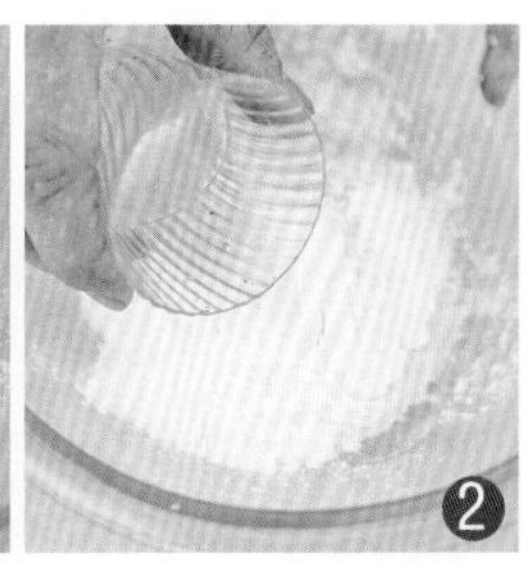

帕米森法斯

（成品20块）*Pamisenfasi*

材料

高筋面粉120g
低筋面粉130g
盐2g
干酵母3g
红椒粉1.5g
黄油150g
水65g
胡萝卜蔬菜粉20g
芝士粉40g
芝士片10片
昆布（海带）丝适量

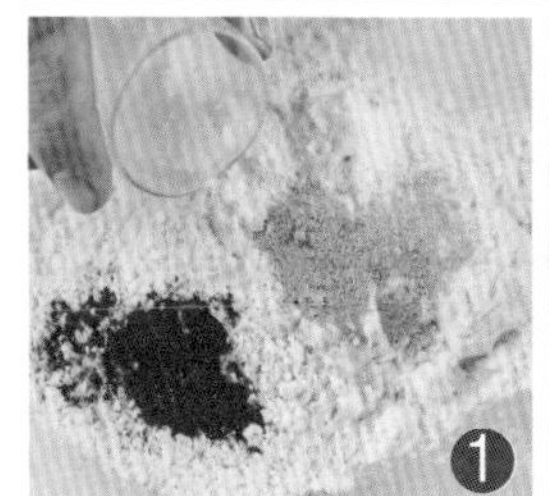
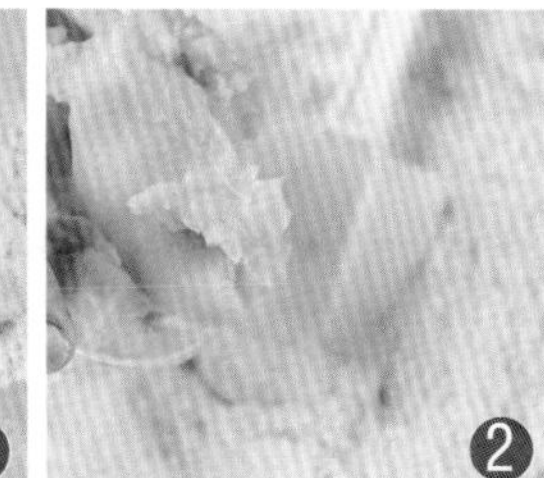
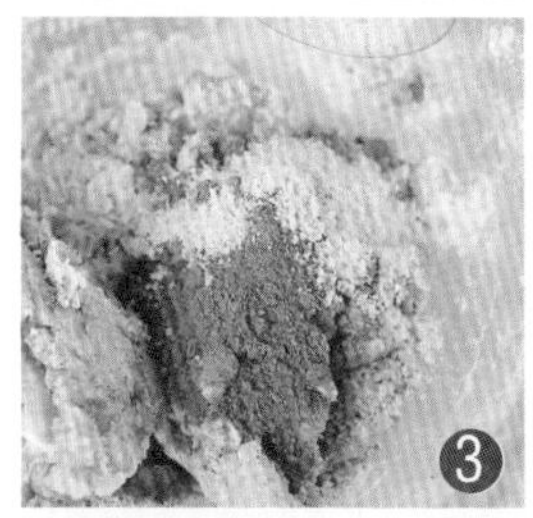

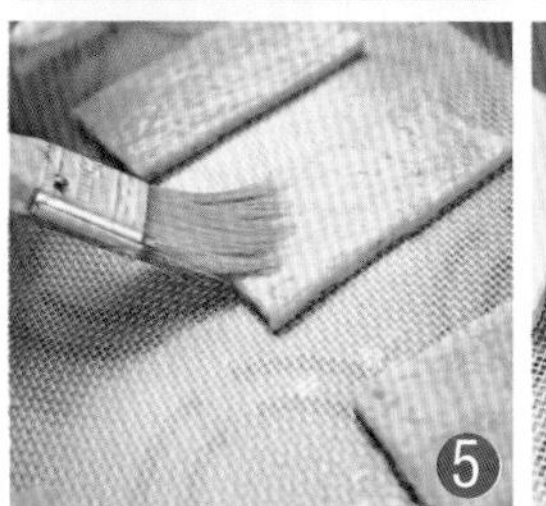

制作过程

1. 先将高筋面粉和低筋面粉过筛后，和盐、干酵母、红椒粉一起搅拌均匀。
2. 再加入黄油，充分搅拌均匀。
3. 加入水拌匀，再加入过筛的芝士粉和蔬菜粉拌成面团状。
4. 将面团松弛20分钟后，擀开至3mm厚，再松弛10分钟。
5. 将其切成长8cm、宽3cm的长方形，摆入烤盘内，在表面刷上鸡蛋液。
6. 将片状芝士切好摆放在面皮表面，并在上面刷上水。
7. 在芝士片上撒上昆布丝。
8. 以上下火170℃/170℃烘烤大约15分钟即可。

肉桂马蹄饼干

（成品30块）*Rougui Mati Binggan*

材料

黄油60g
低筋面粉90g
杏仁粉40g
盐少许
糖粉30g
肉桂粉2g

/装饰材料/

糖粉适量

制作过程

1. 将低筋面粉、杏仁粉、糖粉和肉桂粉过筛后加入容器，再加入盐，搅拌均匀。
2. 加入黄油，拌成面团状，松弛10分钟。
3. 将面团搓成长条状，截成相同长度的段。
4. 将其弯曲，做成马蹄铁状。
5. 摆入烤盘，以上下火170℃/160℃烘烤15分钟左右。
6. 待其冷却后，放在糖粉内，使其表面蘸上糖粉即可。

Tips

1.搅拌面团的时候，时间不要太久，以免会起筋。
2.搓长条的时候，粗细要均匀。

米拉利托饼干（成品14块）

Milalituo Binggan

难易度
Nan Yi Du
★★★

材料

低筋面粉150g	**/馅料材料/**
黄油80g	榛果粉60g
绵白糖7g	糖粉75g
盐2g	蛋白120g
鸡蛋15g	**/装饰材料/**
水10g	杏仁片30g
	糖粉20g

馅料制作过程

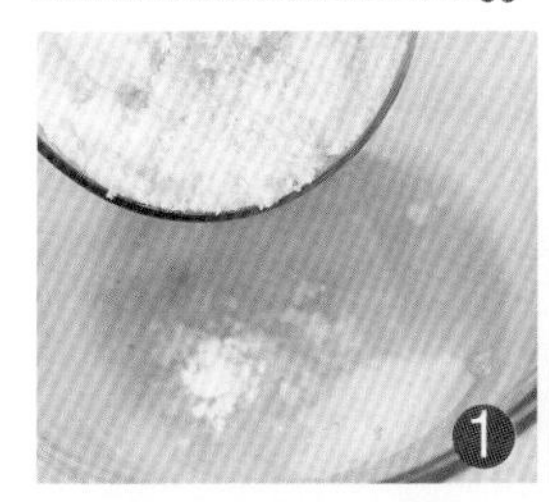

将榛果粉烤熟备用；将蛋白与过筛糖粉搅拌均匀。

再将备用的榛果粉加入进去，搅拌均匀，备用。

制作过程

1. 先将低筋面粉过筛后和黄油混合均匀。
2. 再加入绵白糖和盐，搅拌均匀。
3. 接着加入鸡蛋和水拌成面团状，再松弛20分钟。
4. 将松弛好的面团擀开，放入铺有垫纸的烤盘内。
5. 将面皮擀平，在表面用叉子均匀打上一些小孔。
6. 将事先备用的馅料倒在面皮表面，抹平。
7. 再在上面均匀地撒上杏仁片。
8. 入炉，以上下火170℃/150℃烘烤大约 25分钟。
9. 出炉冷却后，将其切成长5cm、宽3cm的四方块，最后在表面筛上适量的糖粉做装饰。

芝麻辫子

（成品20块）*Zhima Bianzi*

材料

低筋面粉200g　　黄油100g

盐1g　　水30g

蛋黄20g　　黑芝麻10个

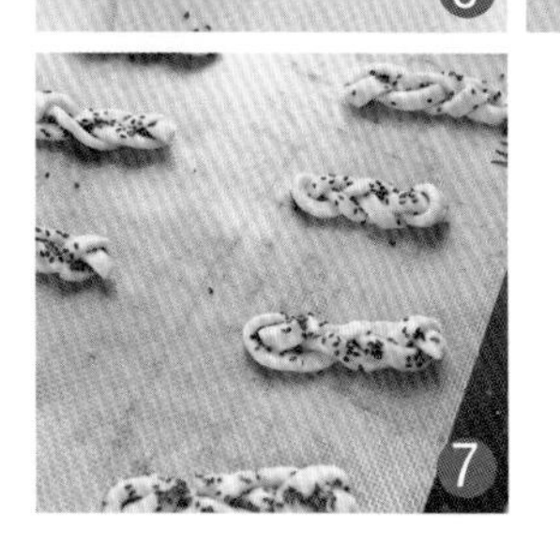

制作过程

1. 先将低筋面粉过筛后，和盐一起放入容器，搅拌均匀。
2. 再加入蛋黄和水，拌匀。
3. 接着将黄油化开后加入其中，以压拌的方式拌成面团状。
4. 将面团松弛30分钟后，擀开至3mm厚的面皮。
5. 在面皮表面刷上鸡蛋液，撒上黑芝麻，切成约5mm的长条。
6. 将长条编成辫子形状。
7. 摆入烤盘内，入炉，以上下火180℃/160℃烘烤大约15分钟即可。

香葱紫菜苏打饼干

Xiangcong Zicai Suda Binggan

（成品35块）

材料

酵母3g	盐0.5g
水68g	黄油25g
中筋面粉150g	香葱适量
绵白糖15g	紫菜适量

制作过程

1. 先将酵母与水放入容器中，混合均匀。
2. 加入过筛的中筋面粉，和绵白糖、盐一起充分搅拌均匀。
3. 加入黄油，拌至面团状，再揉至呈光滑细腻状。
4. 面团用塑料纸包好，放在温暖的地方醒发2小时。
5. 将面团擀开至1.5mm厚，呈方形，并在表面用滚针打上小孔。
6. 面皮松弛15分钟后，用滚轮刀切成长7cm、宽4cm的方块。
7. 给面皮喷上适量的水。
8. 将香葱、紫菜切碎后撒在表面，并用手轻轻地压紧。放入烤盘内，再喷上适量的水，松弛20分钟。以上下火220℃/190℃烘烤大约1分钟即可。

健康全麦苏打饼干（成品30块）

Jiankang Quanmai Suda Binggan

材料

酵母3.5g　全麦面粉65g　绵白糖15g　色拉油20g
水100g　低筋面粉130g　盐1.5g

制作过程

1. 先将全麦面粉和低筋面粉过筛后加入容器，搅拌均匀。
2. 再加入绵白糖、酵母，搅拌均匀。
3. 接着加入水，搅拌均匀。
4. 然后加入色拉油，搅拌至呈光滑状的面团。
5. 用塑料纸包好面团，在较温暖的地方醒发约2小时。
6. 待醒发完成后，面团体积是原有体积2倍的时候取出。
7. 将其擀开至1.5mm厚，用滚轮刀切成长7cm、宽4cm的方块。
8. 在面皮表面用滚针打上小孔后，喷上适量的水，在温暖的地方醒发15分钟左右，再喷上适量的水。
9. 以上下火220℃/190℃烘烤10分钟左右即可。

Tips

1.醒发的时候要将面团包起来，以免表皮被风吹干。
2.饼干坯表面一定要打上小孔，以免饼干烘烤鼓起来。
3.擀压的时候面皮要稍微薄一些，饼干烤出来会更脆一些。

起酥棒（成品15根）

难易度 Nan Yi Du ★★★★

Qisubang

材料

高筋面粉85g

低筋面粉85g

盐0.5g

水100g

片状黄油115g

细砂糖80g

制作过程

先将高筋面粉、低筋面粉过筛后堆成粉墙状，再加入盐、水拌至光滑细腻状，揉成面团，松弛30分钟。

将片状黄油擀成方形，备用。

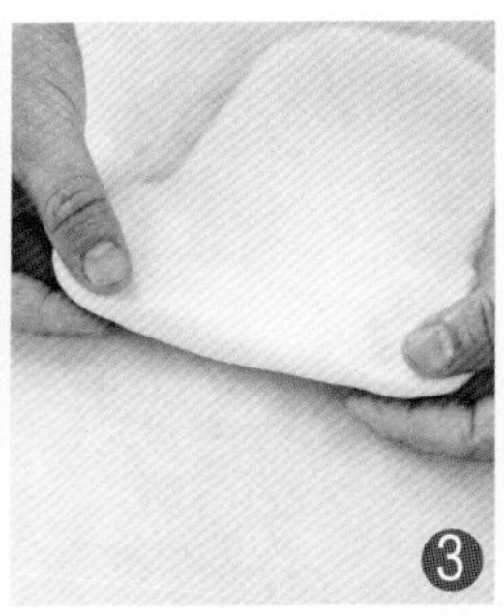

将松弛完成的面团擀开，用小刀修饰成四方形，面积是片状黄油的2倍。

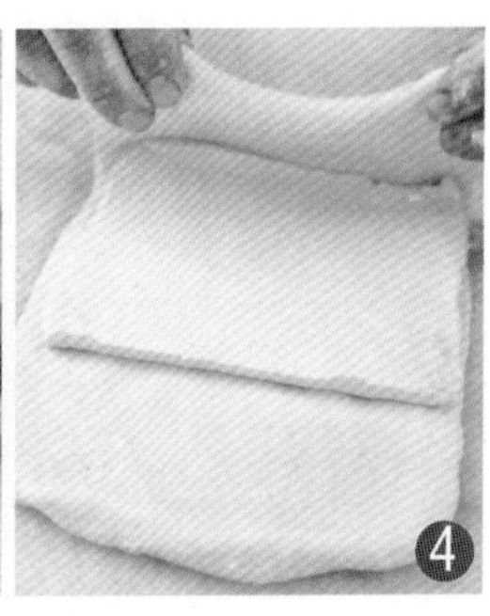

将备用的片状黄油用面皮包起来。

擀开呈四方形，以折叠3层的方式叠好。

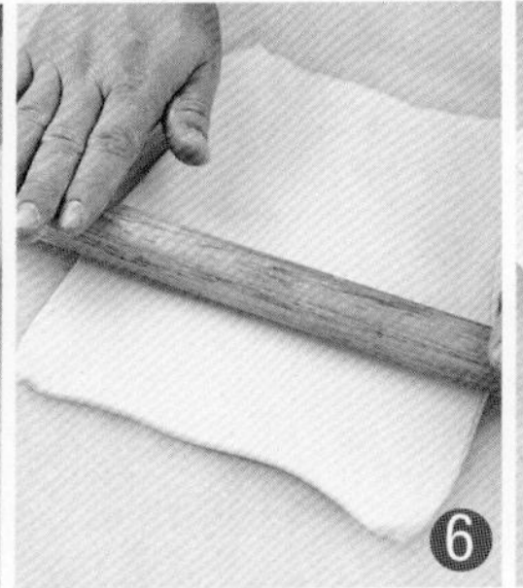

向折叠的反方向再次擀压成方形，再次以折叠3层的方式叠好，稍作松弛，再次重复擀压折叠的方式，前后共4次，然后松弛1小时。

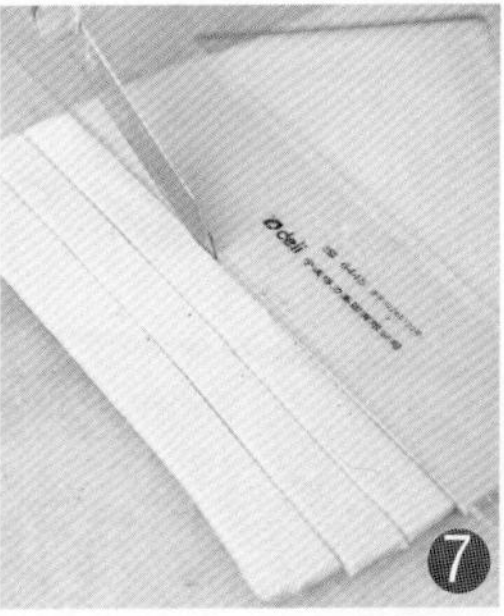

将面皮擀开呈方形，切成宽2.5cm、长20cm的长条状，在表面刷上鸡蛋液。

撒上砂糖。

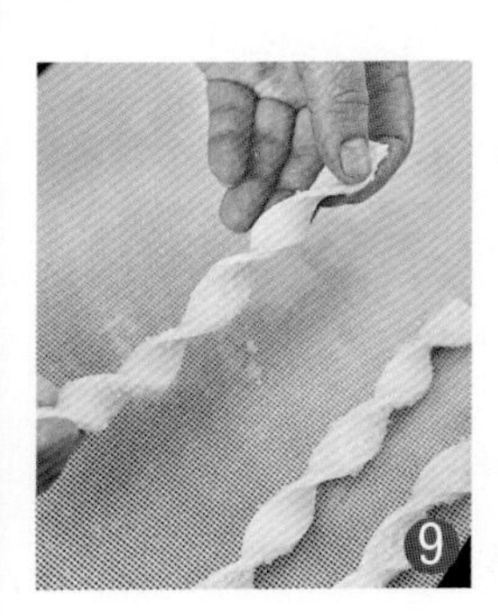

用手扭成螺旋状，依次摆入烤盘内。

以上下火220℃/190℃烘烤大约15分钟后，再以190℃/170℃烘烤，前后烘烤25分钟左右即可。

眼睛酥（成品18块）

Yanjingsu

难易度 Nan Yi Du

视频 扫二维码

材料

高筋面粉75g
低筋面粉95g
盐0.5g
水100g
片状黄油115g
黄油15g
肉桂粉适量
蛋黄1个
水15g
砂糖适量

制作过程

先将高筋面粉和低筋面粉堆成粉墙状，在里面加入盐、黄油和水，拌成光滑细腻的面团，松弛30分钟。

将片状黄油擀成方形，备用。

将松弛完成的面团擀开，呈四方形，面积是黄油的2倍。

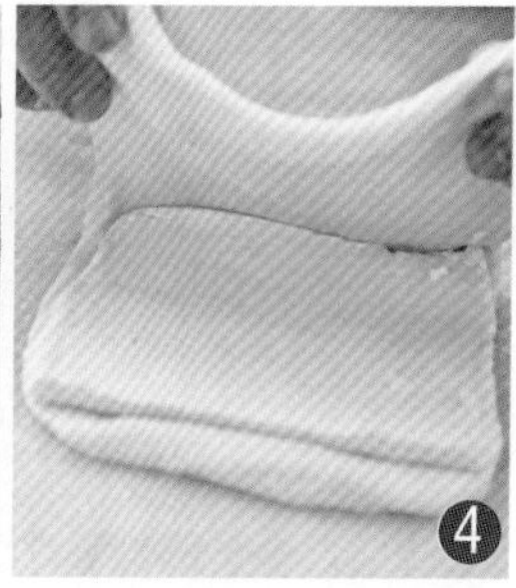

将备用的片状黄油用面皮包起来。

再擀开呈四方形，以折叠4层的方式叠好。

向折叠的反方向再次擀压成方形，再次重复擀压折叠的方式，前后共重复3次，松弛1小时。

将松弛好的面皮擀开成方形，在表面刷上水，撒上肉桂粉，并抹均匀。

两边向中间折叠，再次对折，一共叠成4层。

然后用刀切成宽1cm左右的长条，将横切面竖着摆放。

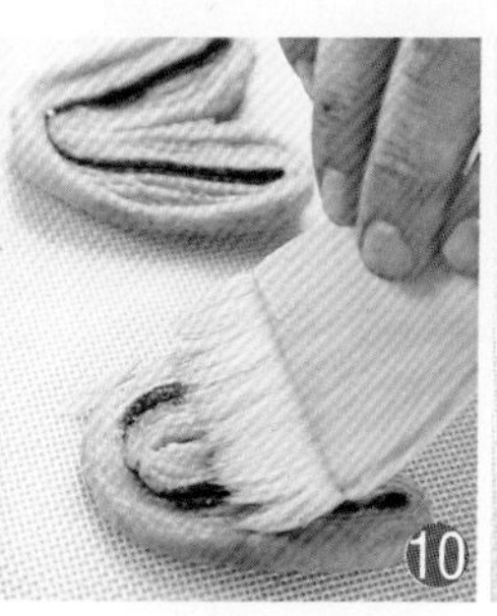

以上下火210℃/180℃烘烤18分钟后取出，将蛋黄和水混合后刷在表面。

均匀地撒上砂糖后，再次以上下火150℃/150℃烘烤20分钟左右即可。

Tips

1. 面块切好后，要将两个折叠地方分开，不要粘在一起，以免在烘烤的时候，膨胀的力度受阻，面皮会向上鼓起。
2. 烘烤后期，要将温度稍微调低一些。

巧克力酥条（成品20块）

Qiaokeli Sutiao

难易度 Nan Yi Du

材料

- 高筋面粉85g
- 低筋面粉85g
- 盐0.5g
- 水100g
- 片状酥油115g
- 黄油15g
- 苦甜巧克力100g
- 巧克力米适量

制作过程

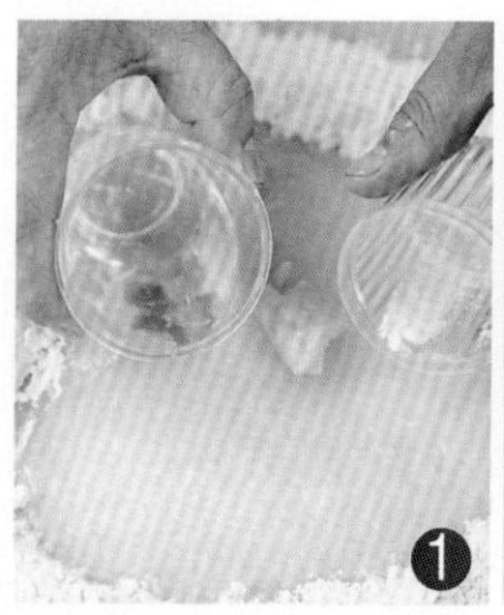

先将高筋面粉、低筋面粉过筛后堆成粉墙状，再加入盐、黄油、水拌成光滑细腻的面团，松弛30分钟。

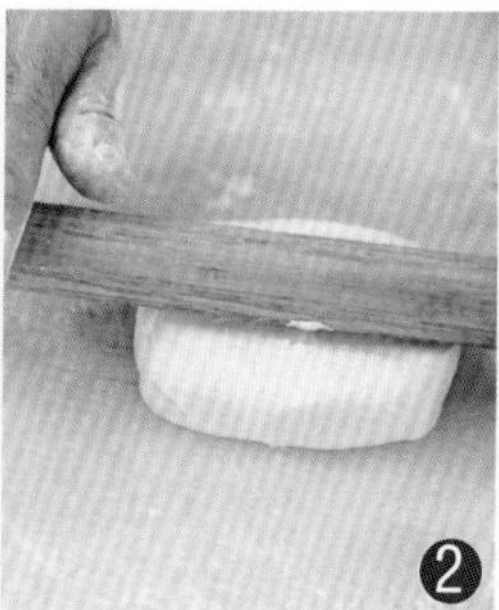

将片状黄油擀成方形，备用。

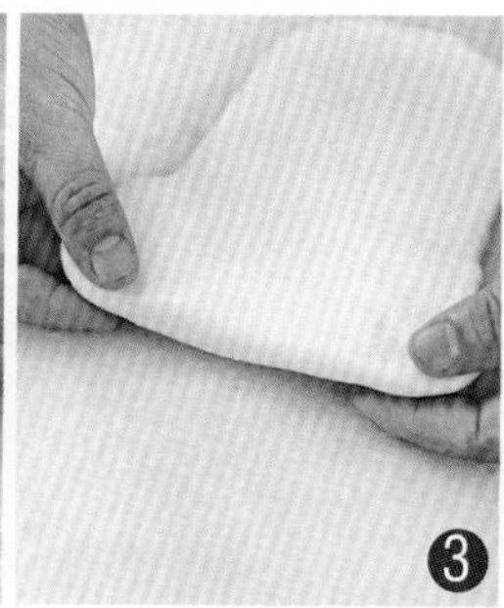

将松弛好的面团擀开，用小刀修成四方形，使其面积大约是黄油的2倍。

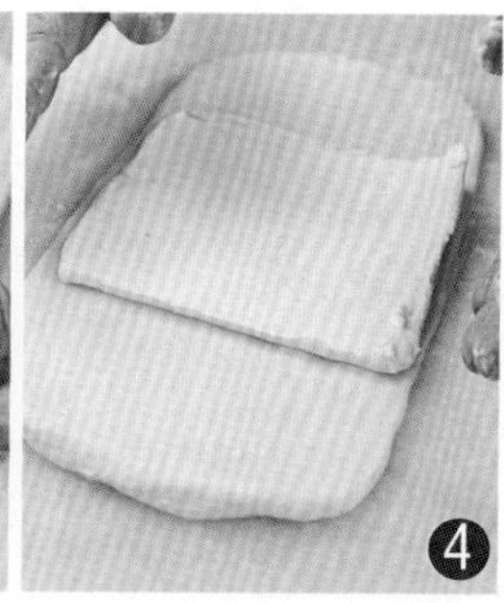

将备用的黄油用面皮包起来。

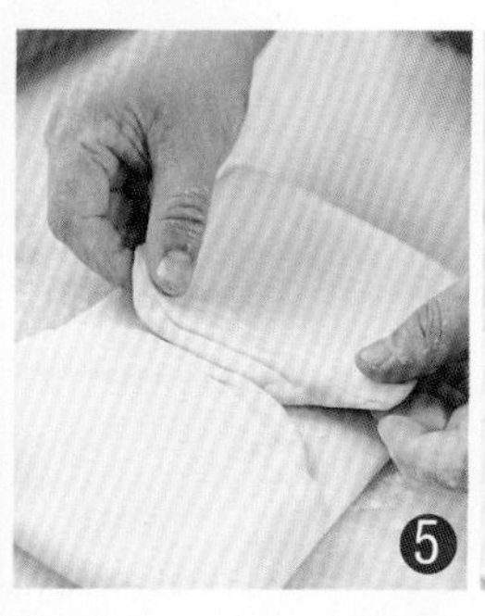

擀开呈四方形，以折叠4层的方式叠好。

向折叠的反方向再次擀压成方形，再次重复擀压折叠，前后共3次，松弛1小时。

将松弛好的面皮擀开呈方形，切成长13cm、宽3cm的长条。

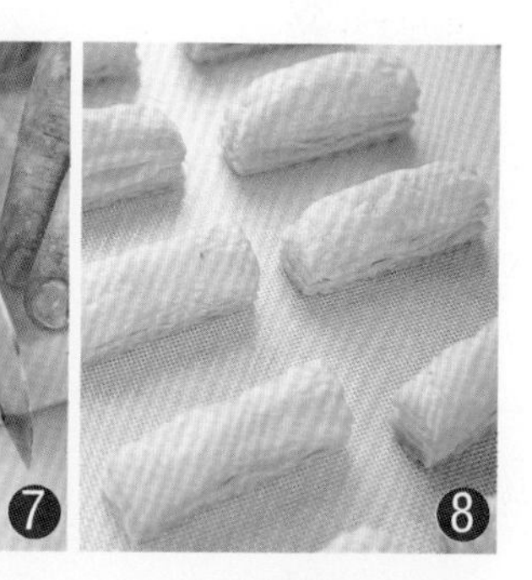

以上下火220℃/200℃烘烤大约15分钟后，再以160℃/160℃烘烤，前后大约烘烤25分钟。

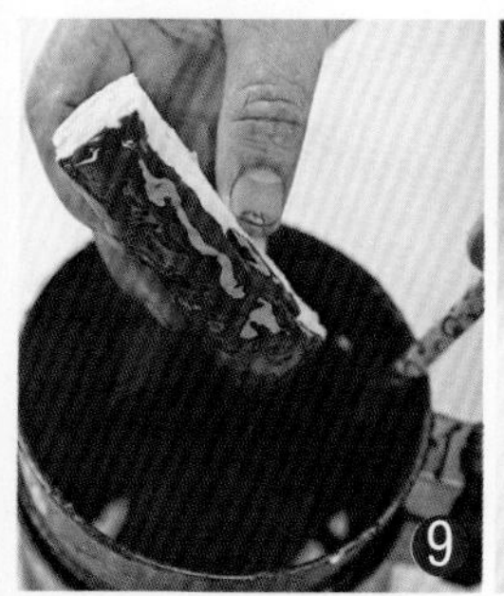

将巧克力隔水化开后，在酥条表面蘸上苦甜巧克力液。

在表面撒上巧克力米作为装饰。

Tips

1.搅拌的面团不可太硬。

2.要控制好片状黄油的软硬度。

3.折叠完成的面皮要松弛到位，不可有过强的筋度。

4.擀压的面皮厚薄要一致。

5.切长条的时候要宽窄一致。

6.巧克力隔水化开时，水的温度不可高于60℃。

杏仁酥条（成品20块）
Xingren Sutiao
难易度
Nan Yi Du
材料
高筋面粉85g
低筋面粉85g
盐0.5g
水100g
片状黄油115g
黄油15g
杏仁碎适量
太古糖粉20g
柠檬汁20g

制作过程

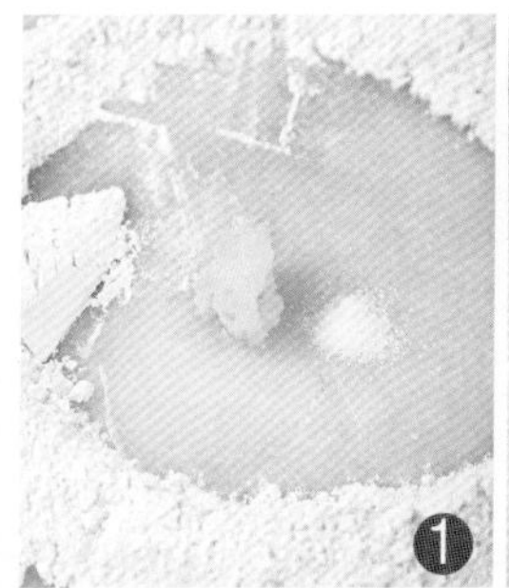

先将高筋面粉和低筋面粉过筛后堆成粉墙状，再加入盐、黄油、水拌成光滑细腻的面团，松弛30分钟。

将片状黄油擀成方形，备用。

将松弛完成的面团擀开，呈四方形，面积是黄油的2倍。

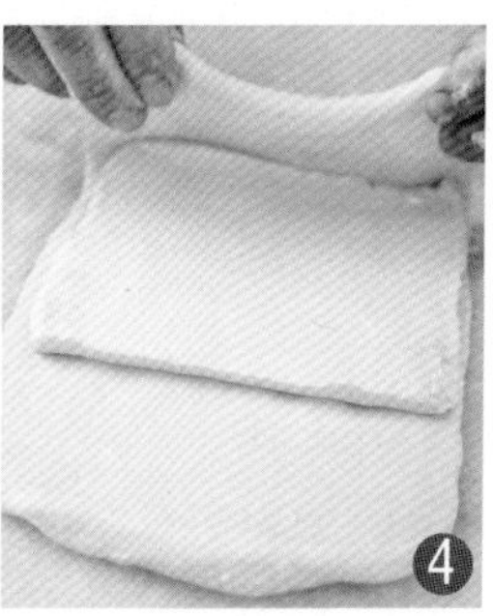

将备用的黄油用面皮包起来。

再擀开呈四方形，以折叠4层的方式叠好。

向折叠的反方向再次擀压成方形，再次重复擀压折叠，前后共3次，松弛1小时。

将松弛好的面皮擀开呈方形，切成长13cm、宽3cm的长条。

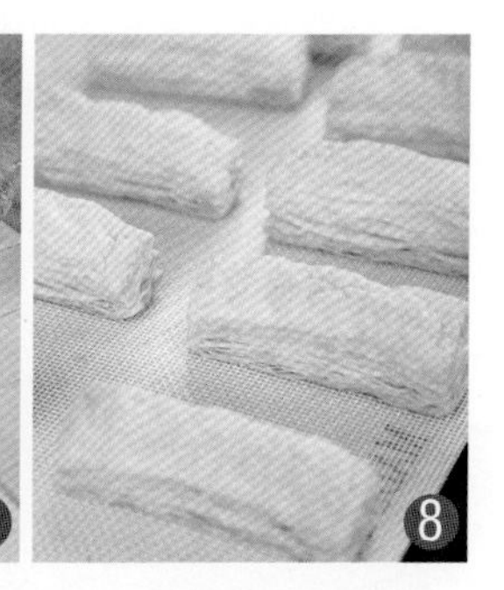

以上下火220℃/200℃烘烤大约15分钟后，再以160℃/160℃烘烤，前后大约烘烤25分钟。

将太古糖粉和柠檬汁搅拌均匀成糖霜，备用。

在冷却的酥条表面抹上糖霜，并在上面撒上烘烤好的杏仁碎即可。

Tips

1.面团的筋度不可太强，以免松弛的时间太长。
2.擀压面皮的时候双手用力要均匀。
3.面团内部的盐不可过多，以免有筋度。
4.搅拌糖霜时，根据太古糖粉（表面糖霜所用的糖粉）的吸水情况来定加入水分的多少。
5.烘烤的时候要将产品内部的水分稍微收干一些为好。

幸运圈饼干

难易度 Nan Yi Du ★★★★

（成品25块）*Xingyunquan binggan*

材料

糖粉50g	蛋白27g
低筋面粉100g	转化糖浆15g
泡打粉1g	**/装饰材料/**
盐1g	蛋白15g
白油40g	砂糖30g

制作过程

1. 将低筋面粉、糖粉和泡打粉过筛后，混合均匀。
2. 再加入白油，拌至松散状。
3. 接着加入蛋白、转化糖浆拌成面团状，用塑料纸包好，松弛20分钟左右。
4. 将松弛完成的面团分割成10等份。
5. 将面团搓成长条状，编成蝴蝶结。
6. 在饼干坯表面均匀刷上蛋白液。
7. 再在上面撒上砂糖做装饰。
8. 以上下火160℃/150℃烘烤30分钟左右，待饼干表面深红色即可出炉。

芝麻饼

（成品50个）Zhimabing

材料

A.鸡蛋3个、绵白糖150g

B.蛋糕油10g 、香粉2g、低筋面粉150g

C.白芝麻适量

制作过程

1. 先将鸡蛋、绵白糖放容器中打至糖化开。
2. 再加入蛋糕油、香粉、低筋面粉，慢速拌匀。
3. 再快速打发至原体积的2.5倍，做成面糊。
4. 然后将面糊装入裱花袋中，挤在垫有高温布的烤盘中。
5. 最后在饼坯的表面撒上白芝麻，再将多余的白芝麻倒出。
6. 入炉，以上火200℃、下火150℃烤至表面金黄色即可。

沙布列饼干

难易度 Nan Yi Du ★★

（成品30块）*Shabulie Binggan*

材料

黄油123g

糖粉45g

盐2g

鸡蛋20g

杏仁粉20g

低筋面粉50g

中筋面粉45g

/装饰材料/

蛋黄液适量

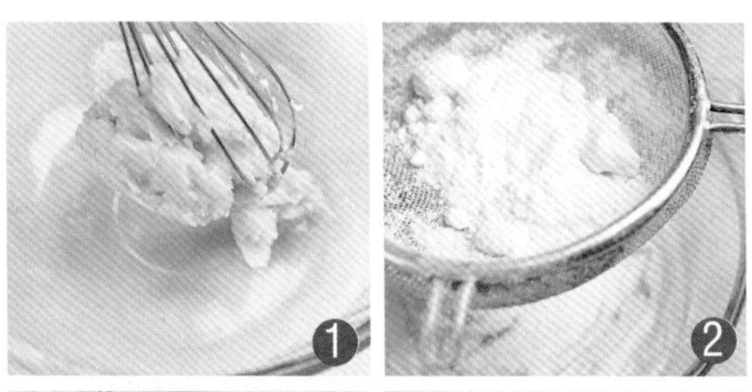

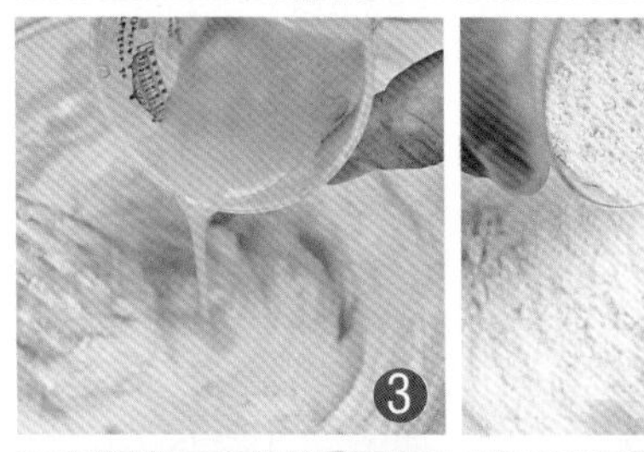

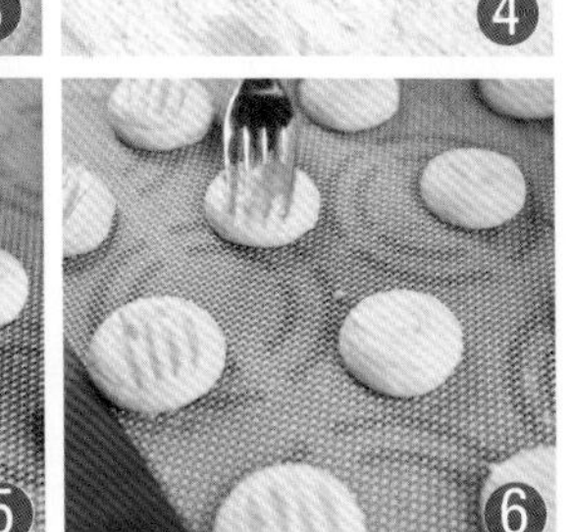

制作过程

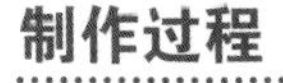

1. 先将黄油搅拌松软。
2. 再加入盐和过筛的糖粉，充分打发。
3. 接着分次加入鸡蛋，搅拌均匀。
4. 然后将低筋面粉、中筋面粉和杏仁粉过筛后，一起加入其中，搅拌均匀成面糊。
5. 将搅拌均匀的面糊装入裱花袋内，用动物形裱花嘴在铺有高温布的烤盘内挤出圆球状。
6. 用叉子蘸上蛋黄液，在饼干坯表面划出线条。
7. 以上下火180℃/150℃烘烤大约13分钟即可。

芭蕾萨饼干

（成品20块）*Baleisa Binggan*

材料

黄油60g	香粉1g
糖粉60g	葡萄干40g
鸡蛋1个	白兰地25g
低筋面粉60g	核桃仁20g

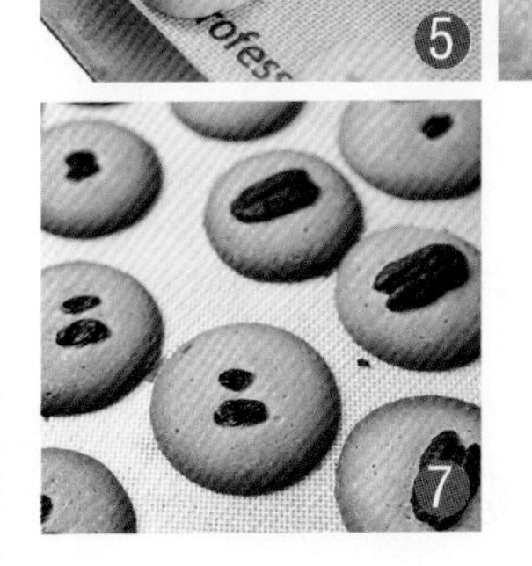

制作过程

1. 将葡萄干和核桃仁用白兰地浸泡，备用。
2. 将黄油与糖粉搅拌至微发。
3. 再分次加入鸡蛋，搅拌均匀。
4. 接着将低筋面粉和香粉过筛后加入其中，搅拌均匀成面糊。
5. 将混合好的面糊装入裱花袋内，用圆形平口裱花嘴在烤盘内挤出小圆形。
6. 在饼干坯表面摆放上已经浸泡好的葡萄干或核桃仁。
7. 以上下火180℃/160℃烘烤大约12分钟即可。

Tips

1.鸡蛋要分次加入，以免油蛋产生分离。

2.葡萄干要提前浸泡。

椰蓉手指饼干

（成品40个）*Yerong Shouzhi Binggan*

材料

蛋白70g

绵白糖95g

椰蓉120g

柠檬汁10g

制作过程

1. 先将蛋白搅拌至发泡。
2. 再分次加入绵白糖，搅拌至中性发泡。
3. 接着加入柠檬汁，搅拌均匀。
4. 然后将椰蓉加入其中，搅拌均匀，呈面糊状。
5. 将面糊装入裱花袋内，用动物裱花嘴在烤盘内挤一字形。
6. 以上下火120℃/120℃烘烤大约30分钟即可。

玛德莲软饼干

（成品18块）*Madelian Ruanbinggan*

材料

鸡蛋1个	低筋面粉45g
绵白糖30g	可可粉10g
蜂蜜15g	盐适量
鲜奶油20g	黄油40g
巧克力20g	泡打粉适量

制作过程

1. 先将鸡蛋打散，再加入蜂蜜和绵白糖，搅拌至呈乳白色。
2. 再将鲜奶油加热后加入其中，搅拌均匀。
3. 接着将巧克力化开后加入其中，搅拌均匀。
4. 然后将低筋面粉、可可粉和泡打粉过筛后加入其中，再加入盐，拌匀。
5. 接着将黄油化开后分两次加入其中，搅拌均匀成面糊。
6. 将面糊装入裱花袋内，挤入塑胶模具内至大约七分满。
7. 以上下火180℃/160℃烘烤大约15分钟即可。

巧克力圈圈饼

（成品30块）*Qiaokeli Quanquanbing*

材料

黄油120g	**/装饰材料/**
糖粉80g	蛋白1个
盐0.5g	开心果适量
鸡蛋50g	核桃仁适量
低筋面粉170g	榛果碎适量
可可粉20g	杏仁片适量

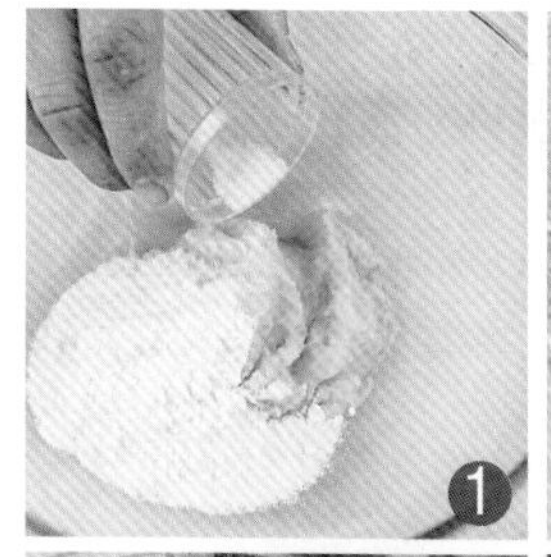

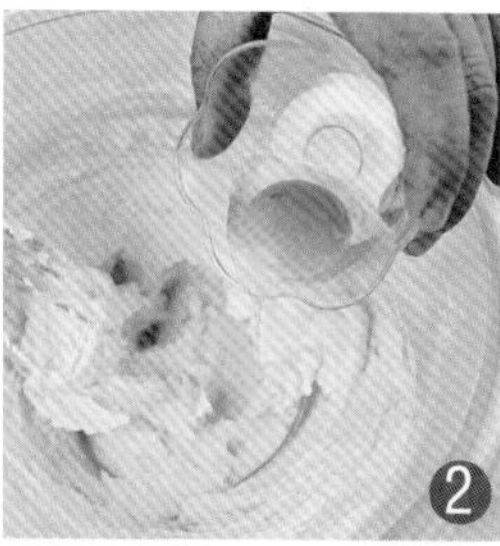

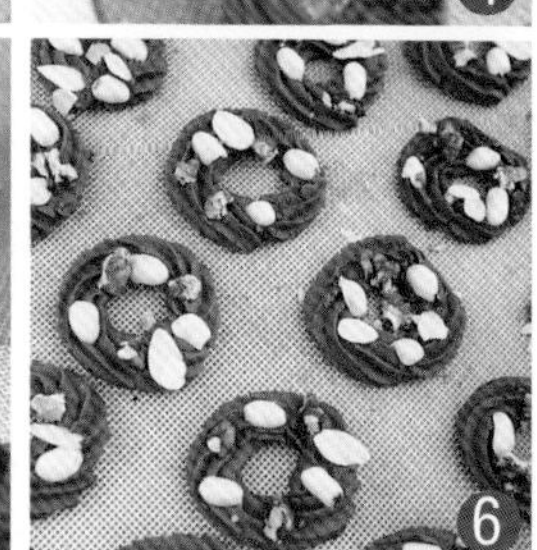

制作过程

1. 先将黄油、糖粉和盐搅拌至蓬松状。
2. 再将鸡蛋加入，搅拌均匀。
3. 接着将低筋面粉和可可粉过筛后加入，搅拌均匀成面糊。
4. 将面糊装入裱花袋内，用锯齿形花嘴在烤盘内挤出圆圈形状。
5. 在饼干坯表面用开心果、核桃仁、榛果碎和杏仁片等装饰。在装饰的时候，先将装饰材料蘸上一点蛋白，这样粘得更牢。
6. 以上下火190℃/160℃烘烤13分钟左右即可。

Tips

黄油与糖粉在搅拌的时候，要注意黄油的温度，油脂不要太硬。

巧克力糖烧果子

（成品15个）*Qiaokeli Tangshao Guozi*

材料

鸡蛋90g（约1个半）
绵白糖55g
盐1g
低筋面粉120g
玉米淀粉8g
泡打粉0.5g

/装饰材料/

巧克力适量
巧克力糖适量

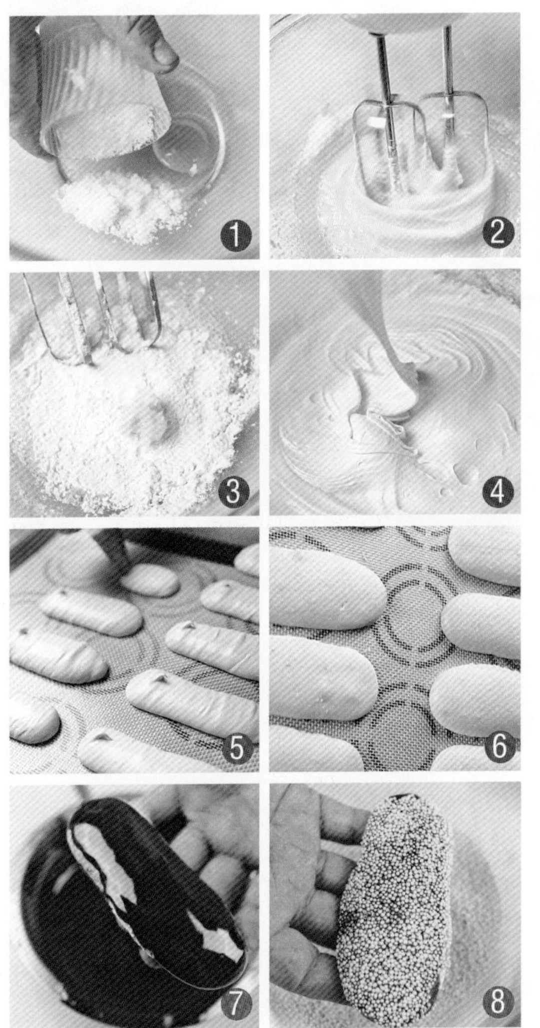

制作过程

1. 先将鸡蛋、绵白糖搅拌至绵白糖溶化。
2. 再加入盐拌匀。
3. 将低筋面粉、玉米淀粉和泡打粉过筛后加入其中，搅拌均匀。
4. 将其搅拌浓稠，呈面糊状。
5. 将面糊装入裱花袋内，在铺有垫子的烤盘内挤一字形。
6. 以上下火200℃/160℃烘烤大约16分钟即可。
7. 待饼干出炉冷却后，将巧克力隔水化开后裹满表面。
8. 再在表面蘸上巧克力糖即可。

巧克力瓦片

（成品17片）*Qiaokeli Wapian*

材料

蛋白50g
杏仁粉70g
绵白糖45g
黄油15g
可可粉5g

制作过程

1. 先将蛋白打散，加入绵白糖搅拌至糖化。
2. 再加入过筛的杏仁粉，搅拌均匀。
3. 接着加入可可粉，搅拌均匀。
4. 然后加入化开的黄油，搅拌均匀成面糊。
5. 将面糊装入裱花袋内，用平口裱花嘴在铺有垫子的烤盘内挤出圆形。
6. 将饼干坯震平，入炉，以上下火170℃/140℃烘烤15分钟左右即可。

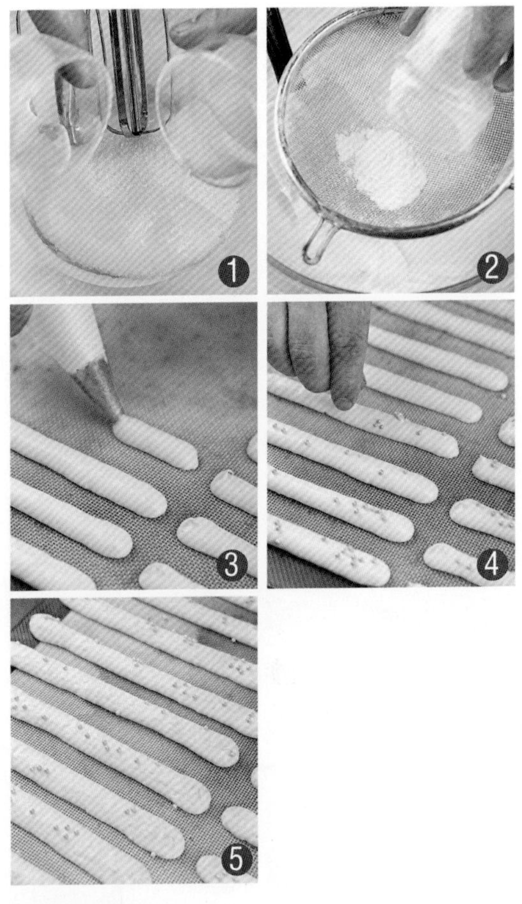

蛋白霜饼干

难易度 Nan Yi Du ★★★

（成品18块）*Danbaishuang Binggan*

材料

蛋白65g
砂糖100g
柠檬汁5g
玉米淀粉10g
银珠糖15g
色香油适量

制作过程

1. 先将蛋白、柠檬汁和砂糖放入容器，搅拌至中性发泡。
2. 将玉米淀粉过筛后和色香油一起加入其中，搅拌均匀成面糊。
3. 将面糊装入裱花袋内，用动物花嘴在铺有高温布的烤盘内挤出一字形，每个大约长 20cm。
4. 在表面放上银珠糖做装饰。
5. 以上下火140℃/134℃烘烤40分钟左右即可。

Tips

搅拌蛋白的时候，要注意搅拌桶内的干净程度，如桶内不可有油脂，蛋白内不可有蛋黄，也不可有太多的水分，否则不能将蛋白搅拌发。

蛋白薄饼

难易度 Nan Yi Du ★★★

（成品18个）*Danbai Baobing*

材料

蛋白70g
绵白糖90g
杏仁粉100g
低筋面粉25g
黄油20g

/馅料材料/
杏仁片适量

制作过程

1. 先将蛋白和绵白糖搅拌至中性发泡。
2. 再将低筋面粉过筛后和杏仁粉过筛后加入其中，搅拌均匀。
3. 接着将黄油隔水化开后加入其中，搅拌均匀，使其呈面糊状。
4. 将面糊装入裱花袋内，用平口裱花嘴在烤盘内挤出一字形，4根一起。
5. 将饼干坯修饰成四方形状，在表面撒上适量的杏仁片做装饰。
6. 以上下火180℃/140℃烘烤大约13分钟即可。

橄榄油蛋白饼干

（成品8块） *Ganlanyou Danbai Binggan*

材料

低筋面粉45g	橄榄油30g
泡打粉1g	蛋白30g
糖粉25g	**/装饰材料/**
全麦粉20g	杏仁碎40g

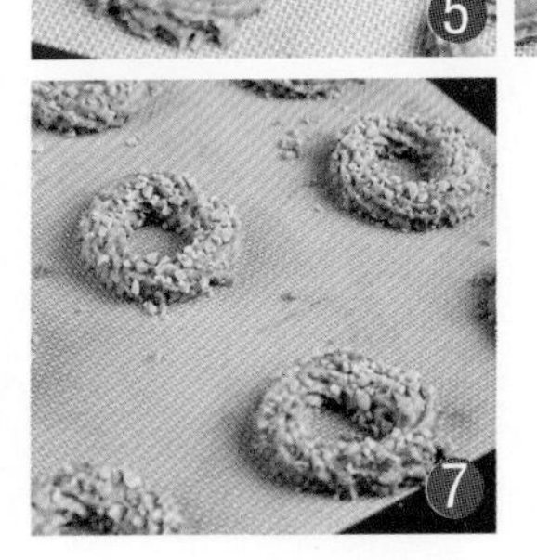

制作过程

1. 先将低筋面粉、泡打粉和糖粉过筛后，充分混合均匀。
2. 再加入过筛全麦粉，搅拌均匀。
3. 接着加入橄榄油，搅拌均匀。
4. 然后加入蛋白，拌匀呈面糊状。
5. 将面糊装入裱花袋内，用锯齿形花嘴在烤盘内挤出圆圈形状。
6. 在饼干坯表面均匀地撒上杏仁碎。
7. 以上下火170℃/150℃烘烤大约20分钟，待水分收干即可出炉。

手指蛋白饼干（成品35块）

Shouzhi Danbaibinggan

材料

低筋面粉65g	砂糖60g
蛋白80g	蛋黄2个
绵白糖40g	糖粉适量

Tips

1.蛋黄与绵白糖在搅拌的时候，要注意绵白糖不要和蛋黄凝结在一起。
2.搅拌蛋白的时候，要注意蛋白内不可有蛋黄存在，搅拌桶内也不可有油脂的存在，以免搅拌不发。
3.混合搅拌的时候，搅拌时间不要太久，以免打发的蛋白消泡。

制作过程

先将蛋黄与绵白糖搅拌至绵白糖化开。

将低筋面粉过筛后加入一半的量，搅拌均匀，备用。

将蛋白与砂糖搅拌至中性发泡。

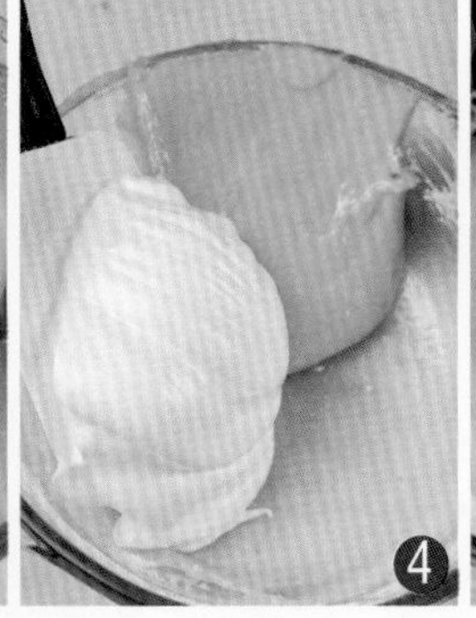

先取1/3的蛋白糊与蛋黄糊搅拌均匀。

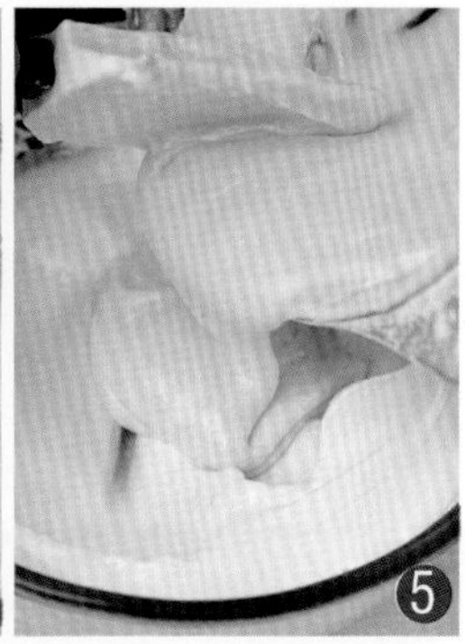

再倒回剩余的蛋白糊内，搅拌均匀。

最后将剩余的一半过筛的低筋面粉加入，拌匀成面糊。

将面糊装入裱花袋内，在铺有垫子的烤盘内挤一字形。

在饼干坯表面筛上适量的糖粉。

入炉烘烤，以上下火200℃/170℃烘烤大约12分钟即可。

蛋黄夹心饼干（成品18块）

Danhuang Jiaxin Binggan

材料

鸡蛋1个	盐1g	低筋面粉95g	**/馅料材料/**	
蛋黄2个	香粉1g	糖粉50g	黄油230g	牛奶30g
糖粉70g			糖粉80g	盐1g

制作过程

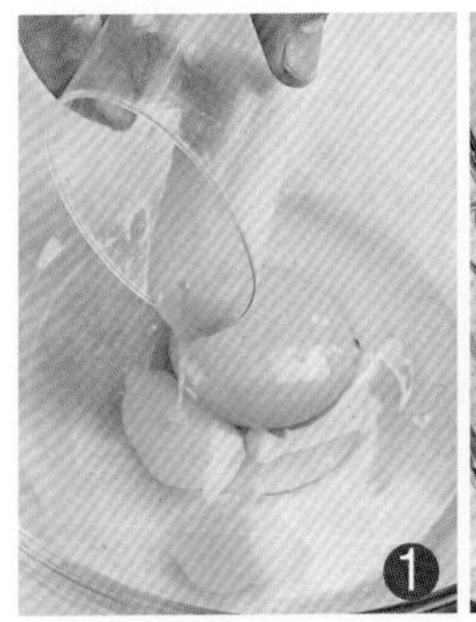

先将鸡蛋和蛋黄充分搅拌均匀。

再加入过筛的糖粉、盐搅拌至充分发泡。

将低筋面粉和香粉过筛后加入其中，搅拌均匀成面糊。

将面糊装入裱花袋内，用平口裱花嘴在烤盘内挤出圆球状。

在圆球表面均匀地筛上糖粉。

以上下火210℃/160℃烘烤大约8分钟。

出炉冷却后，将一半饼干翻过来，并在底部挤上馅料。

将另一半盖在馅料表面即可。

馅料制作过程

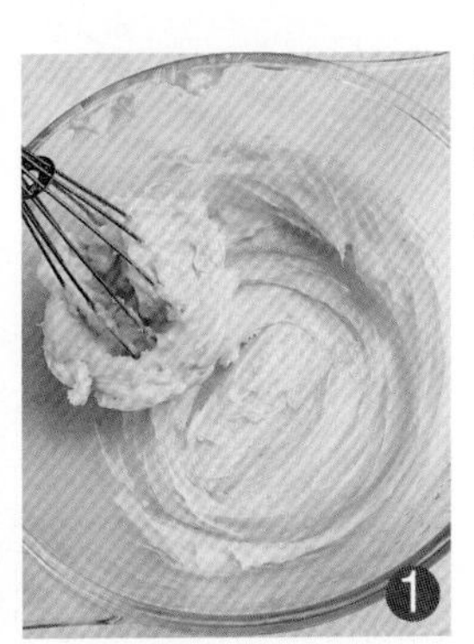

将黄油搅拌至柔软状态，再加入过筛糖粉充分打发。

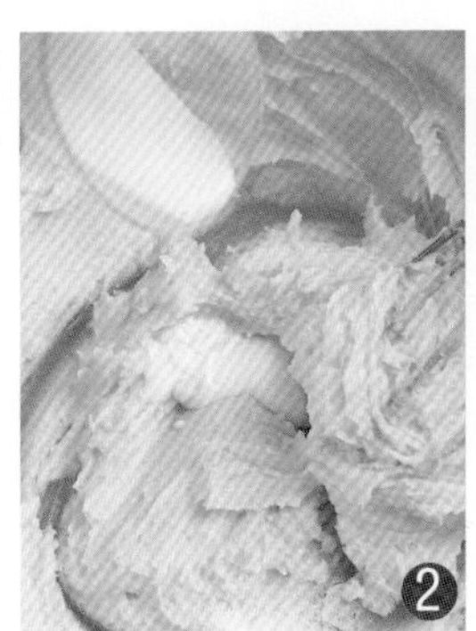

然后加入牛奶和盐，搅拌均匀即可。

杏仁酥饼

（成品24块）*Xingren Subing*

材料

绵白糖120g	椰蓉50g
低筋面粉30g	鸡蛋 1个
杏仁粉100g	蛋白 85g

制作过程

1. 将杏仁粉和低筋面粉过筛后加入容器，再加入椰蓉和绵白糖，搅拌均匀，备用。
2. 将鸡蛋和蛋白放入另一容器，搅拌均匀，备用。
3. 将备用的蛋液加入备用的粉类中，搅拌至糖化开，调成面糊。
4. 将面糊装入裱花袋内，均匀挤入烤盘，再将其震薄，以上下火200℃/140℃烘烤大约13分钟即可。
5. 将其烤熟后趁热卷在擀面柱上面，冷却即可。

Tips

1.在制作的时候，低筋面粉和杏仁粉需要过筛方可加入。

2.卷起来的时候要趁饼干有温度的时候方可进行，冷却后卷不起来。

幸运小饼干

（成品24块）*Xingyun Xiaobingan*

材料

低筋面粉50g　　色拉油22g

糖粉75g　　黄油10g

蛋白70g　　盐0.5g

制作过程

1. 将蛋白、色拉油、盐和黄油依次加入容器，搅拌均匀。
2. 再将低筋面粉和糖粉过筛后加入其中，搅拌均匀成面糊。
3. 将面糊装入裱花袋内，挤在铺有垫子的烤盘内，成圆形。
4. 以上下火180℃/160℃烘烤大约10分钟。
5. 出炉后趁热将其对折，让边缘粘紧，冷却后定型即可。

杏仁盾牌（成品21块）

Xingren Dunpai

材料

A.牛奶50g、绵白糖62.5g

B.蛋白44g

C.低筋面粉100g、杏仁粉42g、牛奶10g

/馅料材料/

A.白糖60g 、黄油50g、 蜂蜜50g

B.杏仁片180g

制作过程

先将牛奶和绵白糖放在容器中搅拌打发。

分次加入蛋白充分搅拌均匀。

再将低筋面粉、杏仁粉分别过筛后加入其中。

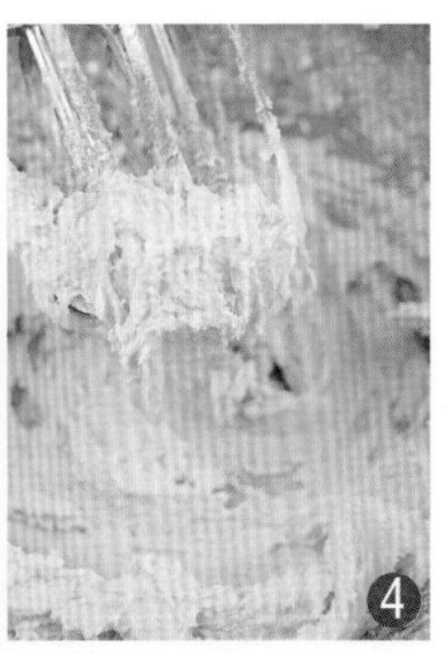

加入牛奶，充分搅拌均匀成面糊。

将面糊装入带有锯齿嘴的裱花袋中，再挤在垫有高温布的烤盘内。

将饼干坯入炉以上下火170℃/130℃烤至表面定型。

最后将做好的馅料放在饼干的中间，再烤至表面金黄即可。

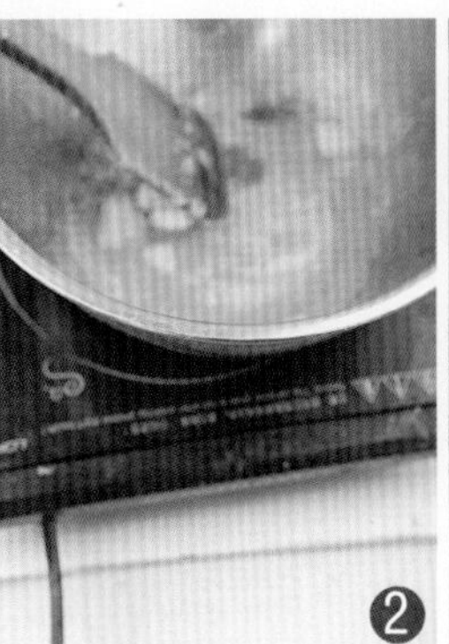

馅料制作过程

1. 先将白糖、黄油、蜂蜜放在盆中。

2. 加热将其煮沸。

3. 最后加入杏仁片，搅拌均匀，备用即可。

达克瓦兹（成品15块）

Dake Wazi

难易度 Nan Yi Du ★★★

材料

蛋白60g
绵白糖20g
杏仁粉100g
糖粉120g
低筋面粉20g

/摩卡酱材料/

黄油100g
蛋白1个
糖粉35g
咖啡酒15g
即溶咖啡粉10g

制作过程

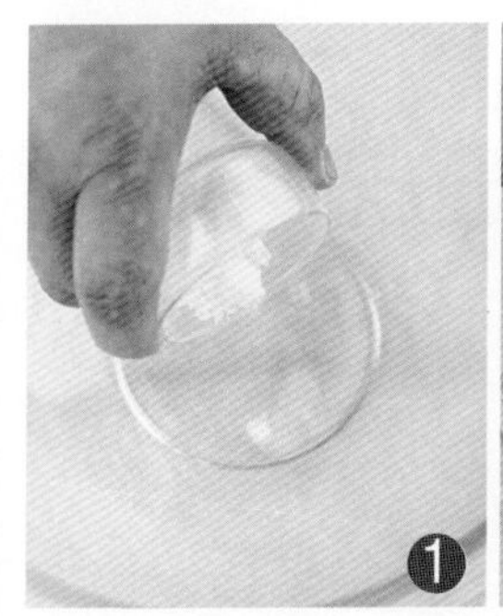

先将蛋白打散，加入绵白糖后搅拌至干性发泡。

再将100g糖粉和杏仁粉、低筋面粉过筛加入其中，充分搅拌均匀成面糊。

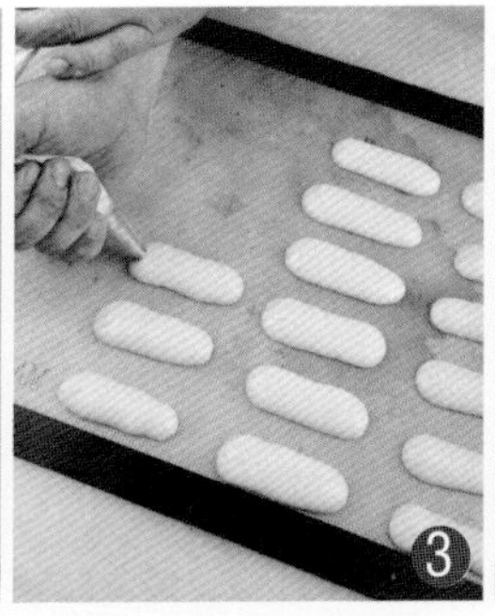

将面糊装入裱花袋内，用动物花嘴在铺有高温布的烤盘内挤出一字形。

在饼干坯表面撒上剩余的糖粉。

以上下火180℃/160℃烘烤15分钟左右。

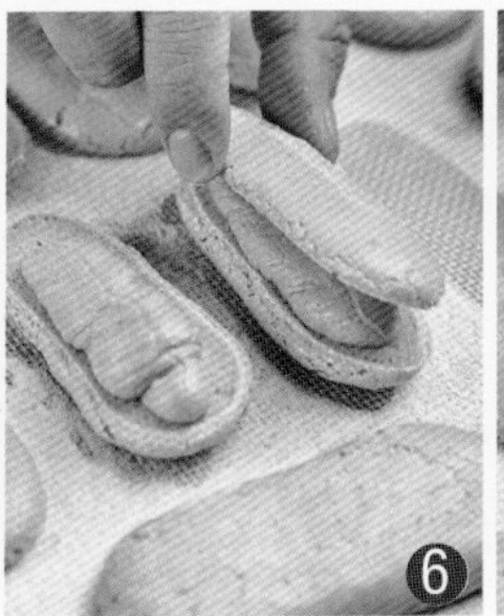

出炉冷却后，将馅料抹在饼干底部。

将另一片饼干盖在表面即可。

馅料制作过程

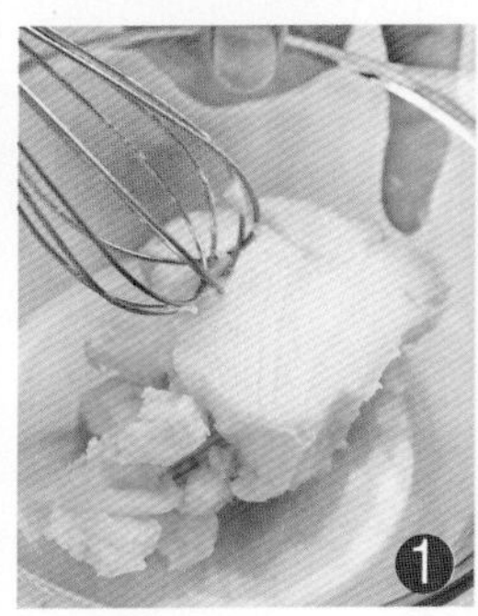

先将黄油充分搅拌至呈现蓬松状。

将蛋白先搅拌均匀，再加入过筛的糖粉，搅拌至干性发泡。

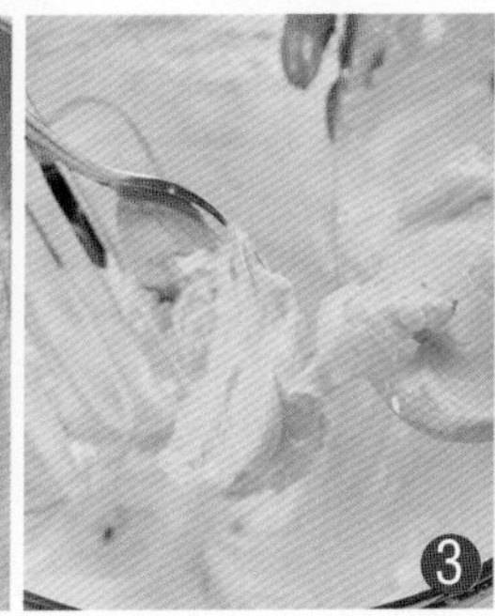

将黄油加入，充分搅拌均匀。

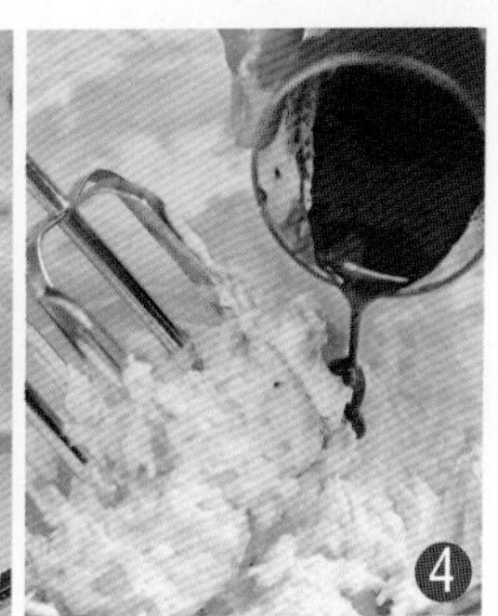

将咖啡粉和咖啡酒混合后加入其中，搅拌均匀，备用。

茶饼（成品35块）

Chabing

难易度 Nan Yi Du ★★★

视频 扫二维码

材料

砂糖100g	低筋面粉200g
黄油70g	**/装饰材料/**
鸡蛋3个	蛋黄液适量
细盐1g	

制作过程

先将黄油与砂糖打发。

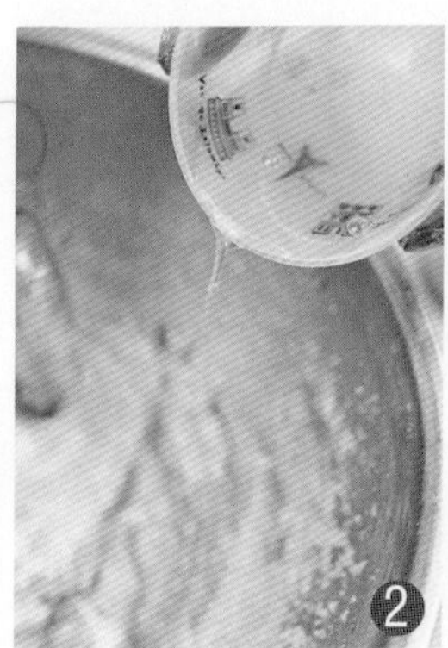

分次加入鸡蛋，充分搅拌均匀。

再加入细盐混合拌匀。

接着加入低筋面粉。

充分混合搅拌均匀，使其呈面糊状。

将面糊装入裱花袋中，挤在已经铺有高温布的烤盘中。

放入烤箱中，以上下火200℃/180℃，烤至表面定型。

待定型后刷上蛋黄液。

再放入烤箱中以上下火200℃/150℃烤至表面金黄色即可。

牛利（成品26块）

Niuli

材料

鸡蛋 1个
蛋黄40g
盐0.5g
低筋面粉90g
糖粉75g

/装饰材料/
糖粉适量

/奶油霜材料/
奶油80g
盐0.5g
糖粉20g
香草荚半根

制作过程

先将鸡蛋、蛋黄打散。

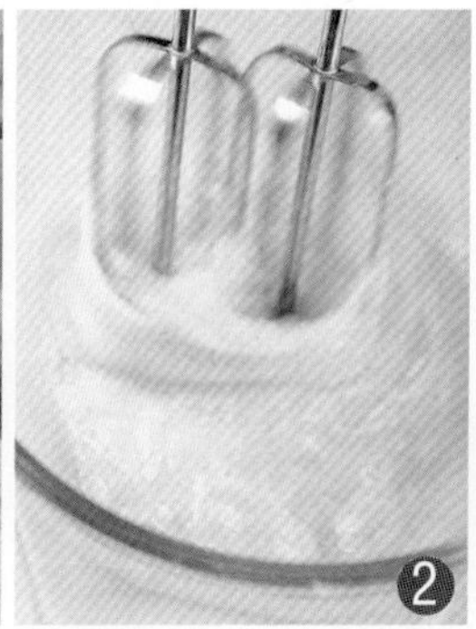

加入盐、过筛的糖粉，搅拌均匀。

以隔水加热的方式，将鸡蛋加热至35℃~42℃，再快速将其充分打发。

将低筋面粉过筛后加入其中，轻轻搅拌均匀，使其呈面糊状。

将面糊装入裱花袋内，用动物花嘴在烤盘内挤出圆球状。

在表面撒上适量的糖粉，做装饰。

以上下火200℃/170℃烘烤9分钟左右。

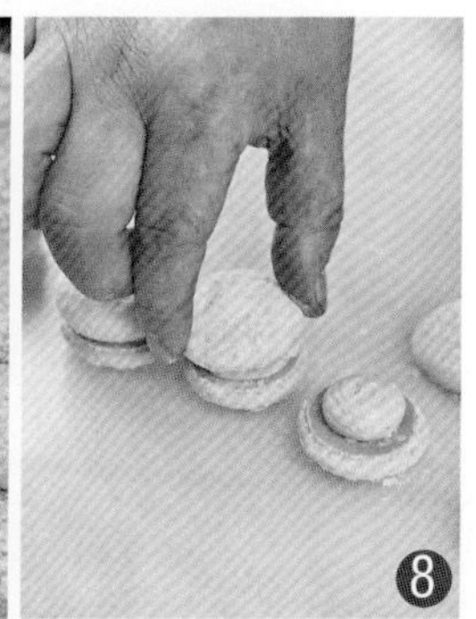

出炉冷却后，在两片大小相同的饼干中间挤上奶油霜，然后将两个粘在一起。

奶油霜制作过程

先用小刀将香草荚的籽刮出。

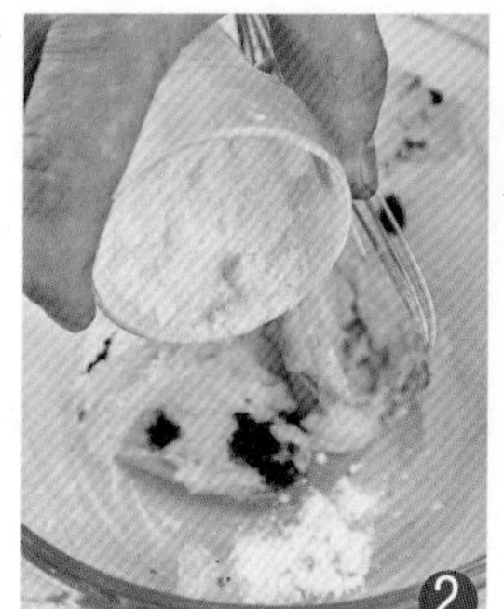

将奶油、香草荚籽、盐、糖粉放入容器，充分打发即可。

烟卷饼干

难易度 Nan Yi Du ★★★

（成品14块）*Yanjuan Binggan*

材料

糖粉60g
酥油53g
香粉2g
蛋白55g
低筋面粉30g
抹茶粉适量
可可粉适量

制作过程

1. 先将蛋白与过筛糖粉搅拌至糖化开。
2. 将酥油化开后加入其中，搅拌均匀。
3. 接着将低筋面粉、香粉过筛后加入其中，搅拌均匀成面糊。
4. 取出少量的面糊，分别与过筛可可粉和过筛的抹茶粉搅拌均匀。
5. 将剩余的面糊挤在铺有垫子的烤盘内。
6. 在面糊表面用可可面糊或抹茶面糊挤上细线。
7. 以上下火170℃/150℃烘烤大约15分钟。
8. 出炉趁热卷在棒棒上，定型后取下棒棒即可。

肉桂卷

（成品20块）Rouguijuan

材料

低筋面粉200g
盐1g
糖粉25g
水50g
黄油100g
蛋黄15g

/装饰材料/
绵白糖40g
肉桂粉10g
葡萄干70g
核桃碎30g

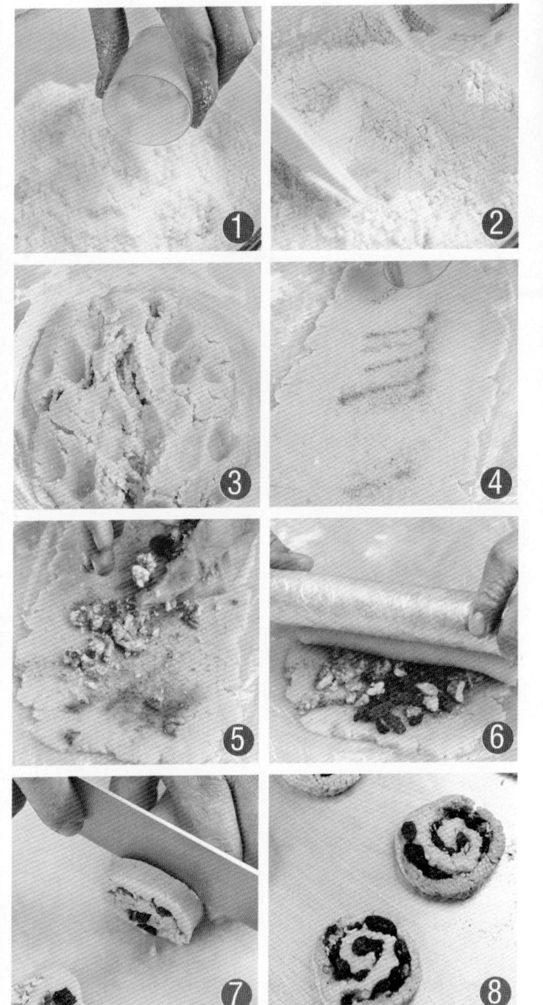

制作过程

1. 先将低筋面粉和糖粉过筛后，和盐一起加入容器，搅拌均匀。
2. 再将蛋黄和水加入其中，拌匀。
3. 接着将黄油加入其中，拌匀成面团状。
4. 将面团松弛15分钟左右，擀开至 5mm厚，将肉桂粉和绵白糖撒在上面。
5. 将事先浸泡好的葡萄干和烘烤熟的核桃碎撒在表面。
6. 将面皮卷起来，放入冰箱内冷藏1小时左右。
7. 待面软硬适中的时候，取出切成1cm的圆片。
8. 摆入烤盘内，以上下火170℃/160℃烘烤大约28分钟即可。

抹茶酥片（成品70块）

Mocha Supian

难易度 Nan Yi Du ★★★

抹茶饼干材料

A.黄油110g、糖粉110g

B.鸡蛋40g

C.低筋面粉160g

D.抹茶粉10g

抹茶饼干制作过程

1. 先将黄油、糖粉拌至微发。
2. 再分次加入鸡蛋，混合拌匀。
3. 将低筋面粉过筛后加入其中充分拌匀。
4. 最后加入抹茶粉拌匀成面团。
5. 再将面团放入冰箱冷藏松弛大约30分钟。
6. 取出面团搓成3.5cm×35cm的圆柱形状，备用。

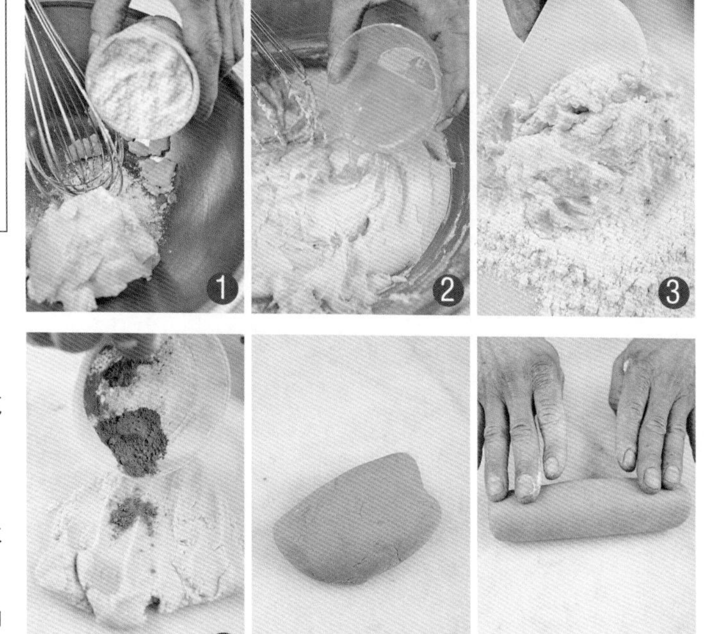

酥皮材料

A.高筋面粉125g、细盐4g、低筋面粉125g、黄油20g

B.水145g

C.片状酥油125g

制作过程

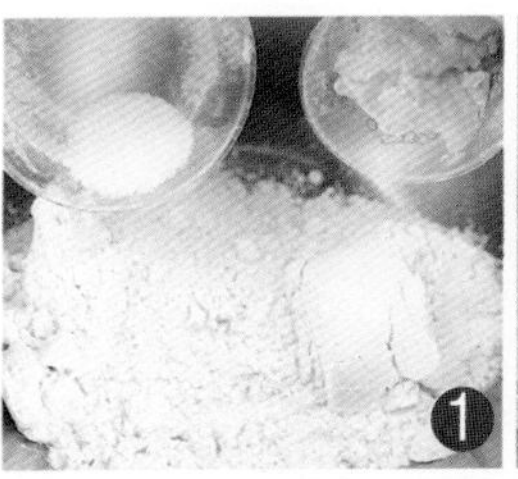

先将A料混合拌匀。

加水拌均匀，成面团。

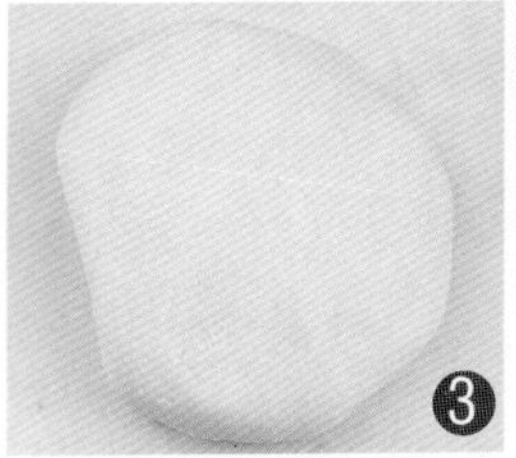

将面团揉七分筋度，放冰箱冷藏20分钟。

将片状酥油用玻璃纸盖住擀开。

再将松弛好的面团取出来擀开成面片。

用面片包住酥油。

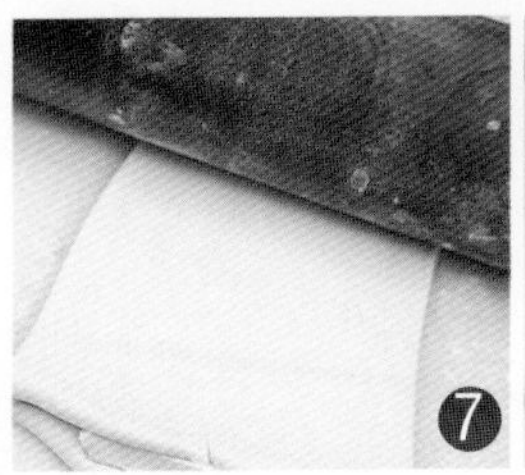

将面坯擀开。

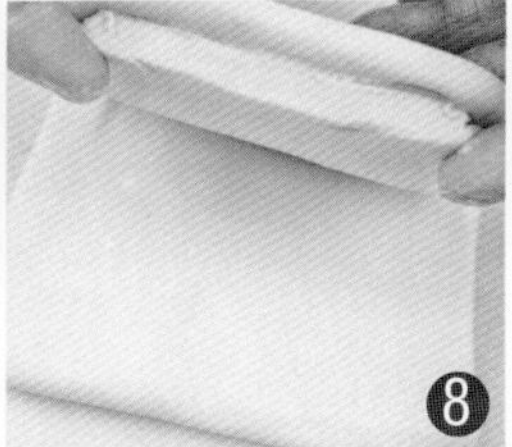

以2折3层的方式折叠2次，每次擀开折叠都要松弛15分钟。

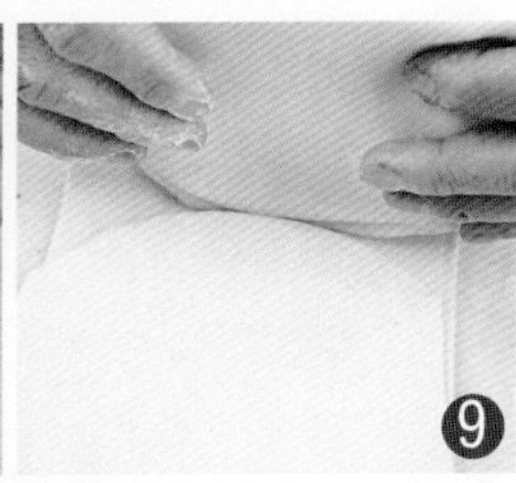

最后以3折4层的方式折叠一次，放入冰箱松弛15分钟。

将面坯擀成约0.2cm厚的面片。

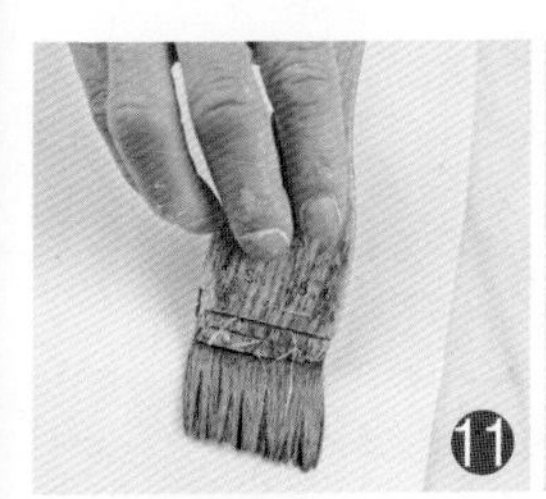

在面片表面刷上少许的蛋黄液。

再将面皮的一端用手压一下。

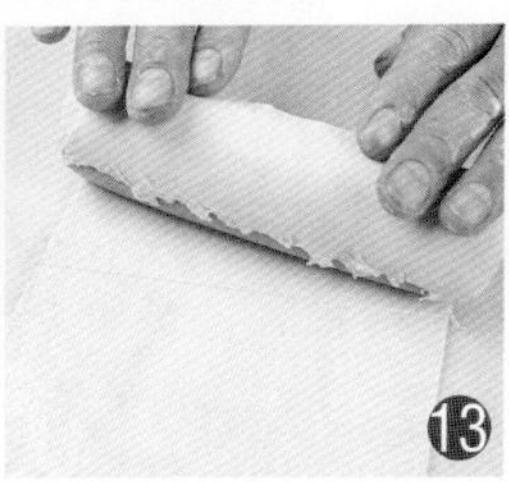

用面皮包住备用的抹茶饼干面团，放入冰箱冻至不软不硬。

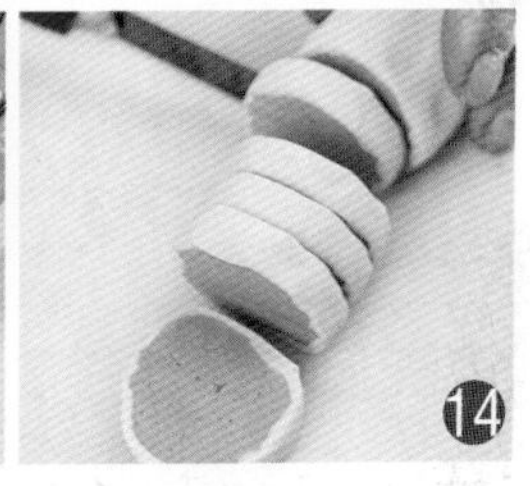

取出后切成0.5cm厚的圆片。

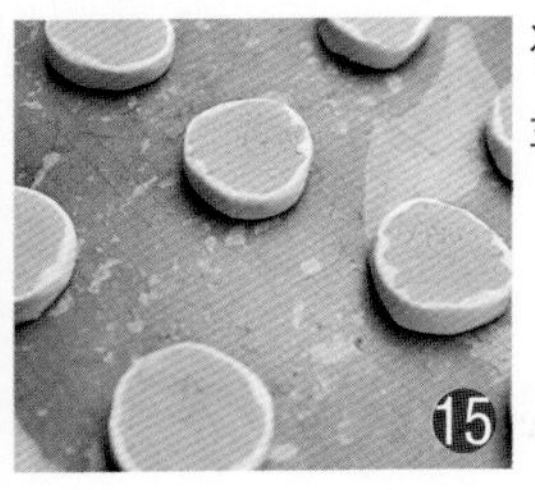

将饼干坯整齐地摆入烤盘中，放入烤箱烘烤。

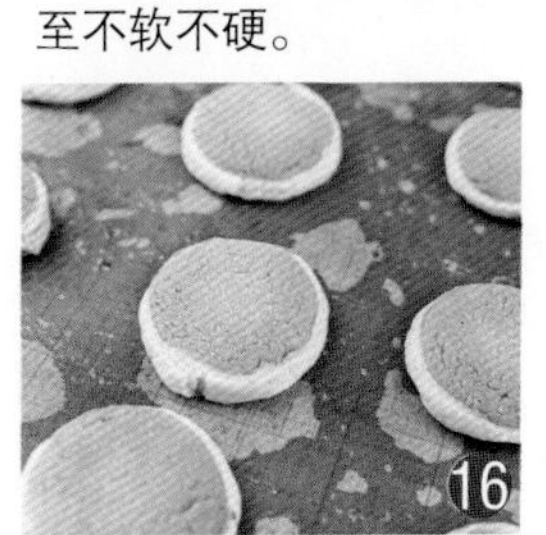

入炉以上火170℃、下火160℃烤20分钟左右即可。

果仁酥饼（成品70块）

Guoren Subing

巧克力果仁面团材料

A.黄油180g、糖粉90g

B.蛋黄20g

C.低筋面粉180g

D.南瓜子35g、可可粉15g

果仁面团制作过程

1. 先将黄油、糖粉拌至微发。
2. 将蛋黄加入其中混合拌匀。
3. 将低筋面粉过筛后加入其中拌匀成面团。
4. 面团中加南瓜子、可可粉。
5. 用压拌折叠的方式拌匀成团，放冰箱冷藏松弛20分钟。
6. 取出面团，搓成3.5cm×35cm的长条圆柱形状备用。

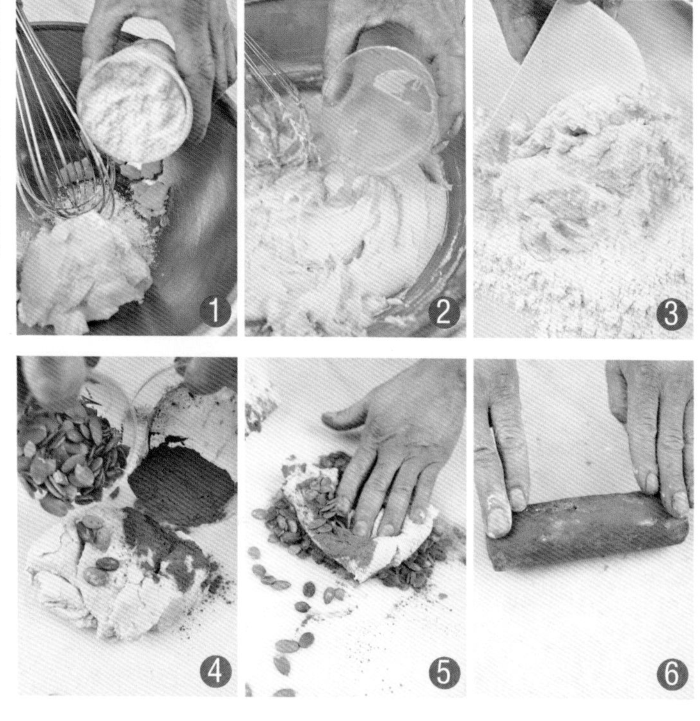

酥皮材料

A.高筋面粉125g、细盐4g、低筋面粉125g、黄油20g

B.水145g

C.片状酥油125g

D.蛋黄液适量

制作过程

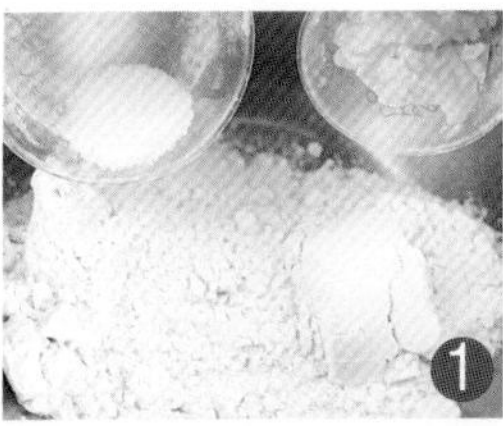

将高材料A混合拌匀。

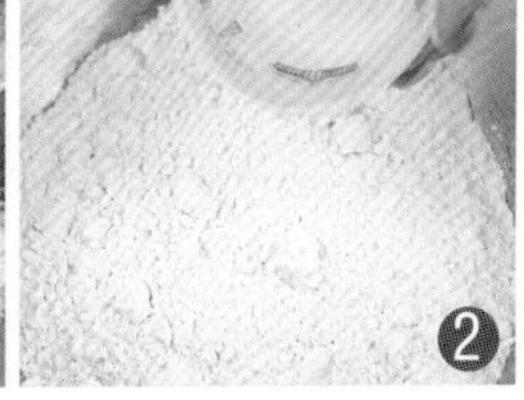

再加入水搅拌均匀。

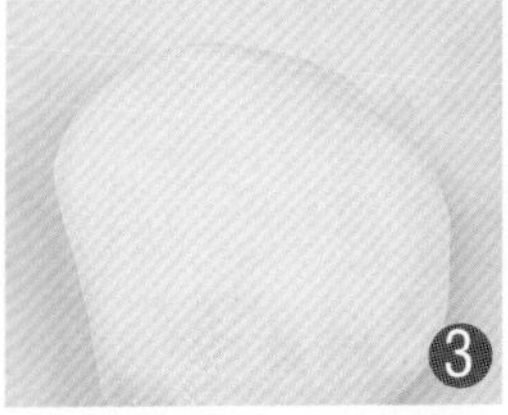

将面糊拌至七分筋度，放冰箱冷藏20分钟。

将片状酥油用玻璃纸盖住擀开，备用。

将松弛好的面团擀开。

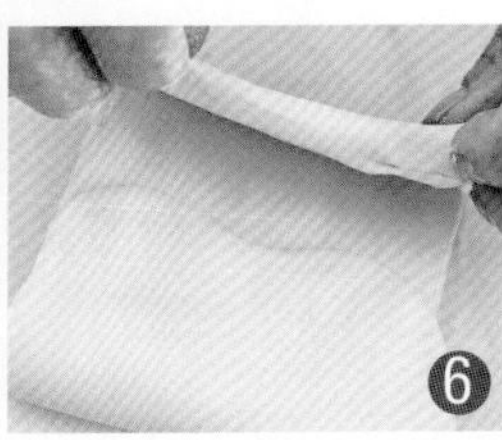

用面皮包住酥油。

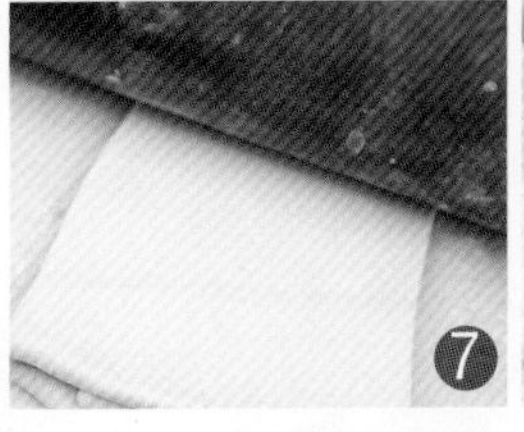

将包入酥油的面皮擀开。

再将面团以2折3层的方式折叠2次，每次擀开折叠都要松弛15分钟。

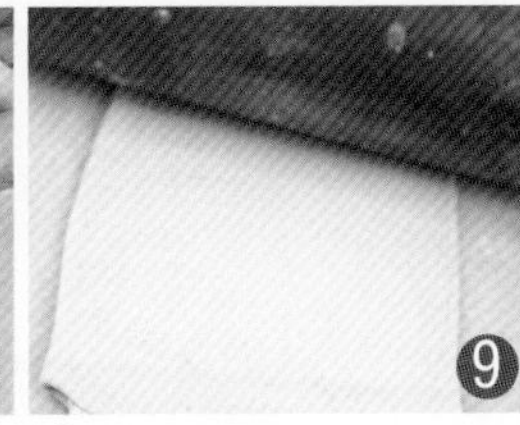

再将面皮擀开。

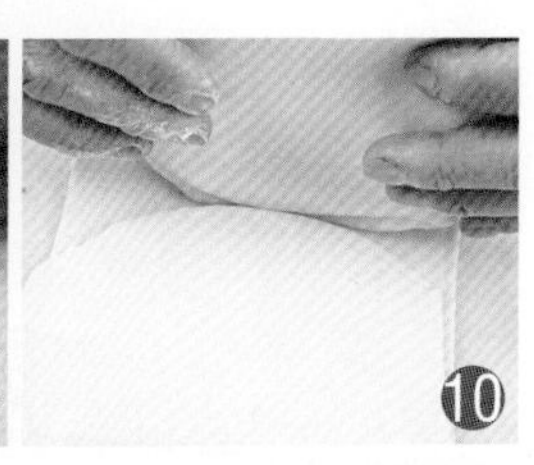

将面皮最后以3折4层的方式折叠一次，放入冰箱松弛15分钟。

最后将面皮擀成0.2cm厚的面片。

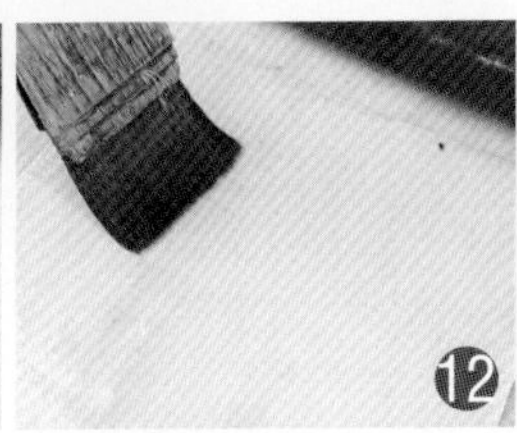

再在面皮的表面刷上少许的蛋黄液。

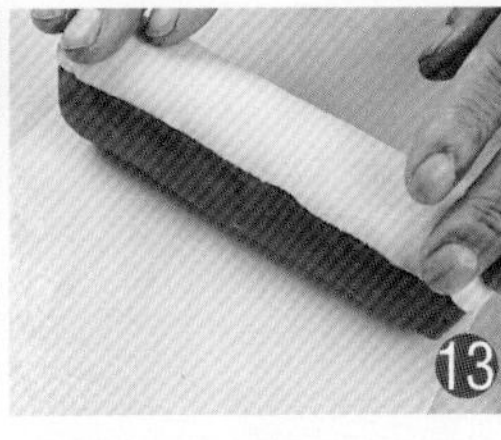

用做好的面皮包住备用的巧克力果仁面团，放入冰箱冻至不软不硬。

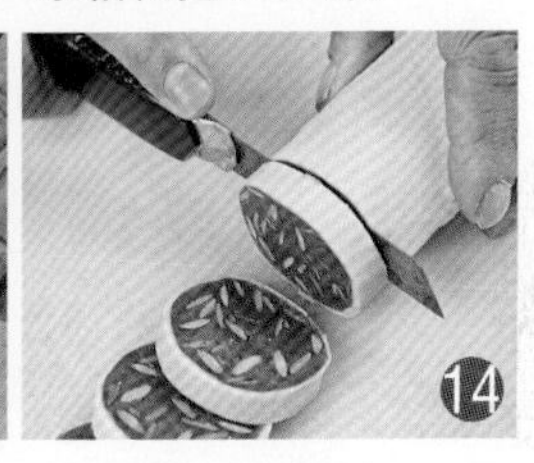

再将面柱切成0.5cm厚的圆片。

将饼干坯整齐地摆入烤盘中，放入烤箱烘烤。

以上下火160℃/150℃烤约20分钟即可。

蝴蝶酥（成品100个）

Hudiesu

难易度 Nan Yi Du ★★★★

材料

/面团材料/

低筋面粉240g

黄油27g

绵白糖10g

水135g

/内部包油/

黄油200g

/表面装饰/

砂糖适量

准备

制作前，将200g黄油称好，整成四方形后放入冰箱冷藏至软硬适中，备用。

制作过程

先将过筛低筋面粉、27g黄油和水一起搅拌成光滑的面团。

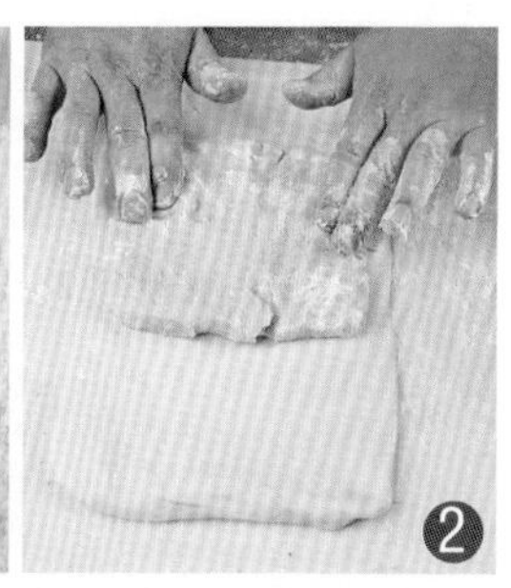

面团松弛30分钟后，将其擀开呈四方形，面积是备用的四方形黄油的两倍，用面皮将备用的四方黄油包起来。

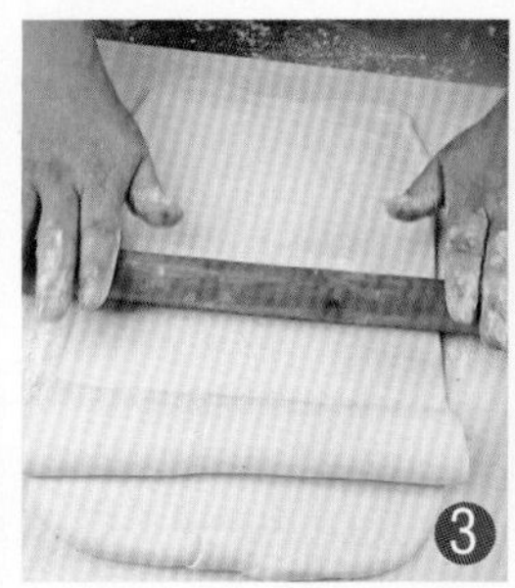

然后均匀地擀开使其呈方形。

以折叠3层的方式连续叠2次，再以折叠4层的方式折叠2次。

将面坯用塑料纸包起包，放入冰箱冷藏松弛2小时。

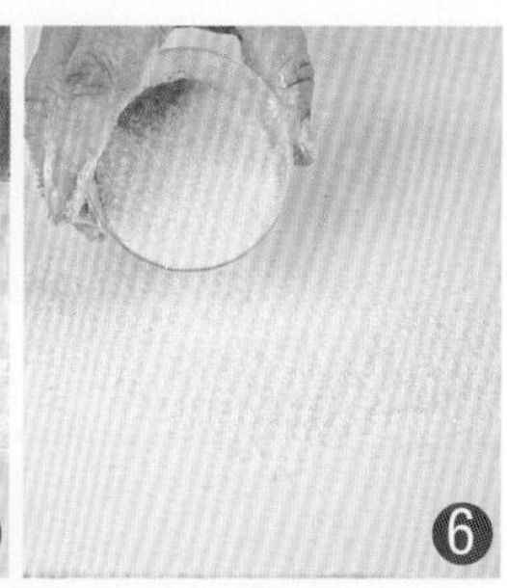

取出后，将面皮擀开为4mm厚的长方形，并在表面撒上白砂糖。

将上下两边向中间对折，再将其擀平。

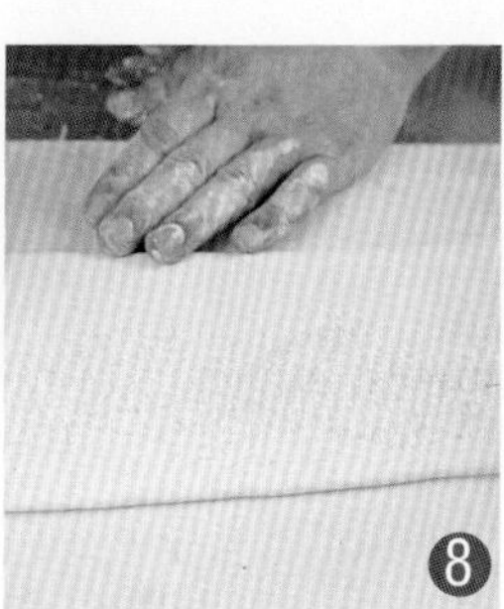

再撒上一次砂糖，再次将两边的面皮向中间对折成长条状。

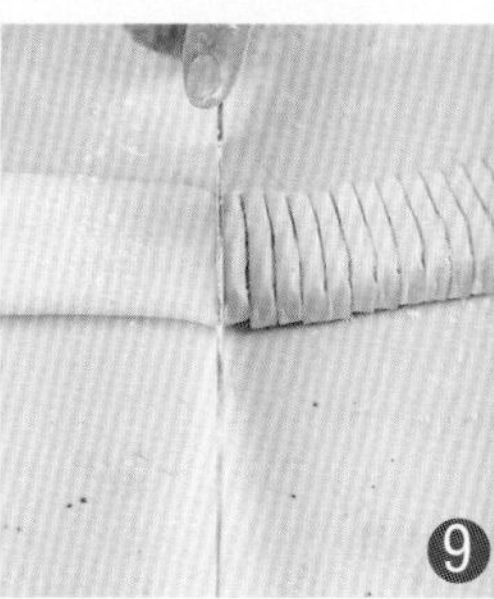

将面团条切成1cm厚的生坯，折成蝴蝶状，摆入烤盘内。

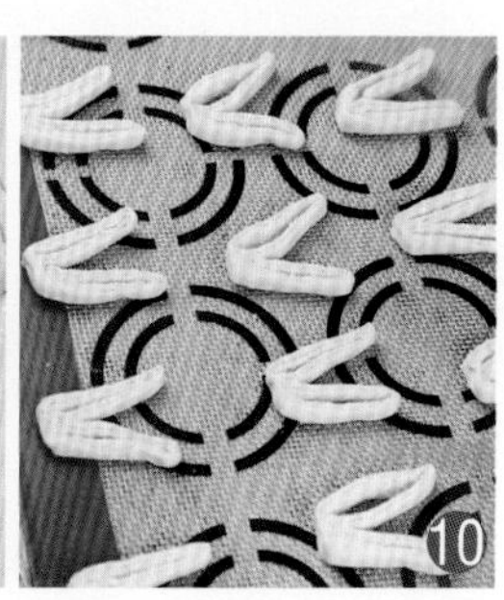

以上下火170℃/160℃烘烤大约25分钟即可。

砂糖蝴蝶酥（成品35块）

Shatang Hudiesu

材料

A.高筋面粉125g、低筋面粉125g、细盐4g、黄油20g

B.水145g

C.片状酥油125g

D.砂糖100g

E.蛋液适量

制作过程

1. 先将高筋面粉、低筋面粉、盐和黄油拌匀。

2. 加入水搅拌均匀。

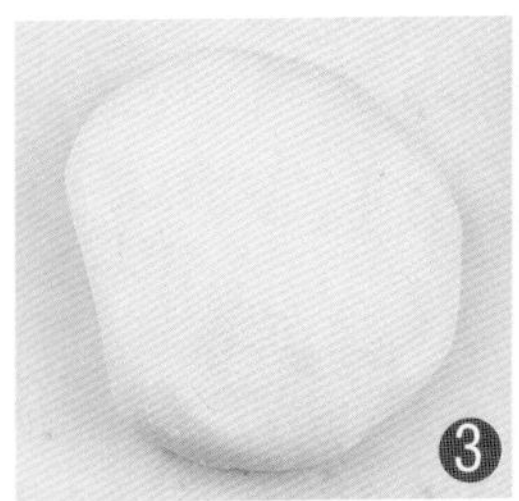

继续拌至七分筋度，做成面团，放入冰箱冷藏松弛20分钟。

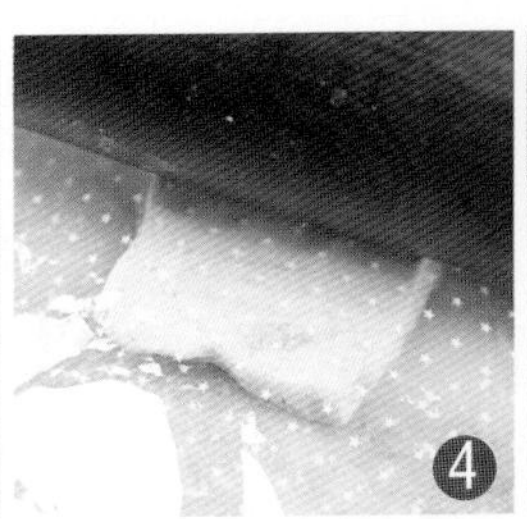

将酥油用玻璃纸盖住后擀开。

再将松弛好的面团均匀擀开。

用面皮包住酥油。

然后均匀擀开。

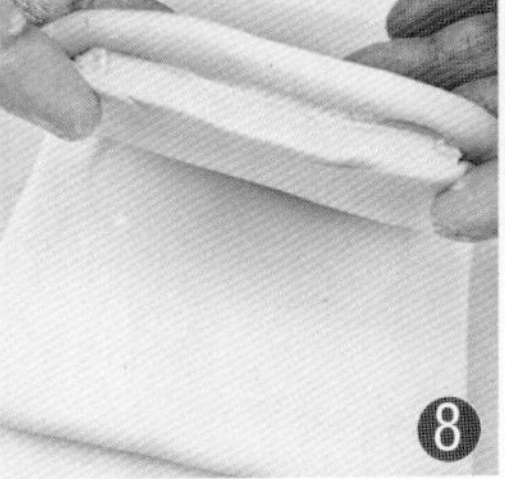

再以2折3层的方式折叠2次，每次擀开折叠都要松弛15分钟。

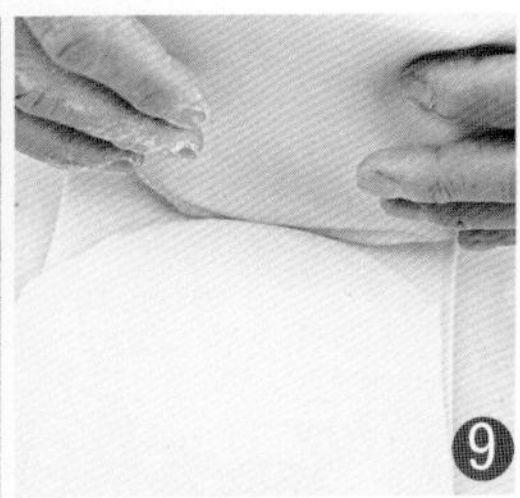

最后以3折4层折叠一次，放入冰箱冷藏松弛15分钟。

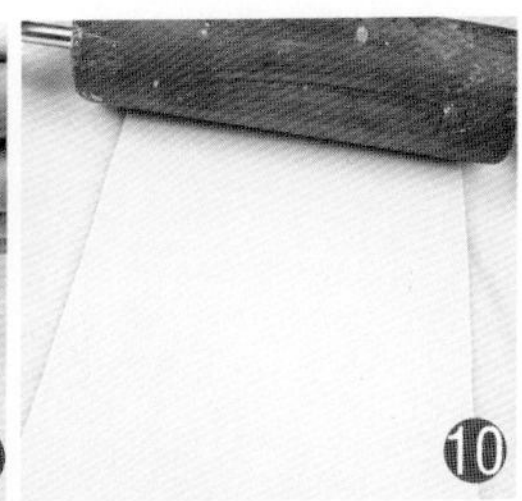

将面团擀开成约0.3cm厚的面片。

在面皮表面刷上少许的水或者蛋液。

再将面皮从两端向中间折叠。

在面皮表面刷上少许水或者蛋液。

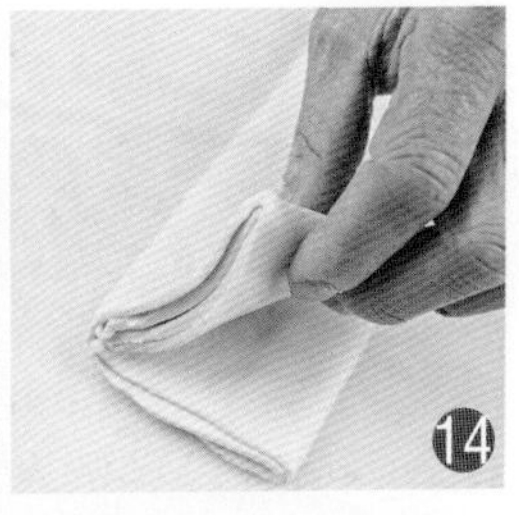

再将面皮从两端向中间折2次，然后放入冰箱冻至不软不硬。

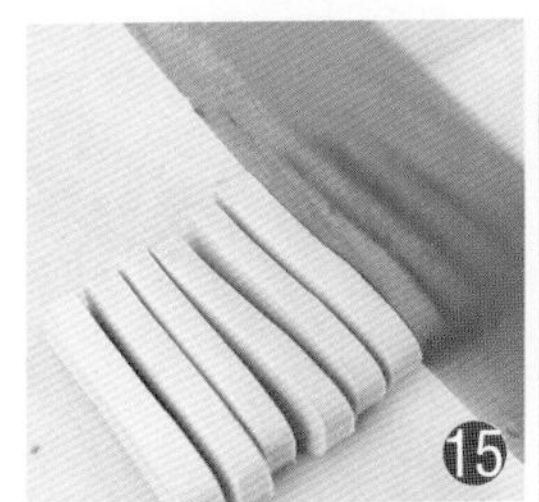

将冻好的面坯切成约0.6cm厚的条。

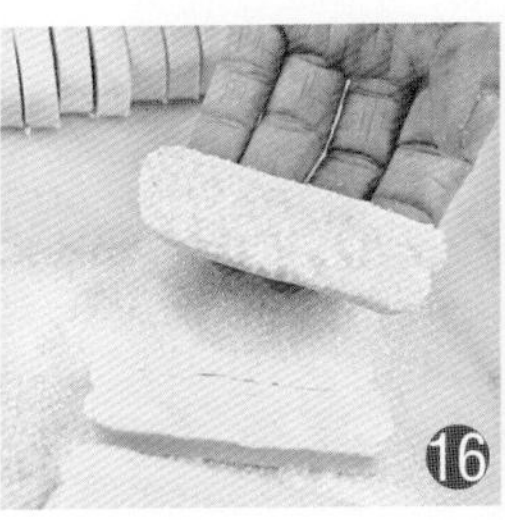

将切好的饼干坯表面蘸上适量的砂糖，均匀地摆入烤盘中。

入炉以上下火180℃/160℃烤25分钟左右即可。

千层杏仁条（成品40块）

Qianceng Xingrentiao

难易度 Nan Yi Du ★★★★

材料

低筋面粉240g
黄油27g
绵白糖10g
水135g
片状酥油150g

/表面装饰/

蛋白1个
糖粉95g
杏仁粉50g
杏仁碎100g

Tips

1. 要控制好片状酥油的软硬度。
2. 面团在擀压之前要完全松弛，以免面筋有弹性。
3. 在包油的时候，黄油不可流到面皮的外面，否则烘烤的时候不会膨胀。

制作过程

先将过筛低筋面粉、黄油、绵白糖和水一起搅拌成光滑的面团。

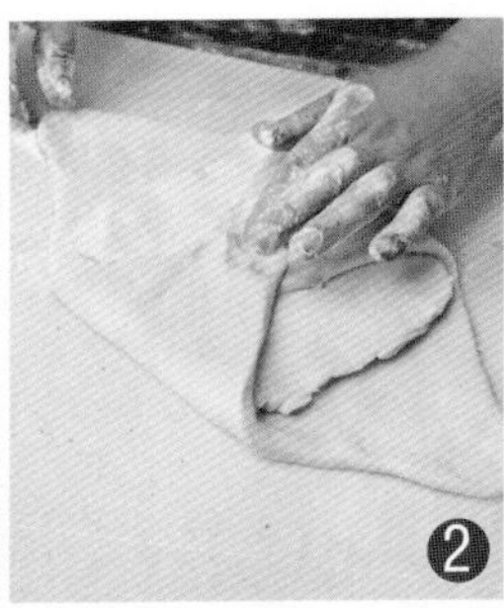

面团松弛30分钟后，将其擀开呈四方形，将片状酥油擀开也呈四方形，面积是面皮的一半，将片状酥油放在面皮上，包起来。

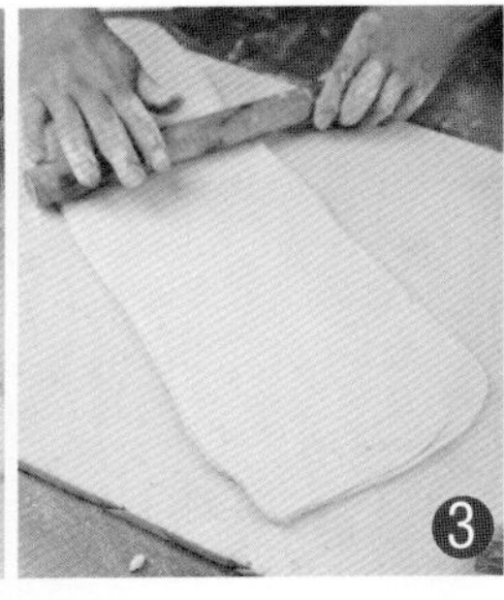

将其均匀地擀开使其呈方形。

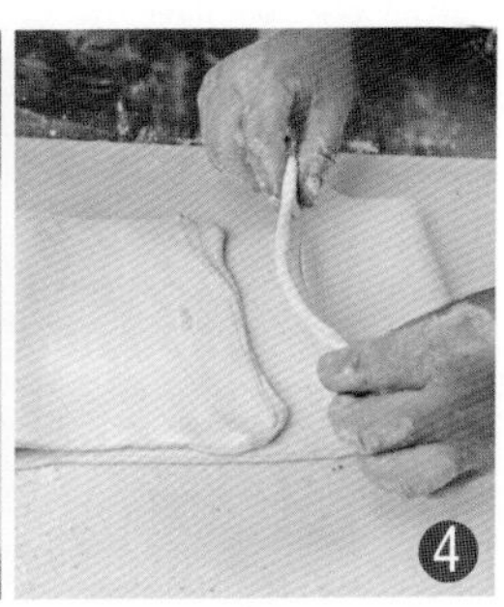

以折叠4层的方式连续叠3次。

放入冰箱松弛2小时后取出，将其擀开至4mm厚。

将备用的馅料在面皮表面均匀地薄薄地抹在上面，并在上面撒上杏仁碎。

将面皮切成长12cm 、宽2cm的长条。

摆入烤盘内，以上下火200℃/180℃烘烤，待表面定型后再以140℃/140℃烘烤大约20分钟即可。

馅料制作过程

将蛋白和过筛糖粉搅拌均匀至糖化开，再加入杏仁粉和杏仁碎搅拌均匀，备用即可。

咸酥条（成品24根）

Xiansutiao

材料

低筋面粉160g
黄油20g
绵白糖5g
水85g
片状酥油100g
香葱碎60g
鸡蛋30g
盐1.5g
胡椒粉适量

准备

制作前，将鸡蛋和盐混合搅拌均匀，备用。

制作过程

1. 先将过筛低筋面粉和黄油、水一起拌成光滑的面团。
2. 面团松弛30分钟后，将其擀开呈四方形，将片状酥油也擀开呈四方形，面积是面皮的一半，将片状酥油放在面皮上包起来。
3. 将面皮均匀擀开呈方形，以折叠4层的方式连续叠3次。
4. 将面皮放入冰箱松弛2小时后取出，擀开成2mm厚的长方形。
5. 将备用的盐鸡蛋液均匀地刷在表面。
6. 将面皮切成长25cm、宽2cm的长条，再将香葱碎和胡椒粉均匀地撒在上面。
7. 将面皮切成宽1cm、长12cm的长条。
8. 用手将长条扭成螺旋状，摆入烤盘内。
9. 以上下火170℃/150℃烘烤大约25分钟，待酥条内部的水分收干即可出炉。

针酥条（成品35块）

Zhensuliao

材料

A.高筋面粉125g、低筋面粉125g、细盐4g、黄油20g

B.水145g

C.片状酥油125g

D.蛋黄液适量、砂糖适量

制作过程

1. 先将高筋面粉、低筋面粉、盐和黄油拌匀。
2. 加入水搅拌均匀。

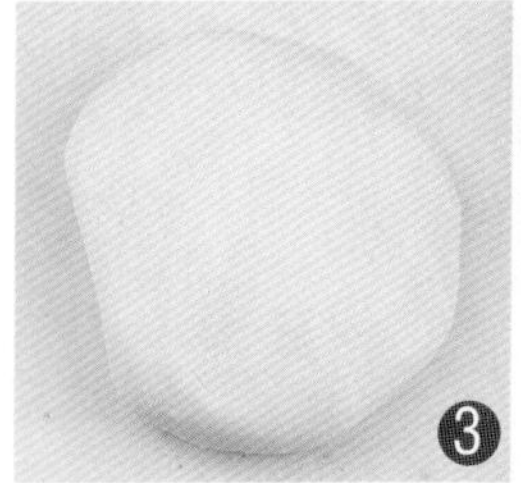

再拌至七分筋度使其呈面团状，放入冰箱冷藏松弛20分钟。

将片状酥油用玻璃纸盖住擀开。

再将松弛好的面团均匀擀开。

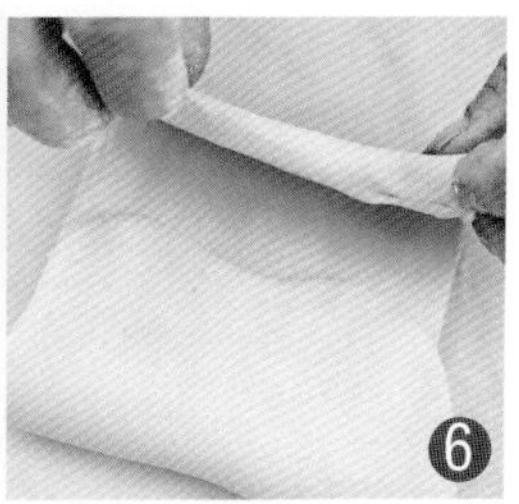

用面皮包住酥油。

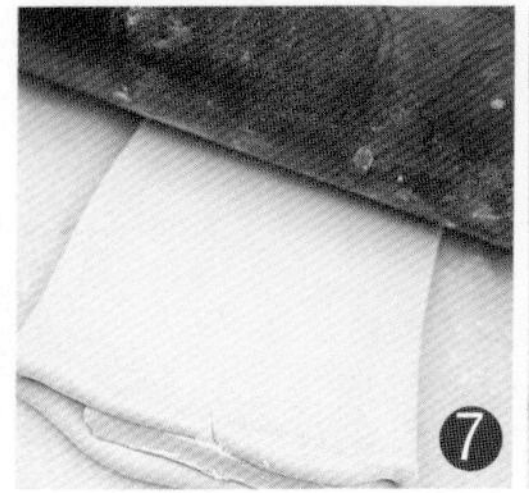

再将面皮擀开。

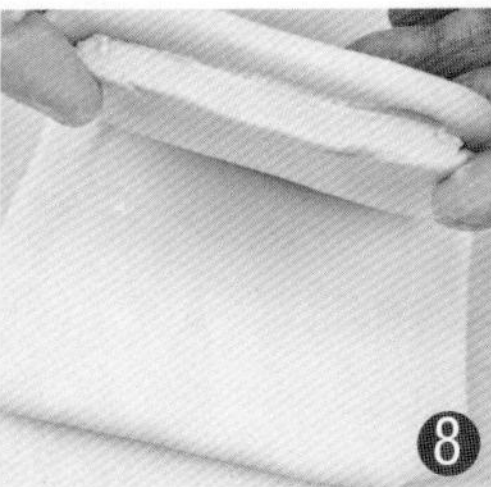

以2折3层折叠2次，每次擀开折叠都要松弛15分钟。

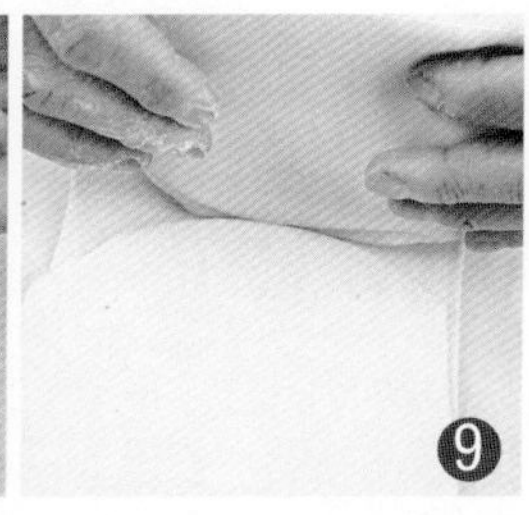

最后以3折4层方式折叠一次，放入冰箱松弛15分钟。

将面皮均匀擀开成约0.6cm厚。

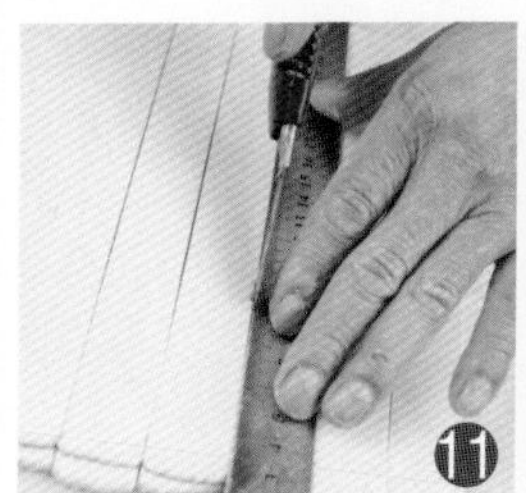

再切成长20cm、宽3cm的长条。

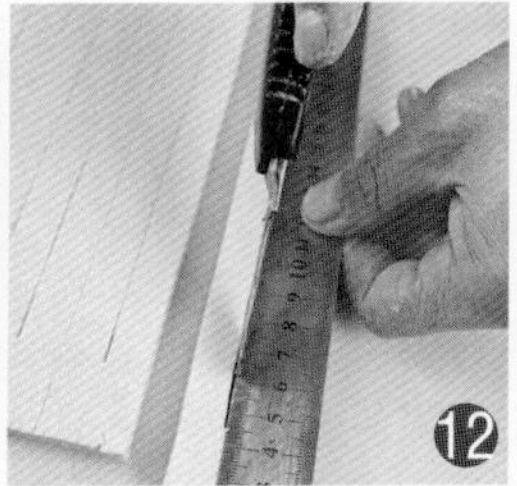

最后将长条从中间划一刀，两头不切开。

在其表面刷上少许的蛋黄液。

撒上适量的砂糖。

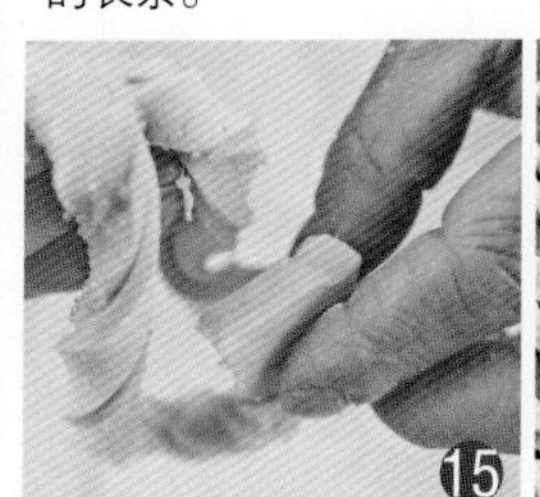

然后分别将酥条坯从两头向中间绕，一端从上向下绕，另一端从下向上绕。

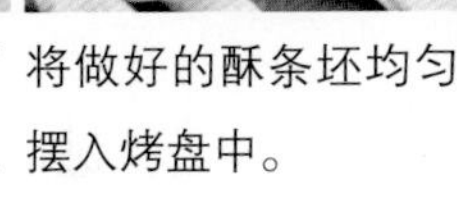
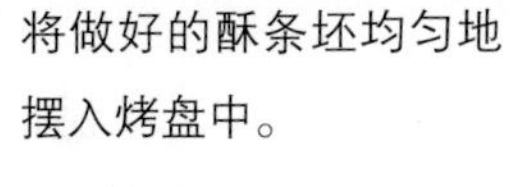

将做好的酥条坯均匀地摆入烤盘中。

入炉以上下火180℃/160℃烤25分钟左右即可。

花生酥条（成品35块）

Huasheng Sutiao

难易度 Nan Yi Du ★★★★

材料

A.高筋面粉125g、低筋面粉125g、细盐4g、黄油20g

B.水145g

C.片状酥油125g

D.蛋黄液适量、花生碎适量

制作过程

先将高筋面粉、低筋面粉、细盐和黄油混合搅拌均匀。

加入水搅拌均匀。

拌至七分筋度使其呈面团状时，放入冰箱冷藏松弛20分钟。

将片状酥油用玻璃纸盖住并擀开。

再将松弛好的面团均匀擀开。

用面皮包住酥油。

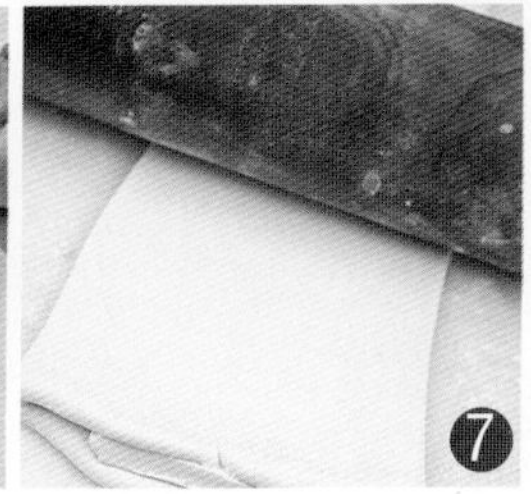

再将面坯擀开。

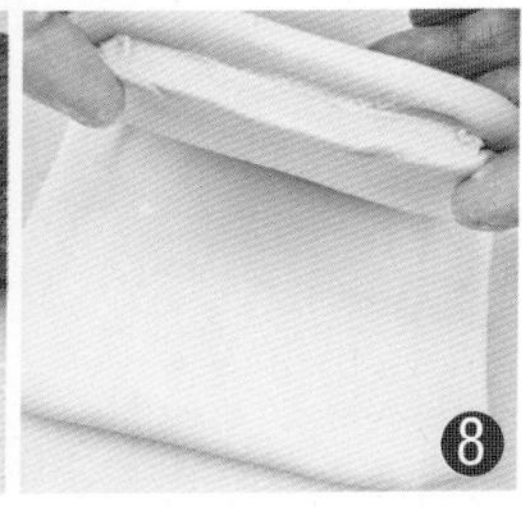

以2折3层折叠2次，每次擀开折叠都要松弛15分钟。

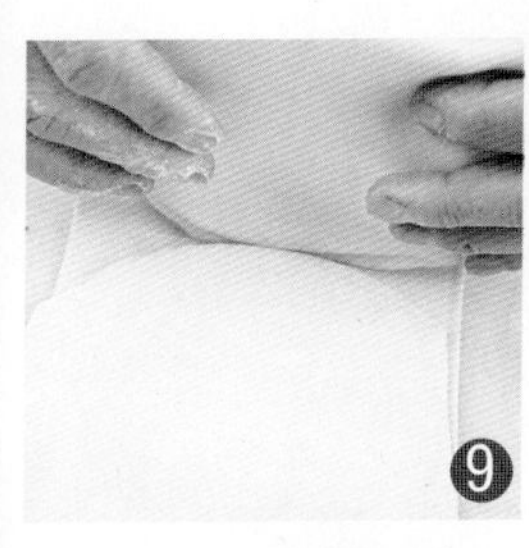

最后以3折4层折叠一次，放入冰箱松弛15分钟。

取出后将面坯擀开为约0.6cm厚。

再将备好的面皮切成长15cm、宽3cm的长条。

在面皮表面刷上少许的蛋黄液。

蘸上适量的花生碎。

将做好的酥条坯均匀地摆入烤盘中。

入炉以上下火150℃/160℃烤30~35分钟即可。

姜饼人饼干

（成品21块）

Jiangbingren Binggan

难易度 Nan Yi Du ★★★

材料

黄油80g、盐1g
生姜粉5g
肉桂粉1g
鸡蛋1个
蜂蜜100g
低筋面粉290g
可可粉15g
/装饰材料/
太古糖粉200g
蛋白30g
食用色素适量

制作过程

先将生姜粉、肉桂粉、低筋面粉和可可粉过筛后加入容器，再加入盐，搅拌均匀。

加入蜂蜜、鸡蛋和黄油，搅拌至呈面团状。

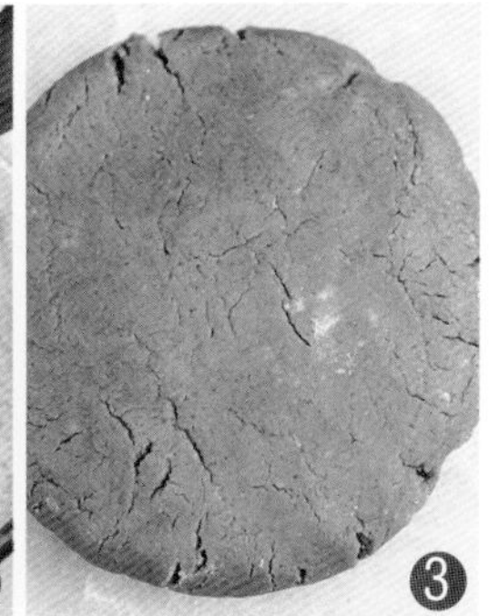

面团用塑料纸包好，松弛3小时。将松弛好的面团擀开至3mm厚。

用印花模具将其压出。

摆入烤盘内，松弛15分钟。

以上下火180℃/160℃烘烤17分钟左右。

出炉冷却后，用带色糖霜在表面进行装饰。

糖霜制作过程

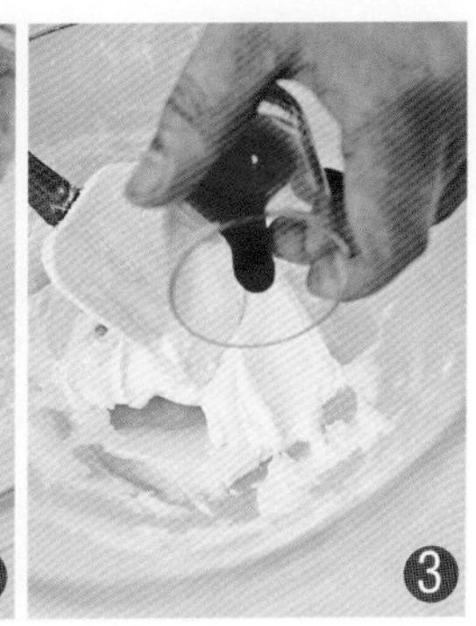

1. 将太古糖粉过筛后，加入容器。
2. 加入蛋白充分搅拌均匀。
3. 根据需要，加入食用色素，搅拌均匀即可。

橄榄叶脆饼
（成品24块）
Ganlanye Cuibing
难易度
Nan Yi Du

材料

蛋白40g
蛋黄40g
糖粉170g
全麦粉50g
玉米粉40g
低筋面粉150g
泡打粉2g
奶粉90g
黑橄榄90g
果汁粉10g

制作过程

1 将黑橄榄切碎，备用。

2 将蛋白、蛋黄和过筛糖粉一起充分打发。

3 再将全麦粉、玉米粉、低筋面粉、泡打粉、奶粉过筛后加入其中，拌匀。

4 接着将切碎的黑橄榄和果汁粉加入其中，拌匀呈面团状。

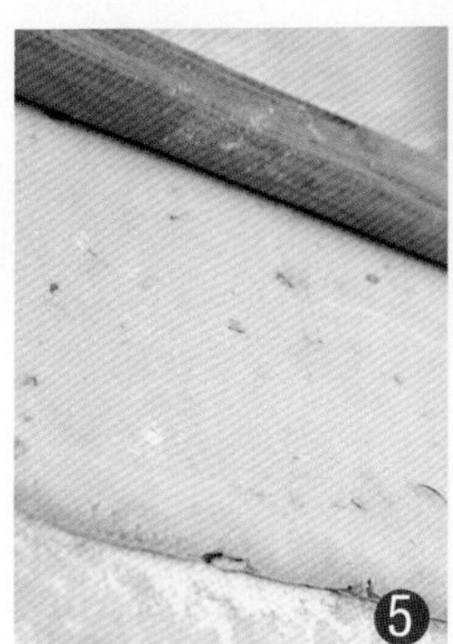

5 将面团松弛20分钟，擀开至2mm厚。

6 用叶子形模具将其压出。

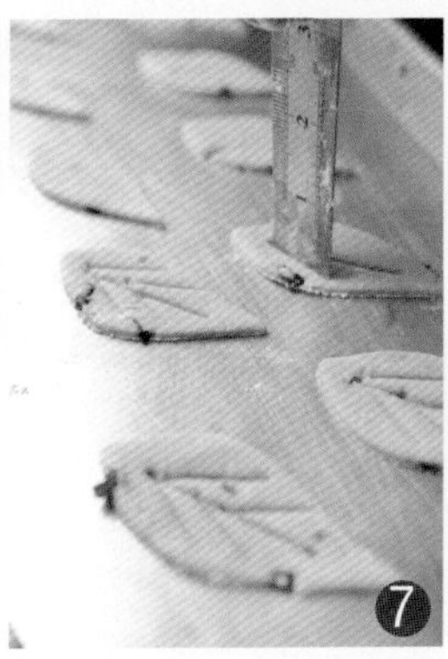

7 将饼干坯摆入烤盘，用刀背在饼干坯上面划上图案。

8 以上下火170℃/150℃烘烤15~18分钟即可。

椰子派饼干（成品24块）

Yezipai Binggan

材料

高筋面粉105g　　盐0.5g　　片状黄油115g　　蛋液适量
低筋面粉65g　　水100g　　细砂糖80g

制作过程

1. 先将高筋面粉和低筋面粉过筛后堆成粉墙状，再在里面加入盐、水拌成光滑细腻的面团，松弛30分钟。
2. 将片状黄油擀成方形，备用。
3. 将松弛完成的面团擀开，使其呈四方形，面积是片状黄油的2倍。
4. 将备用的片状黄油用面皮包起来。
5. 将油面片擀开呈四方形，以折叠3层的方式叠好。
6. 从折叠的反方向再次擀压成方形，再次以折叠3层的方式叠好，稍作松弛，再次重复擀压折叠，前后共4次，然后松弛1小时。
7. 将面皮擀开成方形，用叶子形压模压出叶子状。
8. 在饼干坯表面用小刀划出叶脉，刷上鸡蛋液。
9. 以上下火220℃/190℃烘烤大约15分钟后，撒上砂糖做装饰，再以190℃/170℃烘烤，前后大约烘烤25分钟即可。

椰子锥

（成品16个）*Yezizhui*

材料

蛋白55g
绵白糖130g
椰子粉125g

制作过程

1. 先将蛋白和绵白糖搅拌均匀。
2. 再将其隔水加热，搅拌至绵白糖化开。
3. 接着加入过筛椰子粉，搅拌均匀为面团。
4. 将面团分割成16个，每个14g左右，用手捏成圆锥形摆入烤盘内。
5. 以上下火150℃/160℃烘烤20分钟后，再以120℃/130℃烘烤20分钟左右，待椰子锥水分收干即可出炉。

Tips

1.搅拌蛋白的时候要将绵白糖化开。
2.加入的椰子粉，要搅拌均匀。

CHAPTER 4

饼干面团（糊）拌和法之

液体拌和法

液体拌和法是指，将干性材料的各种食材，例如干果、坚果及面粉等，直接拌入化开后的奶油或其他液体食材中，混合均匀即可塑形。例如芝麻饼、蜂巢薄饼等。

杏仁薄片

难易度 Nan Yi Du ★★

（成品24片）Xingren Baopian

材料

蛋白50g
绵糖50g
盐0.5g
香草粉1g
低筋面粉18g
杏仁片100g
色拉油20g

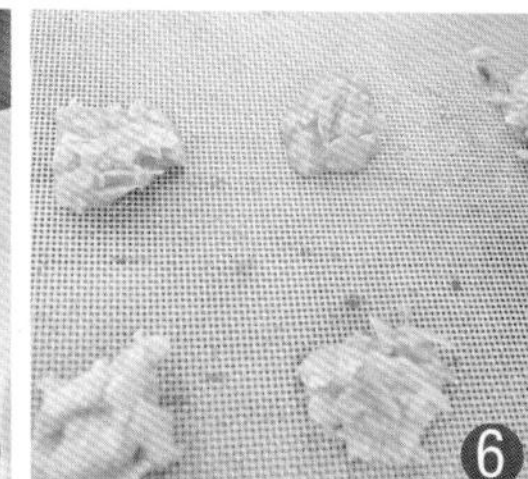

制作过程

1. 先将蛋白、绵糖加入容器，搅拌至糖化开。
2. 再加入香草粉，搅拌均匀。
3. 接着将低筋面粉过筛后加入其中，搅拌均匀。
4. 然后加入盐、色拉油，搅拌均匀。
5. 最后加入杏仁片，搅拌均匀，使其呈面糊状。
6. 用汤匙将面糊挖入铺有垫子的烤盘内。
7. 将手蘸上水，轻轻地将面糊拍成圆形薄片。
8. 以上下火170℃/140℃烘烤20分钟左右，待薄片的颜色呈金黄色即可取出。

杏仁瓦片

（成品15个）*Xingren Wapian*

材料

蛋白30g　　黄油20g

绵糖30g　　杏仁片80g

低筋面粉15g

制作过程

1. 先将蛋白与绵糖放入容器，搅拌至绵糖溶化。
2. 再将低筋面粉过筛后和杏仁片一起加入其中搅拌均匀。
3. 接着加入化开的黄油搅拌均匀，成糊状。
4. 将面糊分成15份，摆入烤盘内， 再用手蘸上水轻轻拍平，使其呈圆形。
5. 以上下火180℃/160℃烘烤12分钟左右，出炉冷却即可。

Tips

1.蛋白和绵糖在搅拌的时候， 要将绵糖搅拌至糖化开。

2.黄油也可以用色拉油来代替。

脆皮花生酥

（成品36块）*Cuipi Huashengsu*

材料

花生碎380g　绵糖180g
蛋白140g

准备

制作前，花生碎烤熟备用。

制作过程

将蛋白与绵糖放入锅内，边煮边搅拌至糖化开。

再加入花生碎，煮至快沸腾时离火。

用汤匙将花生糊挖在烤盘内，稍微将其摊平。

以上下火170℃/160℃烘烤大约20分钟即可。

白巧克力脆饼

（成品7块） *Baiqiaokeli Cuibing*

材料

奥利奥巧克力饼干60g
杏仁片50g
白巧克力230g

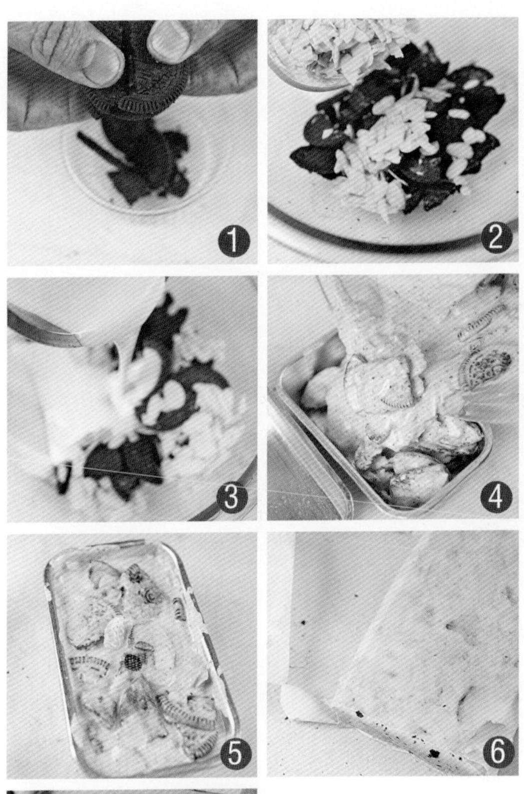

制作过程

1. 先将饼干掰成小块，备用。
2. 将杏仁片以上下火170℃/160℃烘烤大约7分钟后，加入备用饼干块中，搅拌均匀。
3. 将白巧克力隔水化开后，加入其中，拌匀。
4. 将面糊倒入模具内，抹平。
5. 在常温下存放30分钟左右，使白巧克力凝固。
6. 将脆饼表面的纸撕去。
7. 均匀切块即可。

视频
扫二维码

肉桂意大利脆饼

（成品11个）*Rougui Yidali Cuibing*

材料

A：鸡蛋60克、 红糖65克、盐1克

B：中筋面粉115克、泡打粉2克、小苏打1克、肉桂粉1克、豆蔻粉1克

C：杏仁片50克

制作过程

将鸡蛋、红糖和盐先搅拌均匀，再搅拌至稍微发泡。

将中筋面粉、泡打粉、小苏打、肉桂粉和豆蔻粉过筛后加入搅拌好的糊中拌匀。

将杏仁片加入容器中，拌匀成面团状。

面团松弛10分钟，将其整形为宽 5厘米、高2.5厘米的长方体。

将面团生坯以上火160℃、下火150℃烘烤约40分钟。

将其取出，切成1厘米左右的厚度，摆入烤盘内，以上火130℃、下火120℃再烘烤约 30分钟即可。

蝴蝶脆饼

难易度 Nan Yi Du ★★

Hudie Cuibing（成品25块）

材料

温水100g	盐1.5g
酵母3g	黄油12g
中筋面粉190g	**/装饰材料/**
绵糖12g	粗糖20g

Tips

1.搅拌面团时，要将面团的筋度搅拌出来。

2.醒发的时间要稍微久一些，如果温度太低可以增加一点水温，但不可太高，以免把酵母烫死。

3.面筋要松弛到位，分割的大小要基本一致。

制作过程

先将温水与酵母放入容器，混合搅拌。

再加入绵糖和盐，依次加入过筛的中筋面粉，拌至均匀。

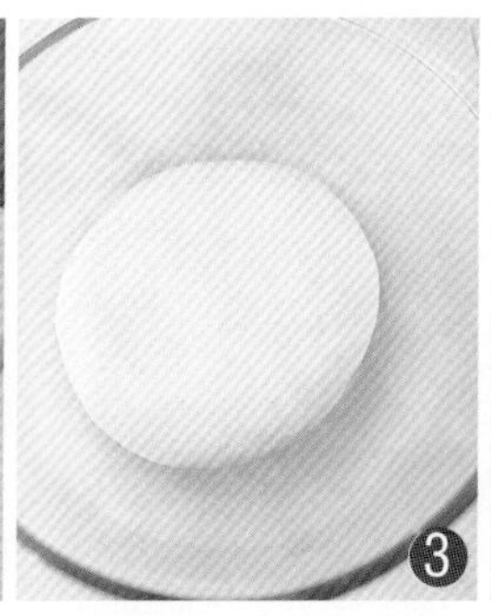

加入黄油，拌成光滑的面团。

用塑料纸包好面团，在温暖的地方醒发1小时左右。

将醒发好的面团压扁，用刀切成几块。

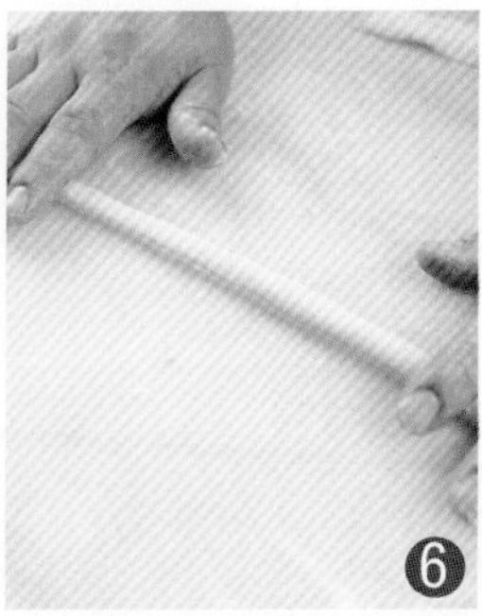

将面块搓成长条，大约如香烟粗细。

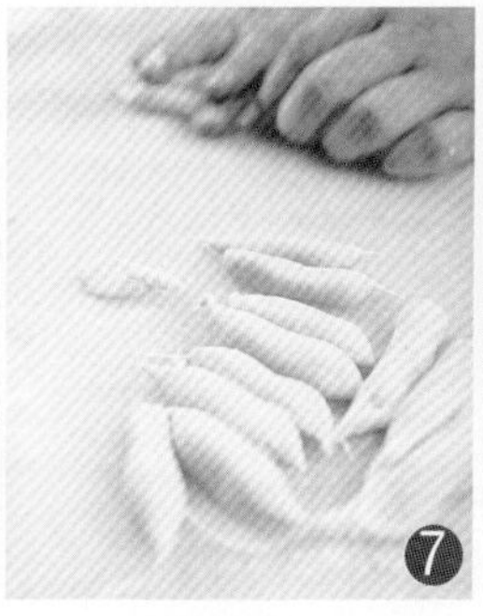

用手指将面搓断，稍微松弛后，搓成小长条，两端稍微细一点。

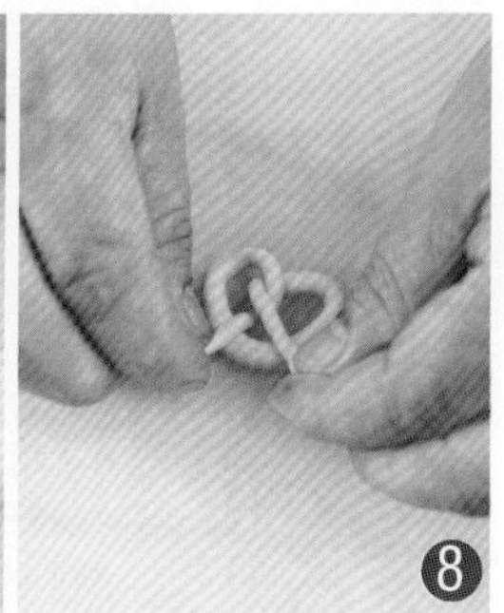

将长条编成蝴蝶结状，摆入烤盘内。

喷上少量的水分醒发15分钟，再少喷一些水。

在表面撒上适量的粗糖做装饰。

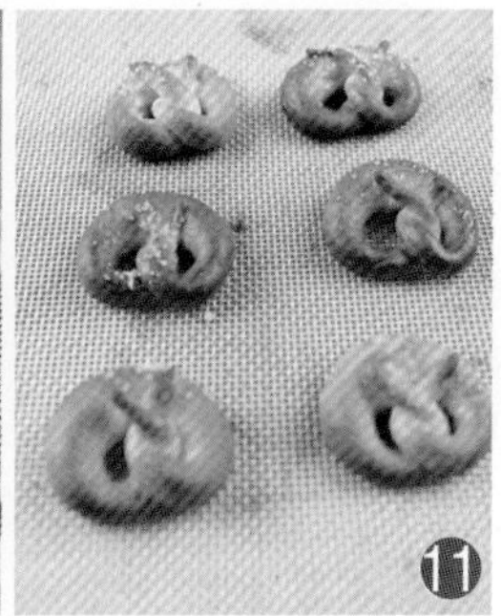

以上下火220℃/190℃烘烤13分钟左右，待表面呈金褐色即可。

苏打饼干

（成品60块）Suda Binggan

材料

酵母5g
温水150g
低筋面粉300g
盐1g
小苏打1g
黄油60g

/装饰材料/
水适量
盐适量

制作过程

1. 先将酵母与温水一起搅拌至酵母溶解。
2. 再将盐、低筋面粉和小苏打一起加入，充分搅拌均匀。
3. 然后加入黄油，搅拌成光滑的面团。
4. 用塑料纸包好面团，在常温下松弛1小时，松弛完成后，将其擀开至1.5mm厚。
5. 用叉子在面皮表面打上小孔。
6. 将面皮切成长7cm、宽5cm的四方块，摆入烤盘内。
7. 在饼干坯表面喷上适量的水，并撒上盐，在常温下松弛25分钟左右。
8. 以上下火220℃/200℃烘烤大约7分钟，待表面上色后即可取出。

芝麻薄饼

（成品48块）*Zhima Baobing*

材料

蛋白50g	黄油50g
鸡蛋50g	低筋面粉50g
绵糖125g	白芝麻250g
鲜奶油50g	黑芝麻50g

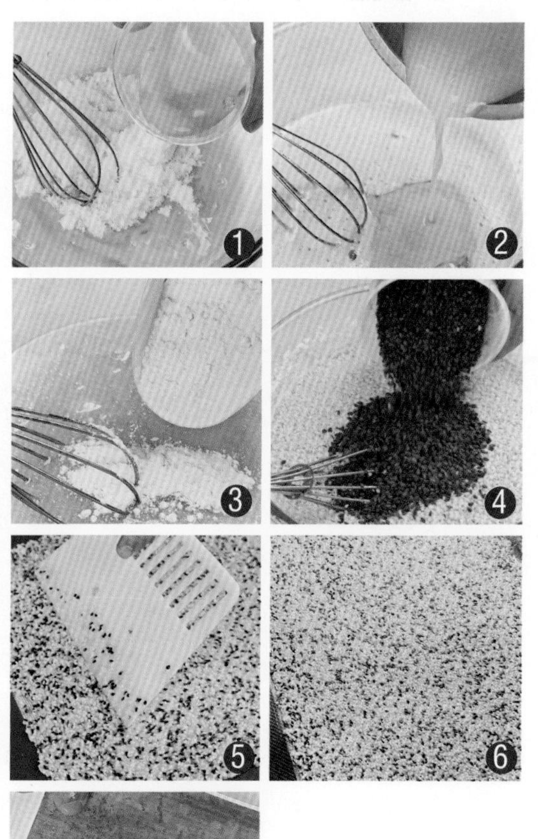

制作过程

1. 先将蛋白、鸡蛋和绵糖搅拌至糖化开。
2. 再将鲜奶油和黄油化开后加入其中，充分搅拌均匀。
3. 接着将低筋面粉过筛后加入其中，拌匀。
4. 最后加入白芝麻和黑芝麻，充分拌匀后，松弛20分钟。
5. 将面糊倒在铺有高温布的烤盘内，抹平。
6. 以上下火150℃/150℃烘烤大约16分钟。
7. 出炉后除去高温布，趁热切成长6cm、宽4cm的方块，再切成三角形即可。

芝士薄片

（成品24块）Zhishi Baopian

材料

芝士片100g
奶油芝士100g
黄油70g
白油20g
蛋白25g
鲜奶油50g
盐2g
芝士粉3g
低筋面粉250g

/装饰材料/

蛋白20g

制作过程

1. 先将一部分芝士片和奶油芝士放入容器，搅拌均匀。
2. 再在里面加入黄油和白油，搅拌均匀。
3. 接着依次加入蛋白、鲜奶油、芝士粉和盐，充分拌匀。
4. 将低筋面粉过筛后加入其中，拌成面团。
5. 将面团松弛20分钟后，擀开成 3mm厚的面皮。
6. 将面皮切成长8cm、宽3.5cm的长方形，摆入烤盘。
7. 在面皮表面刷上蛋白，将剩余芝士片切成1cm宽左右，摆放在长方形的面皮表面。
8. 以上下火180℃/160℃烘烤大约18分钟即可。

坚果蛋白饼

（成品23个） *Jianguo Danbaibing*

材料

蛋白35g	核桃35g
绵糖15g	糖粉15g
杏仁粉30g	杏仁粒35g

制作过程

1. 将杏仁粒和核桃以上下火180℃/170℃烘烤6分钟左右，冷却后将其切碎，备用。
2. 将蛋白、绵糖一起搅拌至中性发泡。
3. 再将糖粉、杏仁粉过筛后一起加入其中，搅拌均匀。
4. 接着加入坚果，搅拌均匀，使其呈面糊状。
5. 将面糊用汤匙挖在烤盘内，并在表面均匀撒上糖粉。
6. 以上下火170℃/150℃烘烤大约30分钟即可。

比斯考提

（成品15块）*Bisi Kaoti*

材料

鸡蛋1个	低筋面粉165g
绵糖70g	泡打粉2g
橄榄油40g	杏仁粉30g
花生粒40g	核桃仁 60g

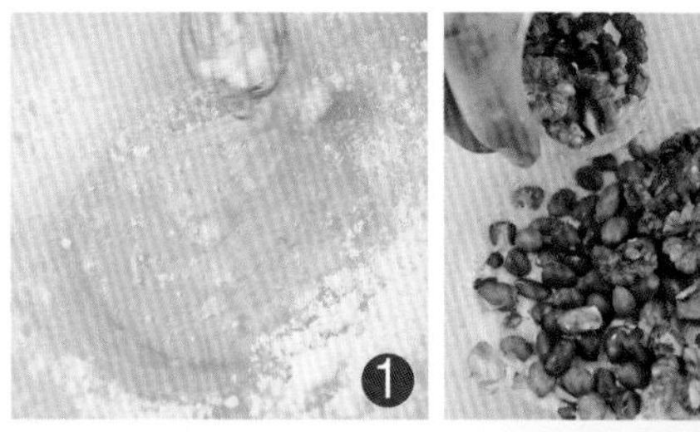

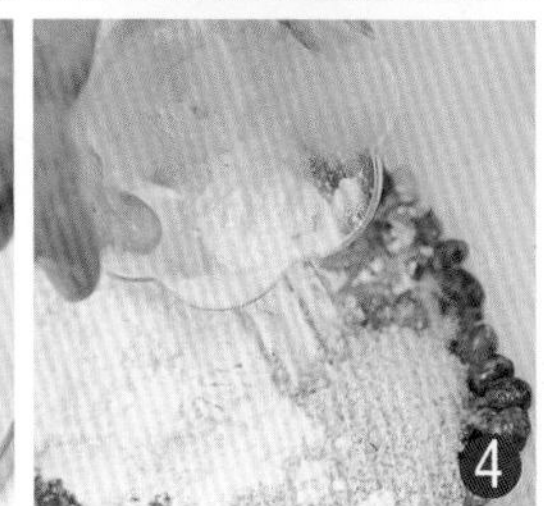

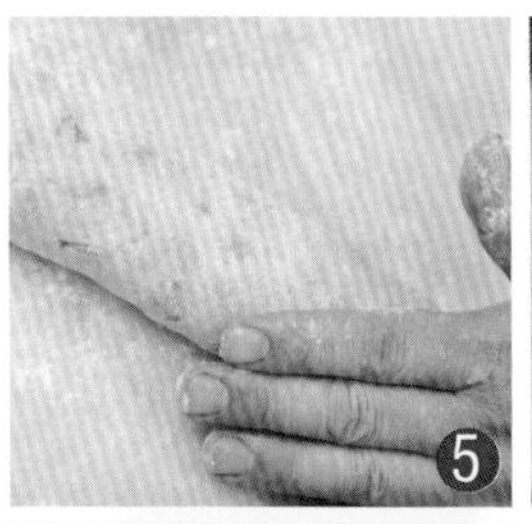

制作过程

1. 先将鸡蛋、绵糖一起搅拌至糖化开。
2. 再加入核桃仁、花生粒，搅拌均匀。
3. 接着加入橄榄油搅拌均匀。
4. 然后将杏仁粉、低筋面粉、泡打粉过筛后加入其中，搅拌均匀成面团。
5. 面团稍作松弛后，搓成长条，摆入烤盘内。
6. 以上下火170℃/150℃烘烤大约40分钟，取出后切成1.5mm的厚片。
7. 再摆入烤盘内，以上下火160℃/140℃烘烤大约16分钟即可。

杏仁小酥饼

难易度 Nan Yi Du ★★★

（成品25块）*Xingren Xiaosubing*

材料

全麦粉90g	枫糖浆30g
玉米淀粉50g	蜂蜜10g
泡打粉2g	牛奶15g
盐1g	香粉2g
色拉油30g	杏仁碎50g

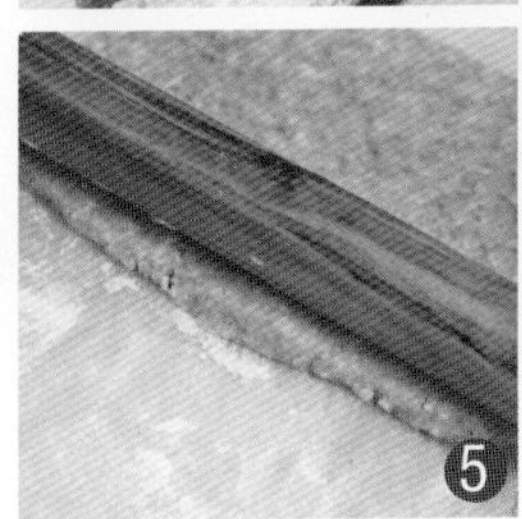

制作过程

1. 先将全麦粉、玉米淀粉、泡打粉过筛后，和盐一起混合均匀。
2. 将杏仁碎加入其中，搅拌均匀。
3. 再将蜂蜜、香粉（过筛）、枫糖浆加入其中，拌匀。
4. 接着加入牛奶，拌成面团状。
5. 将面团松弛15分钟，擀开至1.5cm厚。
6. 用刀将其切成长2cm的方块。
7. 摆入烤盘内，以上下火170℃/150℃烘烤大约20分钟即可。

口袋小饼干

（成品35块）*Koudai Xiaobinggan*

材料

酵母1.5g
牛奶50g
中筋面粉100g
盐0.3g
黄油15g
绵糖12g

/装饰材料/

巧克力液适量

制作过程

1. 先将牛奶和绵糖一起放入容器，搅拌至糖化。
2. 再加入酵母搅拌均匀，将中筋面粉过筛后，和盐一起加入，搅拌均匀。
3. 然后加入黄油，拌成光滑的面团。
4. 用塑料纸包好面团，醒发1.5小时左右。
5. 待面团完全膨胀后取出，擀压至1. 5mm厚。
6. 面皮松弛15分钟后，用滚轮刀切成长3cm、宽3cm的正方形，在表面喷上适量的水分，醒发20分钟。
7. 以上下火210℃/200℃烘烤7分钟左右，待饼干鼓起来并且定型，表面上色后即可取出。
8. 出炉冷却后，在表面用巧克力液挤上细线做装饰即可。

杏仁松子饼干

（成品7块） *Xingren Songzi Binggan*

材料

全麦粉90g	杏仁粒50g	柠檬皮碎10g
高筋面粉30g	蜂蜜15g	香粉1g
泡打粉3g	牛奶30g	色拉油10g
盐0.5g	枫糖浆20g	低筋面粉15g
松子仁50g	柠檬汁5g	

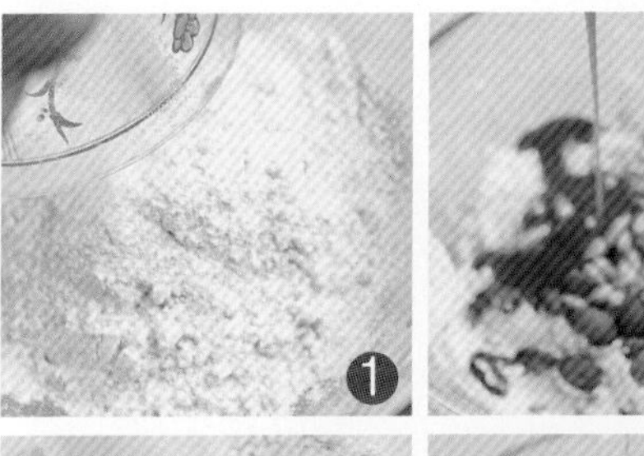

制作过程

1. 先将全麦粉、高筋面粉、低筋面粉和泡打粉过筛后，和盐混合搅拌均匀。
2. 再将杏仁粒、松子仁、蜂蜜、枫糖浆、色拉油加入其中，拌匀。
3. 接着将柠檬汁、柠檬皮碎、过筛香粉加入其中，拌匀。
4. 然后加入牛奶，拌成面团状，松弛15分钟。
5. 将面团整形成长方块状。
6. 摆入烤盘内，以上下火170℃/150℃烘烤大约35分钟。
7. 取出稍作冷却后，将其切成 1cm厚的片。
8. 再次入炉烘烤，以上下火150℃/150℃烘烤大约20分钟，待内部的水分收干后即可取出。

蜂蜜核桃饼干（成品7块）

Fengmi Hetao Binggan

难易度 Nan Yi Du ★★★

材料

/派皮面团/

黄油200g
糖粉170g
鸡蛋60g
低筋面粉360g

/馅料材料/

绵糖270g
蜂蜜250g
黄油60g
淡奶油105g
盐5g
核桃仁130g

Tips

1.核桃仁事先烤熟，备用。

2.绵糖与蜂蜜在煮制的时候，糖要煮到位，浓度要高。

3.煮好的馅料存放时间不要太长，以免发硬。

制作过程

1. 先将绵糖和蜂蜜煮至温度达到110℃。
2. 再加入淡奶油，搅拌均匀，然后加入60g黄油搅拌至黄油化开，加入盐煮至金黄色。
3. 加入备用的核桃仁，搅拌均匀成馅料，备用。
4. 将200g黄油和过筛的糖粉放入容器内，搅拌至呈乳白色。
5. 再分次加入鸡蛋，搅拌均匀。
6. 将低筋面粉过筛后加入其中，拌成面团。
7. 在小烤盘内垫上白纸，将一半的面团放入，将其擀平，并在表面打上小孔。
8. 面皮表面倒入备用的馅料，抹平。
9. 再将另一半面团擀成面皮盖在馅料上面。
10. 在面皮表面均匀地刷上蛋黄液。
11. 以上下火170℃/210℃烘烤大约 25分钟。
12. 出炉后冷却，撕去垫纸，切成长15cm、宽2.5cm的长条即可。

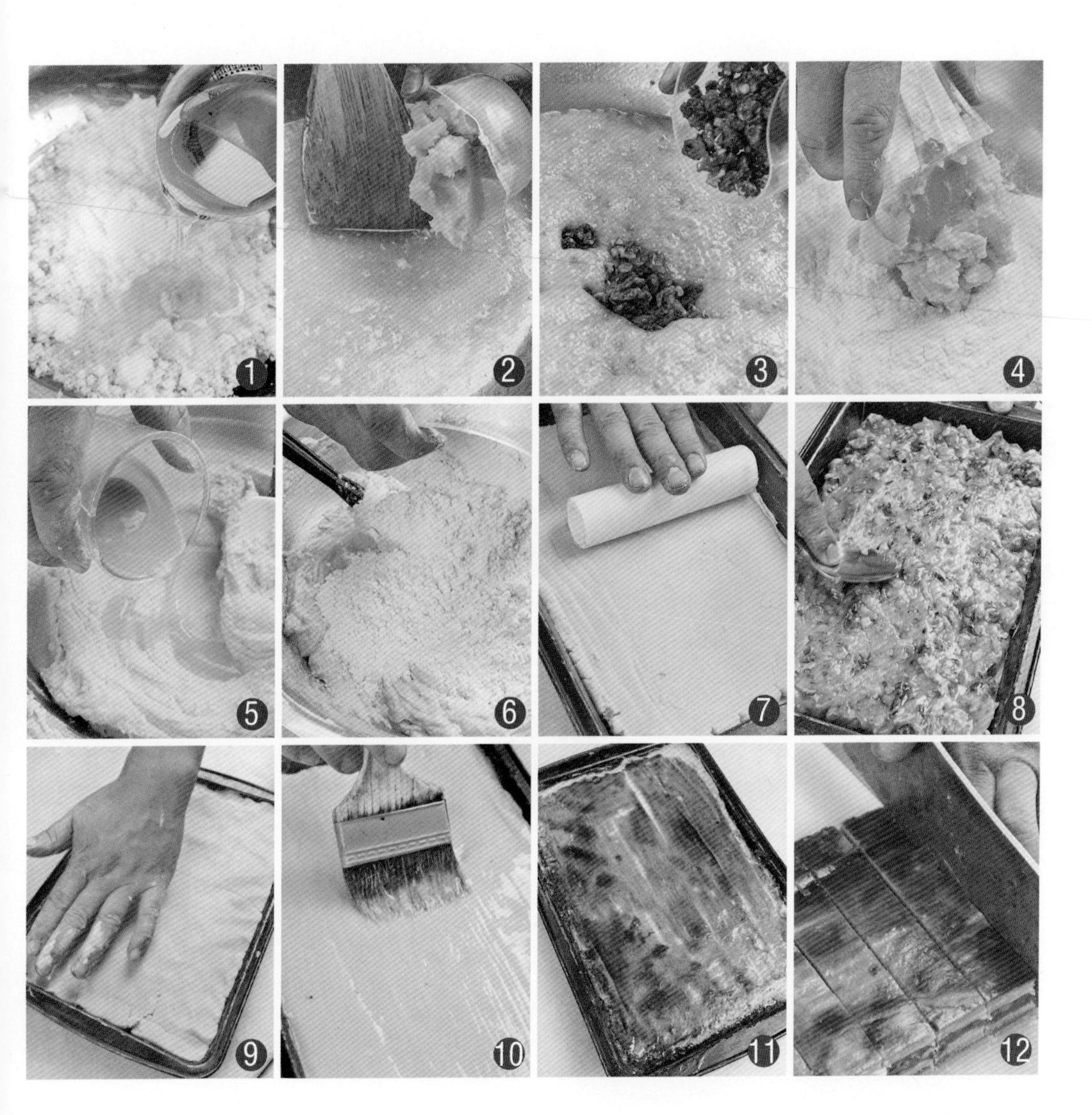

和味酥（成品80片）

Heweisu

材料

/水皮材料/

A.高筋面粉250g

B.水250g

C.黄油83g

/油酥材料/

低筋面粉188g

黄油94g

/馅料材料/

三洋糕粉375g

猪油450g

绵白糖750g

味精15g

细盐20g

水20g

制作过程

1. 先将高筋面粉放在容器中，然后加入水拌成有筋面团，松弛20分钟。

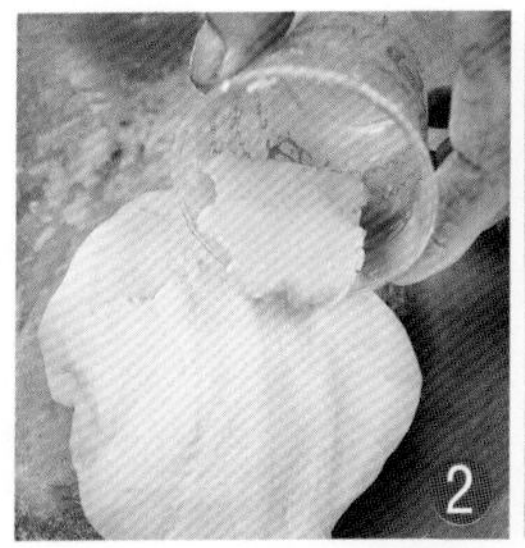

再加入黄油，揉捏至面团表面光滑即为水皮面，备用。

将油酥材料混合搅拌均匀，备用。

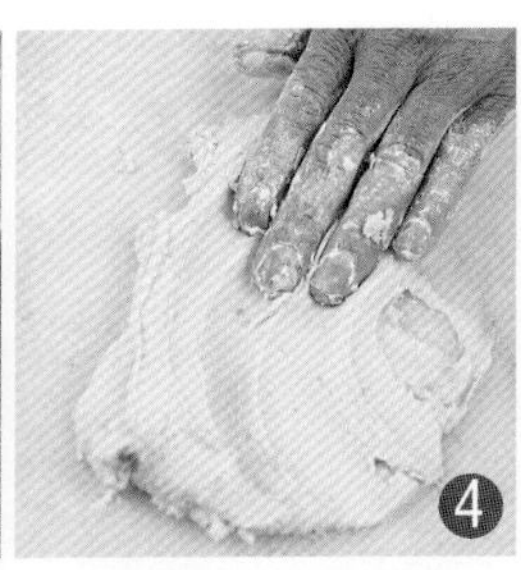

使油酥面团的软硬度与水皮面保持一致。

将松弛好的水皮擀开。

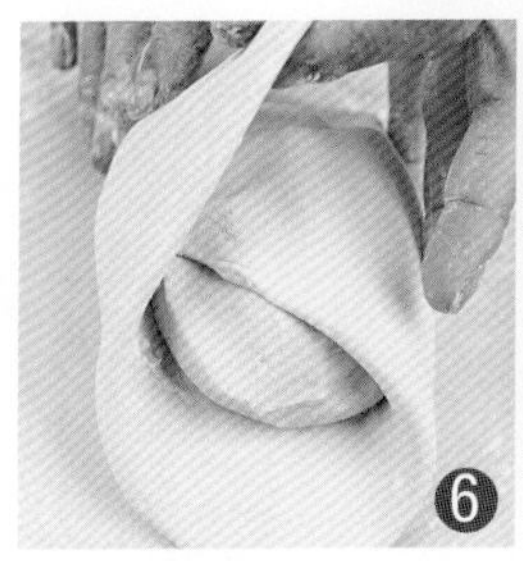

将油酥面团包入水皮中。

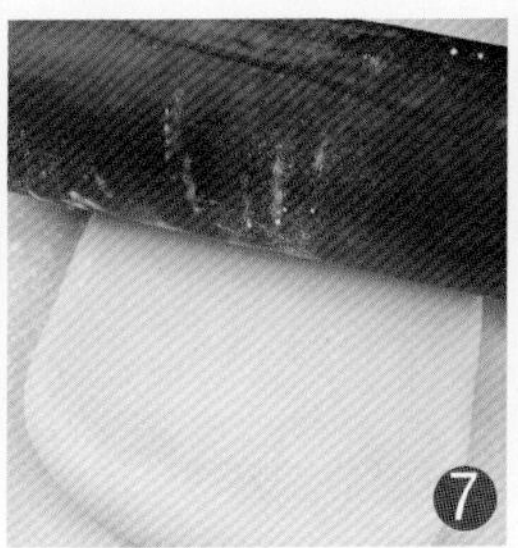

然后擀开成长方形。

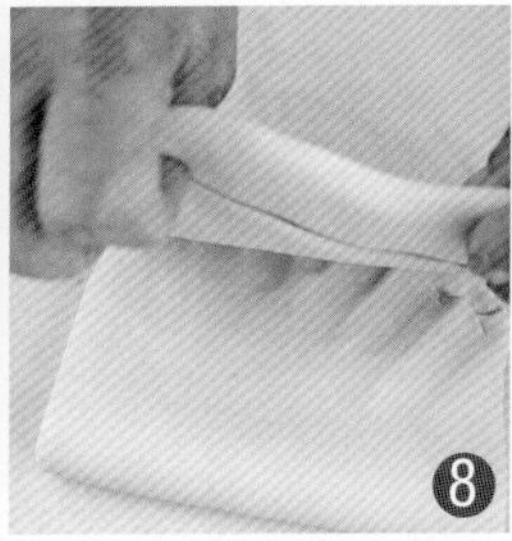

以2折3层的方式折叠3次，每次折叠需要松弛20分钟。

擀成长方形，表面刷上蛋液。

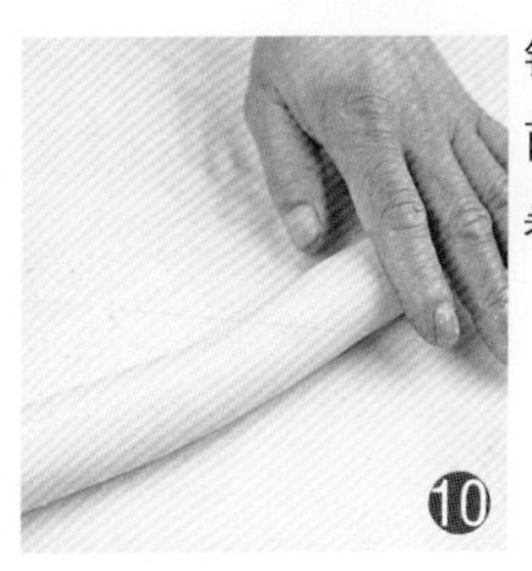

铺上馅料，在馅料的表面刷上一层蛋液，然后卷起来成圆柱形。

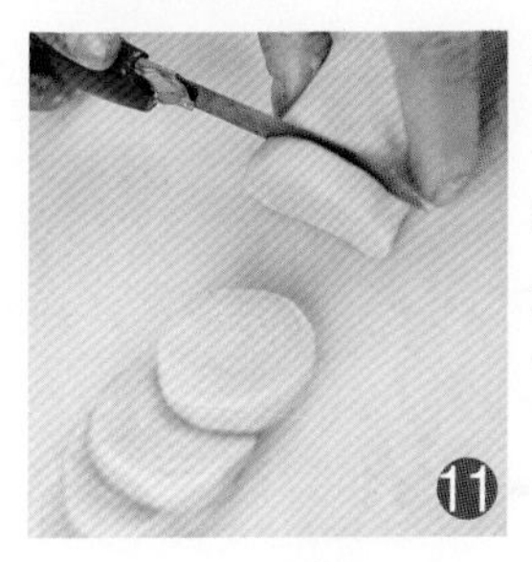

再切成约1cm厚的薄片，入炉，以上下火200℃/150℃烘烤大约20分钟至表面金黄色即可。

馅料制作过程

1. 将细盐和味精放入容器中，加入水混合拌匀。
2. 再将三洋糕粉、猪油、绵白糖混合均匀后加入其中搅拌均匀即可。

扭纹酥（成品50根）

Niuwensu

材料

/水皮材料/

A.低筋面粉250g、糖粉25g、猪油25g、鸡蛋半个

B.水87.5g

/油酥材料/

低筋面粉150g

黄油75g

/馅料材料/

A.低筋面粉250g、水20g

B.泡打粉2.5g、砂糖150g、黄油94g、鸡蛋半个、水38g

制作过程

将水皮材料的低筋面粉、糖粉、猪油、鸡蛋放入容器中，混合拌匀。

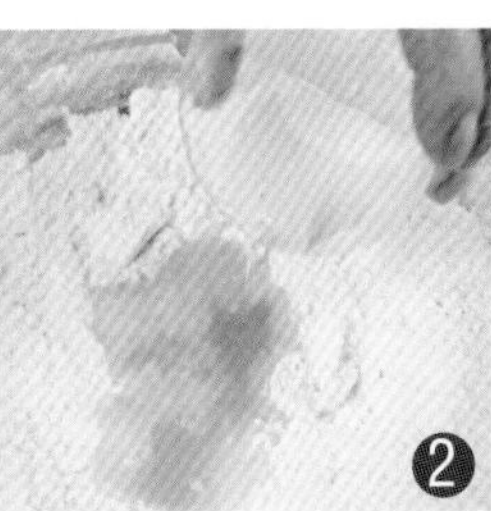

再加入水，拌成表面光滑的面团，松弛15分钟。

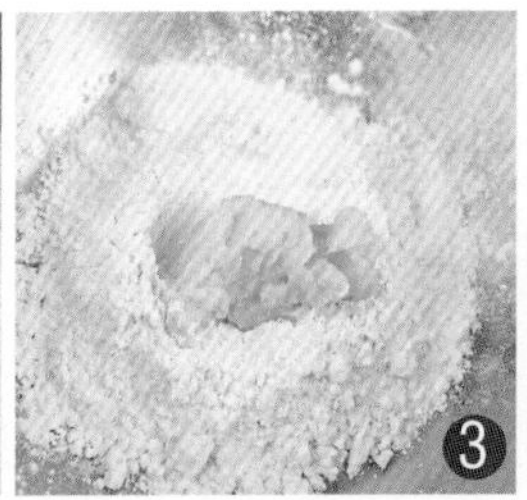

将油酥材料放入容器中混合拌匀，使其软硬度和水皮面团差不多。

将水皮面团压扁，包入油酥面团。

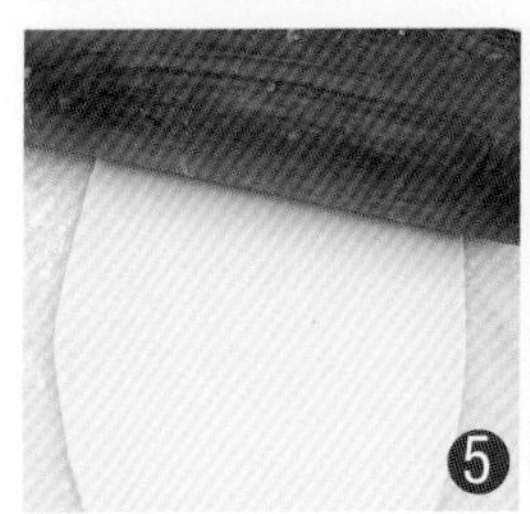

然后擀开。

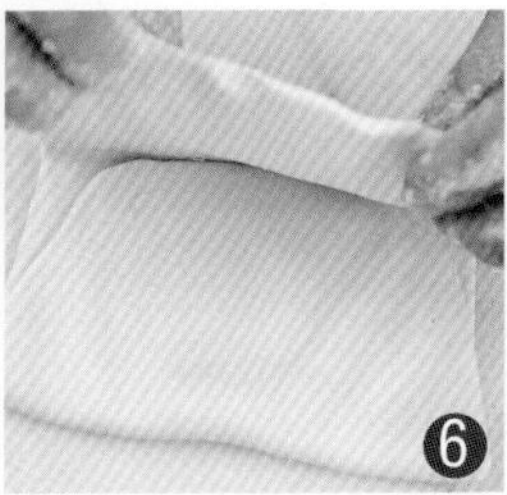

以2折3层的方式折叠3次，每次松弛15分钟。

再擀成长方形，在一半的位置上刷上蛋液。

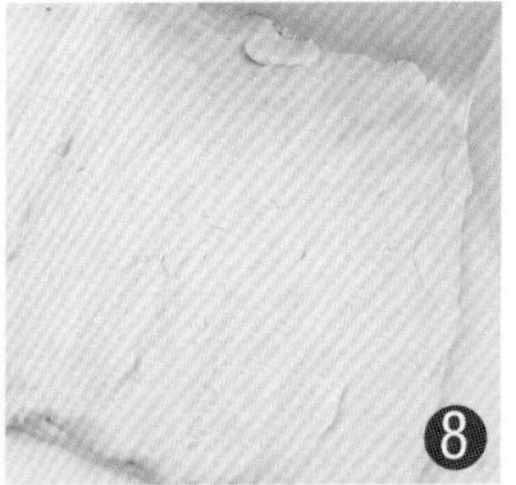

铺上馅料，将另一半面皮折叠过来，然后擀开，厚度0.8~1cm。

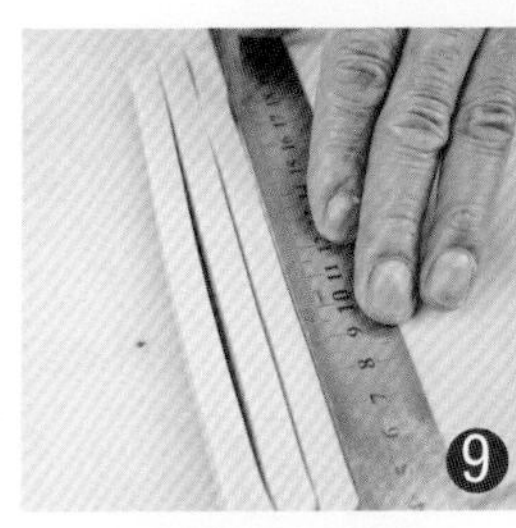

将面坯切成长15cm、宽1cm的长条。

在长条表面再刷上一层蛋液。

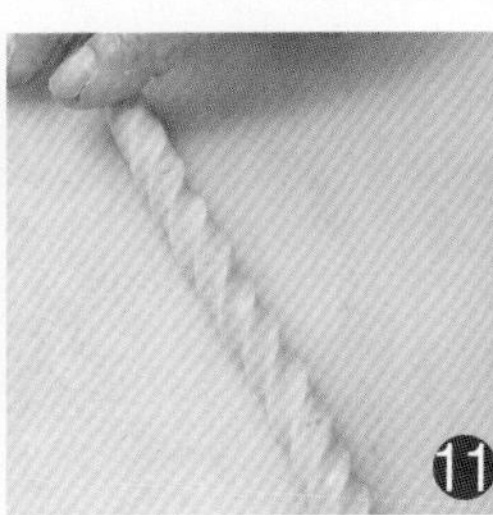

将长条扭出螺旋状，摆入烤盘。

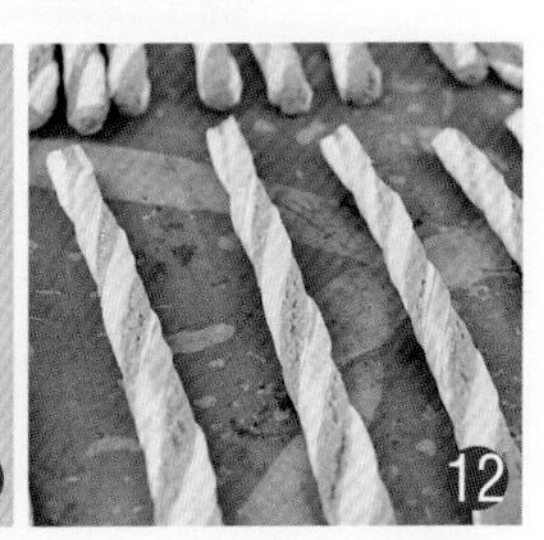

入炉，以上下火200℃/150℃烘烤大约20分钟至表面金黄色即可。

馅料制作过程

1. 将所有馅料材料（除低筋面粉外）放入容器中，混合拌匀。
2. 再加入低筋面粉充分拌匀，备用。切记不可起筋，软硬度同上。

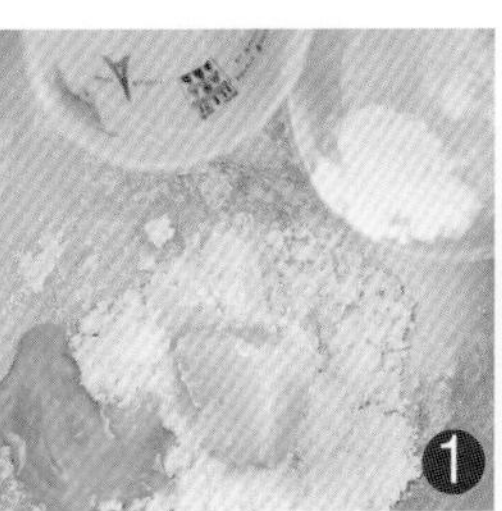

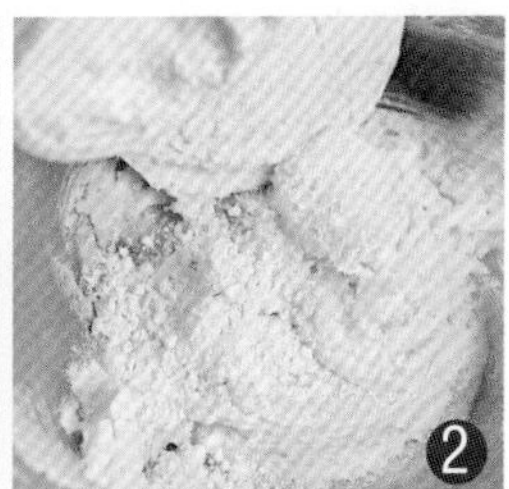

香葱脆棒（成品24根）

Xiangcong Cuibang

难易度 Nan Yi Du ★★★

材料

香葱碎25g
水40g
绵糖25g
盐2.5g
白胡椒粉1g
黄油28g
烘烤的芝麻25g
低筋面粉140g
泡打粉1g

制作过程

先将水和香葱碎一起放入容器中，拌匀。

用粉碎机将香葱粉碎。

加入黄油、芝麻和绵糖，搅拌均匀。

再加入盐、白胡椒粉，拌匀。

将低筋面粉和泡打粉过筛后加入其中，拌成面团的形状。

面团松弛10分钟后，将其擀开成大约6mm厚、22cm宽。

用刀均匀地将面皮切开，约为24条。

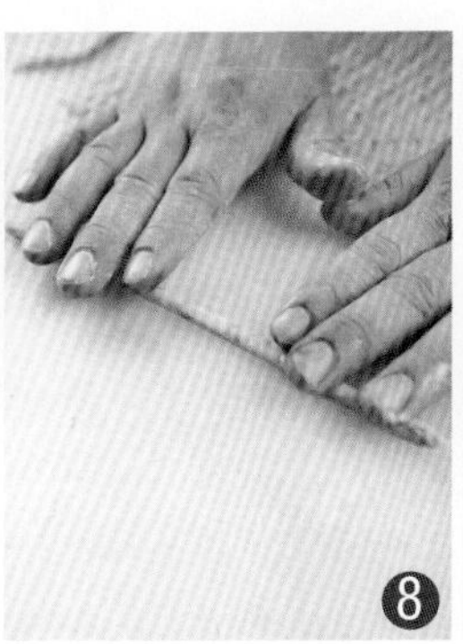
用手将面皮条搓圆，粗细要一致。

摆入烤盘内，并去除两边多余的部分，使其长短一致。

以上下火190℃/160℃烘烤13分钟左右即可。

芝麻瓦片

（成品23片）Zhima Wapian

材料

蛋白50g
绵糖45g
低筋面粉7g
黑芝麻30g
黄油15g
白芝麻30g

制作过程

1. 先将蛋白打散，加入绵糖，搅拌至糖化。
2. 再加入过筛的低筋面粉，搅拌均匀。
3. 接着加入黑芝麻、白芝麻，搅拌均匀。
4. 然后加入化开的黄油，搅拌均匀成面糊。
5. 将面糊装入裱花袋内，挤在高温布上，再将其震平。
6. 以上下火170℃/140℃烘烤15分钟左右即可。

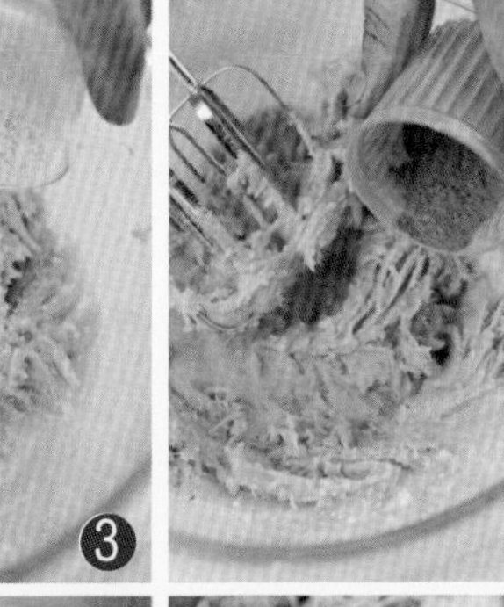

圆锥小饼干

难易度 Nan Yi Du ★★

（成品30块）

材料

白莲蓉250g　淡奶油10g
杏仁粉30g　抹茶粉18g
蜂蜜10g

制作过程

1. 先将白莲蓉搅拌至柔软状。
2. 再加入蜂蜜，搅拌均匀。
3. 接着加入杏仁粉、淡奶油搅拌均匀。
4. 然后加入过筛的抹茶粉，搅拌均匀，使其呈面糊状。
5. 将面糊装入裱花袋内，用锯齿形花嘴在烤盘内挤出锥形。
6. 以上下火210℃/150℃烘烤8分钟左右即可。

番薯饼

（成品10块）*Fanshubing*

材料

番薯200g　　蛋黄1个
黄油10g　　鲜奶油25g
绵糖20g　　白兰地5g
柠檬汁10g　　蛋黄15g

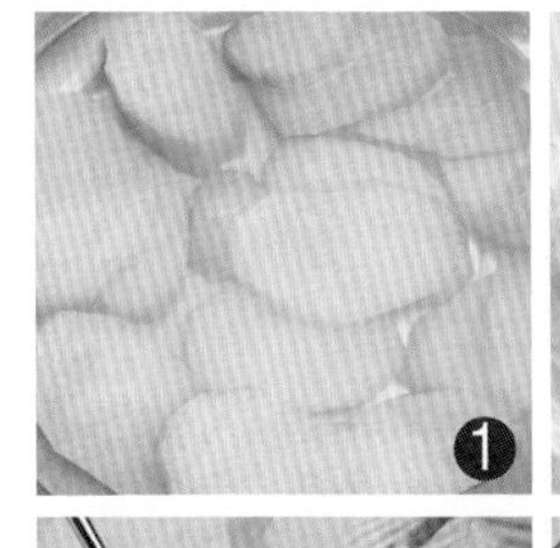

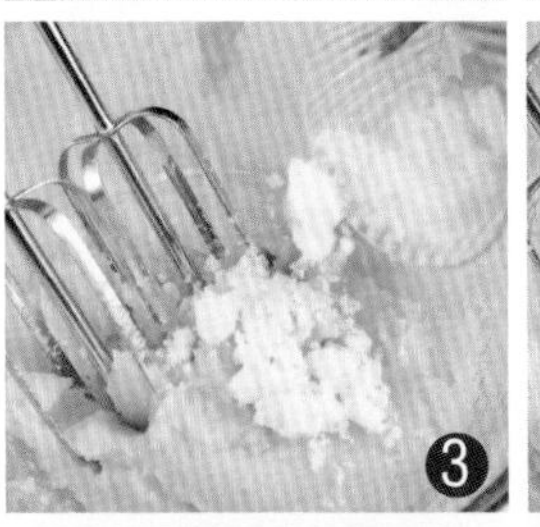

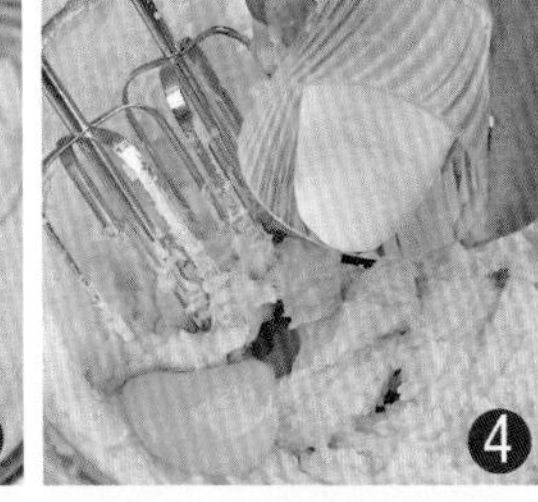

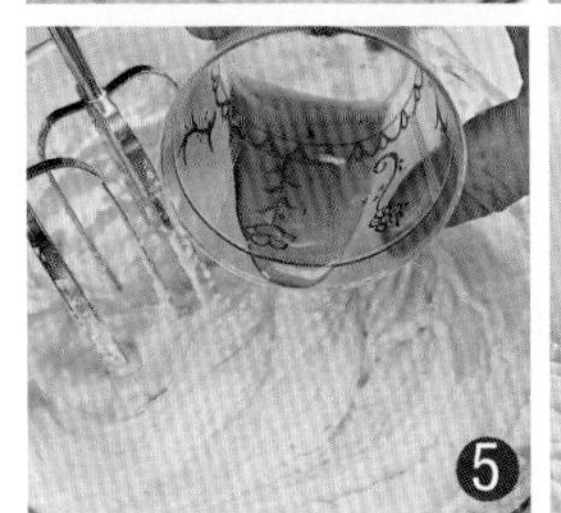

制作过程

1. 先将番薯削去皮，切成小片，放入锅内煮熟。

2. 番薯片冷却后用棍子将其捣成泥。

3. 加入绵糖、黄油、柠檬汁，搅拌均匀。

4. 再加入蛋黄和鲜奶油，充分搅拌均匀。

5. 接着加入白兰地搅拌均匀，使其呈面糊状。

6. 将面糊装入裱花袋内，用锯齿形裱花嘴在船形模具内挤出形状。

7. 入炉烘烤，以上下火210℃/200℃烘烤至表面定型后，在表面刷上蛋黄液。

8. 再继续烘烤至表面上色即可出炉。

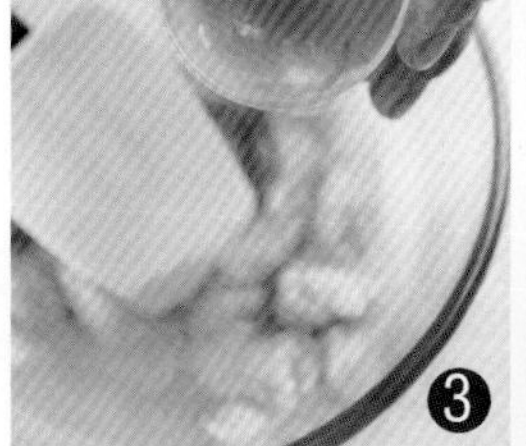

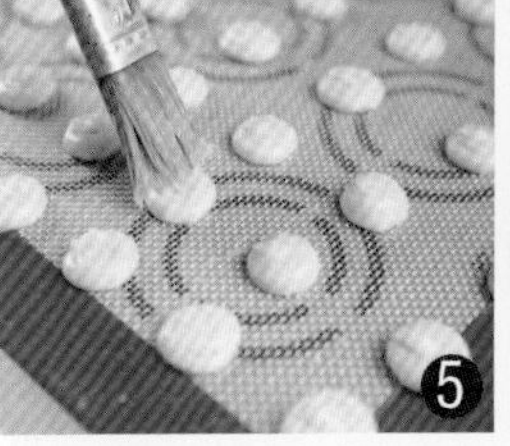

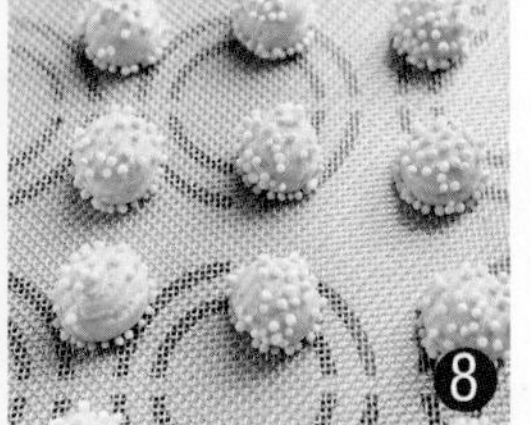

炸弹泡芙

（成品100个） *Zhadan Paofu*

材料

黄油35g	鸡蛋100g
水100g	杏仁碎适量
盐2g	冰糖碎适量
糖2g	低筋面粉60g

制作过程

1. 先将黄油、水、盐、糖一起搅拌煮沸。
2. 再加入过筛的低筋面粉，边搅拌边煮至呈浓稠状。
3. 离火后分次加入鸡蛋搅拌均匀，呈面糊状。
4. 将面糊装入裱花袋内，在烤盘内挤圆球状。
5. 在圆球表面刷上鸡蛋液。
6. 再在表面撒上杏仁碎以及冰糖碎。
7. 以上下火200℃/190℃烘烤17分钟左右即可。
8. 如果没有冰糖，也可以在出炉后粘上珍珠糖作为装饰。

吉拿棒（成品24根）

Jinabang

材料

牛奶125g　　鸡蛋1个半　　**/装饰材料/**

黄油25g　　白兰地40g　　太古砂糖100g

中筋面粉100g　　煎炸油500g

Tips

1.在煮制牛奶的时候，要将牛奶煮开。如果牛奶不开，烘烤的时候产品不会膨胀。

2.油炸的时候，要注意油的温度，油温不可太低，以免不发。

3.蘸太古砂糖的时候，需要有一些温度，这样太古砂糖会粘得牢一些。

制作过程

先将牛奶和黄油在容器中煮至沸腾。

将中筋面粉过筛后加入其中，边搅拌边煮。

稍作冷却后，将鸡蛋分次加入其中，搅拌均匀成面糊。

在面糊中加入白兰地，搅拌均匀。

烤盘纸稍抹一些油脂。将面糊装裱花袋内，用锯齿形花嘴在烤盘纸上挤一字形。

将烤盘纸逐个划开，将煎炸油烧至温度为170℃左右。

连烤盘纸一起放入油锅内煎炸，并用长筷子将烤盘纸去除。

用筷子将面棒其翻转几下，炸至金黄色即可。

趁着温度高时，放入太古砂糖内滚动几下，使其蘸上太古砂糖即可。

蜂巢薄饼

难易度 Nan Yi Du ★★★★

（成品40块）*Fengchao Baobing*

材料

A.白油83g、黄油17g

B.绵白糖167g、水62.5g

C.白芝麻110g

D.低筋面粉100g、小苏打0.8g、吉士粉2.5g

制作过程

1. 先将白油、黄油搅拌至呈乳化状。
2. 再分别加入绵白糖、水搅拌均匀。
3. 接着加入白芝麻搅拌均匀。
4. 最后将低筋面粉、小苏打、吉士粉分别过筛后加入其中，充分搅拌均匀成面糊。
5. 再将面糊装入裱花袋中，挤在铺有高温布的烤盘中。
6. 入烤炉中，以上下火200℃/150℃烤至表面金黄色即可。

香葱棒

（成品50根）Xiangcongbang

材料

中筋面粉140g	干葱碎4g
绵糖3g	黄油2g
盐2g	水60g
酵母1g	

制作过程

1. 先将酵母加入水中浸泡一下。
2. 再加入绵糖，搅拌均匀。
3. 接着加入中筋面粉、干葱碎、盐和黄油，拌成面团；稍作松弛后，将其擀开至2mm厚，放入冰箱内冷藏松弛30分钟。
4. 将长条面团取出，切成长15cm、宽1cm的长条。
5. 以上下火170℃/160℃烘烤大约12分钟即可。

Tips

1.酵母与水浸泡时，要注意将酵母溶解。

2.面团放入冰箱冷藏松弛时，冰箱的温度不可太低，以免将面团冻死。

薄烧杏仁

（成品36块） *Boshao Xingren*

材料

低筋面粉105g
奶油40g
酵母1g
水30g
盐2g

/装饰材料/

杏仁片30g
鸡蛋液适量

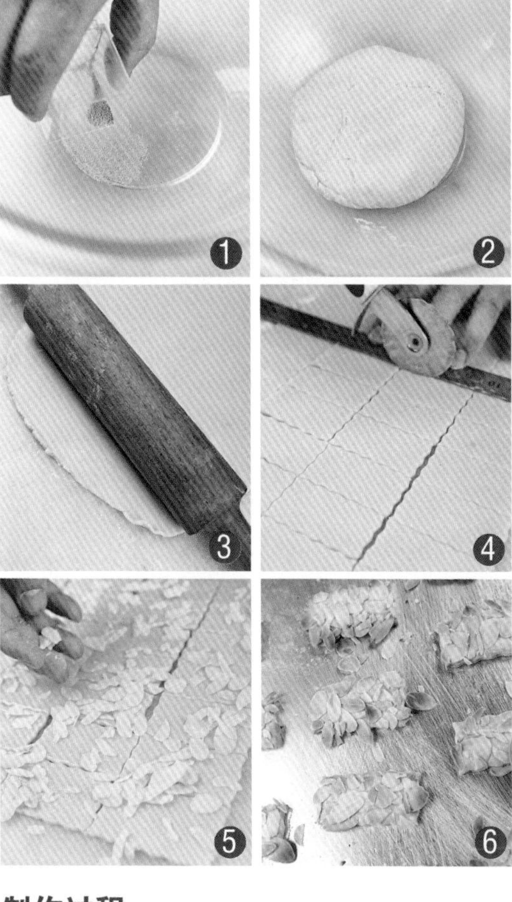

制作过程

1. 先将水和酵母拌匀。
2. 再加入奶油、盐和过筛的低筋面粉，拌成面团。
3. 将面团冷藏松弛1小时，取出后擀开至2mm厚。
4. 用滚轮刀切成长6cm、宽3cm的长方形。
5. 在面皮表面刷上鸡蛋液，撒上杏仁片。
6. 摆入烤盘内，以上下火180℃/170℃烘烤大约25分钟即可。

Tips

1.冬天时，加的水温度需要高一些，面团容易醒发。

2.面团需搅拌得光滑一些，松弛时要充足。

玉米巧克力脆饼

（成品15块）*Yumi Qiaokeli Cuibing*

材料

玉米片100g　　杏仁片8g

苦甜巧克力120g

制作过程

1. 先将玉米片压碎，备用。
2. 将杏仁片倒入烤盘内，以上下火170℃/160℃烘烤大约6分钟，出炉备用；将苦甜巧克力切成小块，隔水化开。
3. 将玉米碎加入化开的巧克力内，搅拌均匀成糊。
4. 用汤匙将玉米糊挖在矽利康圆模具内。
5. 再用汤匙将玉米糊压平，在表面撒上备用的杏仁片。
6. 放入冰箱内冷冻20分钟，取出后脱模即可。

蜗牛饼干（成品30块）

Woniu Binggan

难易度 Nan Yi Du ★★★

材料

/白面团材料/	香粉2g	/巧克力面团材料/	香粉2g
黄油 60g	低筋面粉115g	黄油60g	低筋面粉85g
糖粉40g	鸡蛋20g	糖粉40g	鸡蛋20g
盐0.3g		盐0.3g	可可粉20g

白面团制作过程

1. 先将黄油和过筛的糖粉、盐放入容器，搅拌至微发。

2. 分次加入鸡蛋液，搅拌均匀。

3. 将香粉、低筋面粉过筛后加入其中，拌成面团，备用。

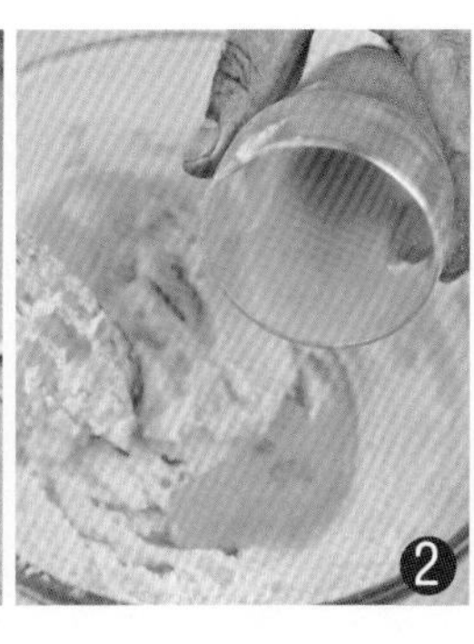

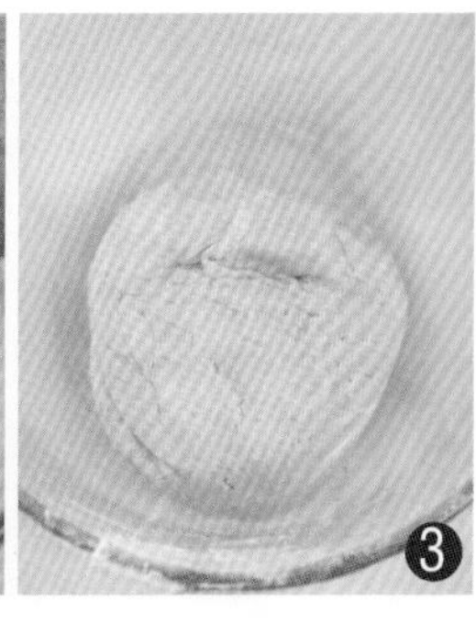

巧克力面团制作过程

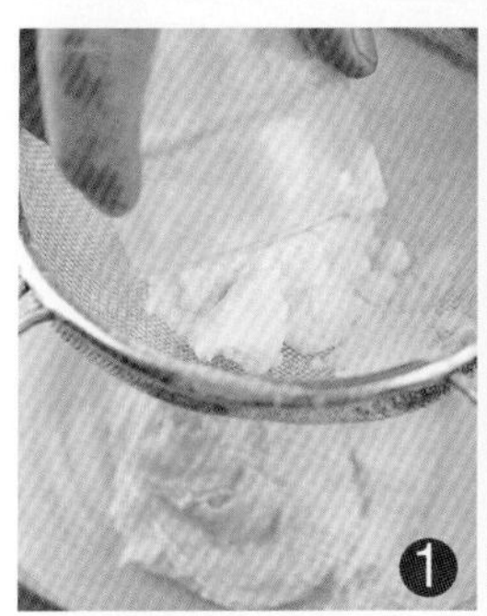

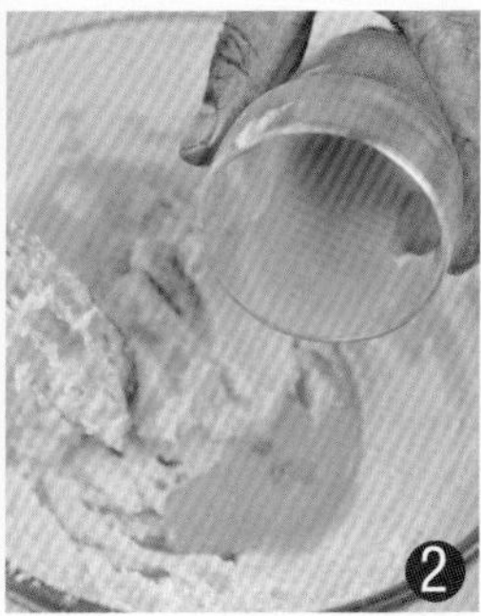

1. 先将黄油和过筛的糖粉、盐放入容器，搅拌至微发。

2. 分次加入鸡蛋液，搅拌均匀。

3. 将香粉、可可粉和低筋面粉过筛后加入，拌成面团，备用。

组合制作过程

先将巧克力面团放塑料纸上，擀成方形面皮。

再将白面团搓成圆柱体，擀成方形的面皮。

在巧克力面皮的表面刷上鸡蛋液。

将白面皮放在巧克力面皮的上面，在表面也刷上适量的鸡蛋液。

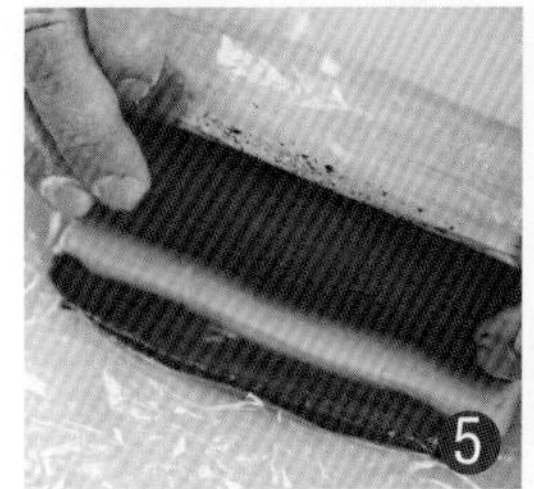

将两者卷起来，放冰箱冷藏至面软硬适中。

取出后用刀切成均匀的薄片后摆入烤盘内。

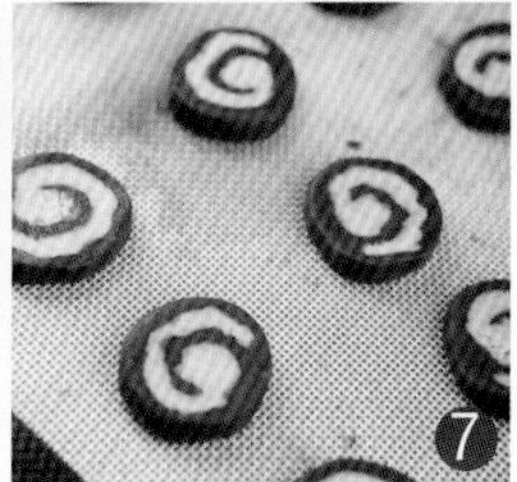

以上下火150℃/160℃烘烤15分钟左右即可。

巧克力圆鼓饼（成品19块）
Qiaokeli Yuangubing
难易度
Nan Yi Du

材料

酵母1.5g	中筋面粉110g	盐0.4g	巧克力200g	/装饰材料/
牛奶55g	绵糖15g	黄油17g		色香油适量

制作过程

1. 先将牛奶和酵母放入容器，搅拌均匀。
2. 再加入过筛的中筋面粉和盐、绵糖，拌至呈面团状。
3. 然后加入黄油，拌至面团光滑。
4. 用塑料纸包好面团，在较温暖的地方醒发1.5小时。
5. 待面团完全膨胀后，去掉塑料纸，将面团擀开至1.5mm厚，松弛15分钟后，用圆形压模压出。
6. 用带有图案的印章，蘸上色香油，在面皮上印上图案。
7. 在饼干坯表面喷上适量的水，醒发20分钟左右。
8. 以上下火220℃/200℃烘烤大约8分钟，出炉冷却。
9. 将巧克力化开后挤入饼内部，至内部饱满。 待巧克力完全凝固后即可。

棉花糖饼干（成品39个）

Mianhuatang Binggan

材料

低筋面粉195g	水48g	**/馅料材料/**	棉花糖适量
盐1g	黄油100g	椰子丝适量	白巧克力适量
糖粉23g	蛋黄20g	绵糖适量	

主面团制作过程

先将低筋面粉和糖粉过筛后，和盐一起加入容器中搅拌均匀。

将黄油化开后加入其中，拌匀。

再将水和蛋黄加入其中，拌成面团的形状。

将面团松弛15分钟左右备用。

椰子饼干制作过程

1. 将松弛完成的部分面团搓成圆柱体冷藏30分钟左右，取出，切成 1cm厚的圆片，摆入烤盘中，共15个。
2. 在饼干坯表面刷上鸡蛋液，撒上椰子丝。
3. 以上下火180℃/160℃烘烤约20分钟即可。

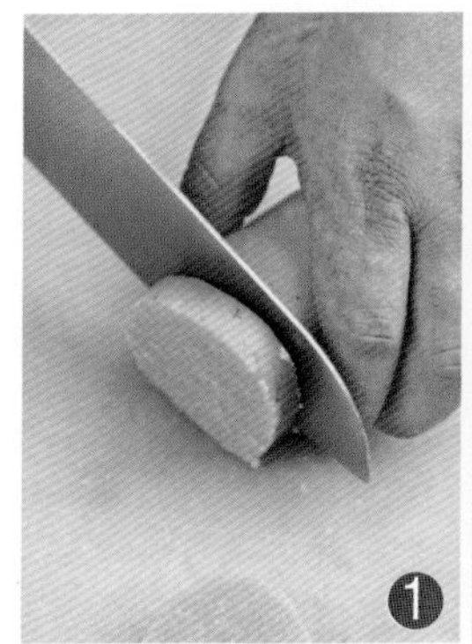

棉花糖饼干制作过程

1. 将部分面团擀开至5mm厚，用中空圆形压模压出，摆入烤盘内，共15个。
2. 在饼坯表面刷上鸡蛋液，以上下火180℃/160℃烘烤大约15分钟后出炉。
3. 在两片饼干的中间加一片棉花糖，再入炉，以上下火200℃/170℃烘烤约3分钟。

木棍巧克力饼干制作过程

1. 部分面团分割成10g/个，将其搓成小圆锥形，共39个。
2. 摆入烤盘内，入炉，以上下火190℃/160℃烘烤大约12分钟。
3. 出炉冷却后，将白巧克力隔水化开后，蘸满饼干的一端即可。

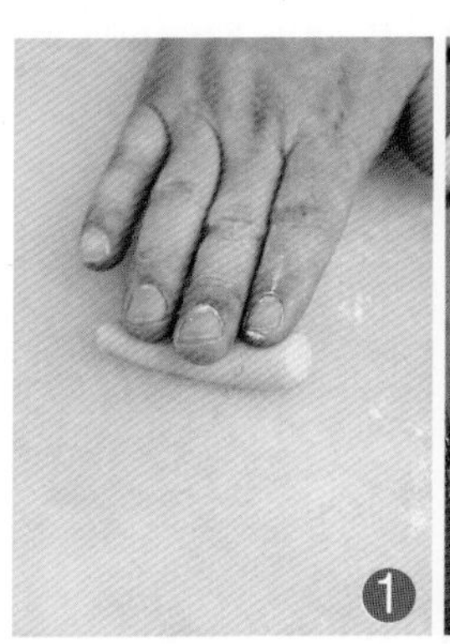

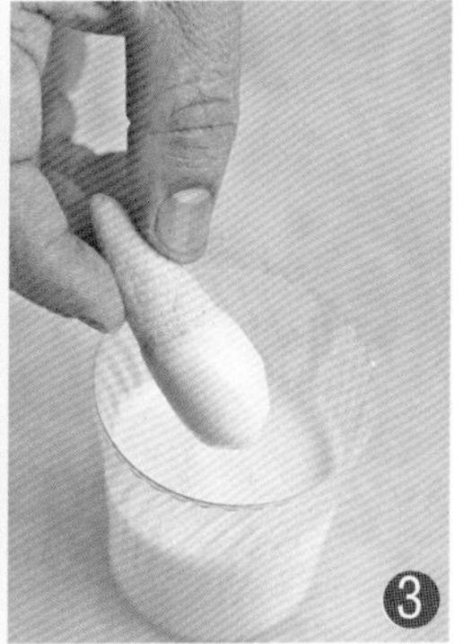

装饰泡芙

难易度 Nan Yi Du ★★★

（成品10个） *Zhuangshi Paofu*

材料

橄榄油40g	高筋面粉135g
色拉油54g	盐30g
水150g	鸡蛋200g

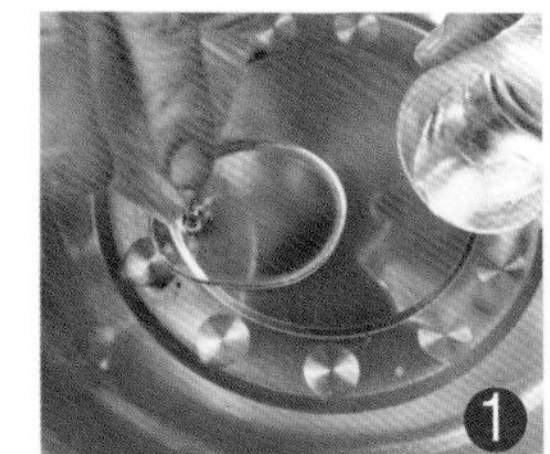

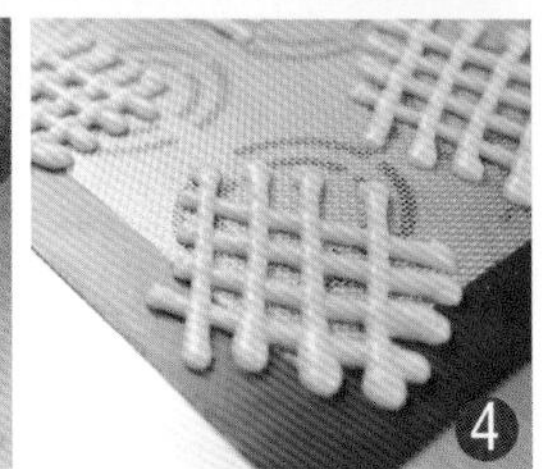

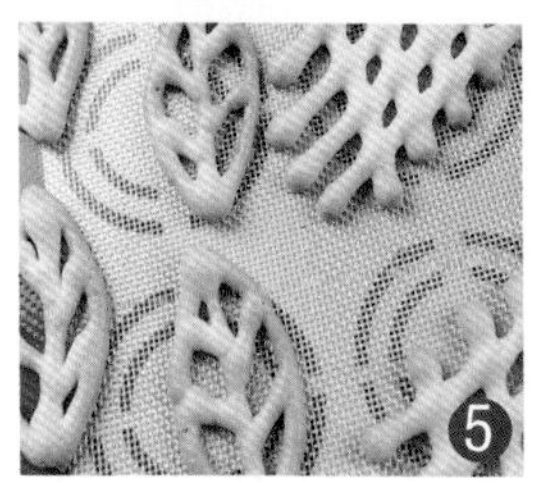

制作过程

1. 先将橄榄油、色拉油、水和盐依次加入锅内，煮至沸腾。
2. 锅内再加入过筛的高筋面粉，边煮边搅拌至呈浓稠状。
3. 将鸡蛋分次加入其中，搅拌均匀，使其呈面糊状。
4. 将面糊装入裱花袋内，用小圆形裱花嘴在铺有高温布的烤盘内挤出网状和叶子形状。
5. 以上下火180℃/175℃烘烤大约8分钟，再以150℃/150℃烘烤大约5分钟即可。

Tips

1.在操作步骤1的时候一定要将水煮开。

2.加入鸡蛋时，要根据面糊的浓稠度来确定量的多少，面糊不可太稀。

3.烘烤时，烤箱的底火温度不可太低。

4.要注意烘烤的时间。

CHAPTER 5

吃过一次就再也忘不掉的

特色小西点

蛋塔、派、泡芙、酥饼、马卡龙等各式小西点，风格各异，让你的烘焙生活丰富而多彩。闲暇时光，或约三俩好友，或全家总动员，自己动手制作美味，当西点出炉的那一刻，除了闻到香气，更多的是吃出生活的幸福和甜蜜。

杏仁塔（成品13个）

Xingrenta

难易度 Nan Yi Du ★★★

材料

低筋面粉125g	盐1g	/馅料材料/	白兰地10g	/装饰材料/
糖粉40g	鸡蛋25g	黄油90g	杏仁片60g	蛋黄15g
香粉2g	黄油65g	糖粉40g	杏仁粉100g	水15g
奶粉15g		鸡蛋1个	奶粉40g	

制作过程

先将馅料中的黄油和过筛的40g糖粉充分搅拌至微发状态。

分次加入鸡蛋和白兰地，搅拌均匀。

再将杏仁粉和40g奶粉过筛后加入其中，拌匀成馅料备用。

将低筋面粉、40g糖粉、香粉、15g奶粉过筛后，和盐一起搅拌均匀。

将其推成粉墙状，加入鸡蛋和黄油，以压拌的方式拌成面团状。

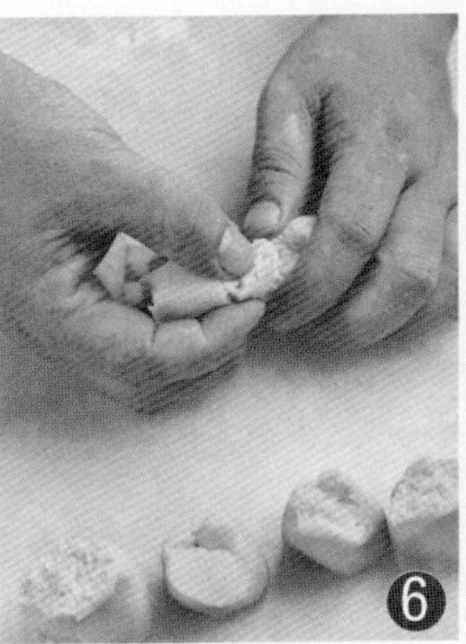

将面团松弛15分钟，分割成20g/个的剂子。

小剂子放入塔模内，捏匀，厚薄要一致。

将馅料用裱花袋挤入塔模内，约八分满。

在塔皮的边缘少刷一些蛋黄液。

在表面撒上杏仁片。

以上下火190℃/190℃烘烤大约25分钟即可。

莎布雷果肉塔（成品25个）

Shabulei Guorouta

难易度 Nan Yi Du ★★★

材料

/塔皮材料/

黄油110g
糖粉50g
鸡蛋28g
低筋面粉175g
杏仁粉25g

/巧克力面糊材料/

黄油90g
绵糖75g
巧克力100g
鸡蛋95g
低筋面粉65g
小苏打1g
蔓越莓60g
樱桃30g
黑橄榄30g

塔皮制作过程

1 先将黄油与过筛糖粉搅拌均匀。

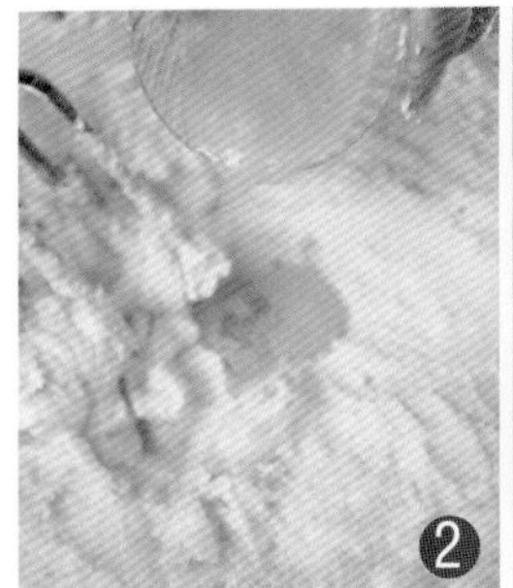

再分次加入鸡蛋，搅拌均匀。

将低筋面粉和杏仁粉过筛后加入其中，拌成面团状，松弛10分钟。

将面团分割成15g/个的小剂子。

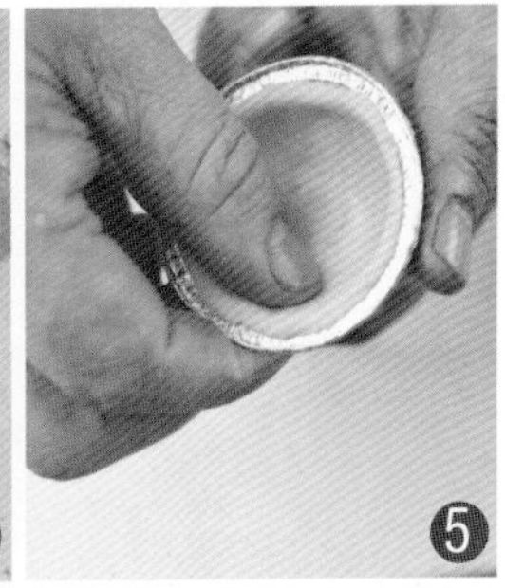

将分割完成的面团放入一次性塔模内，用手将其捏均匀，备用。

巧克力面糊制作过程

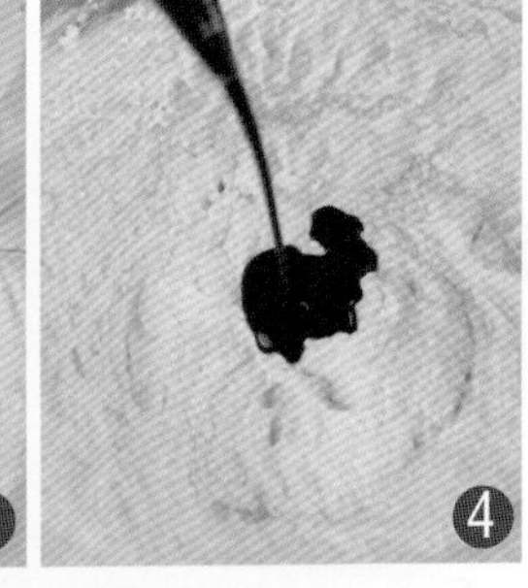

1. 将樱桃切碎备用；将黑橄榄切碎备用。
2. 将黄油与绵糖搅拌至呈乳化状。
3. 再分次加入鸡蛋，搅拌均匀。
4. 将巧克力隔水化开后加入其中，搅拌均匀。
5. 将低筋面粉和小苏打过筛后加入其中，拌成面糊。
6. 在面糊中加入蔓越莓、备用的樱桃碎和黑橄榄碎，搅拌均匀成面糊状。

塔制作过程

1. 将面糊装入裱花袋内，挤入备用的小塔模内。
2. 以上下火190℃/220℃烘烤大约20分钟即可。

南瓜芝士塔（成品18个）

Nangua Zhishita

难易度 Nan Yi Du

材料

黄油100g
绵糖45g
鸡蛋40g
低筋面粉110g
泡打粉1g
杏仁粉90g

/装饰材料/

黄油15g
南瓜300g
绵糖100g
光亮剂适量

/芝士馅料材料/

奶油芝士200g
绵糖80g
鸡蛋80g
鲜奶油80g

准备

1.将南瓜去皮切成丁。

2.将黄油、南瓜丁和100g绵糖煮熟，备用即可。

馅料制作过程

1. 将奶油芝士和80g绵糖搅拌至微发。
2. 分次加入80g鸡蛋搅拌均匀。
3. 再将鲜奶油慢慢加入，拌匀备用。

制作过程

先将黄油与45g绵糖搅拌至微发。

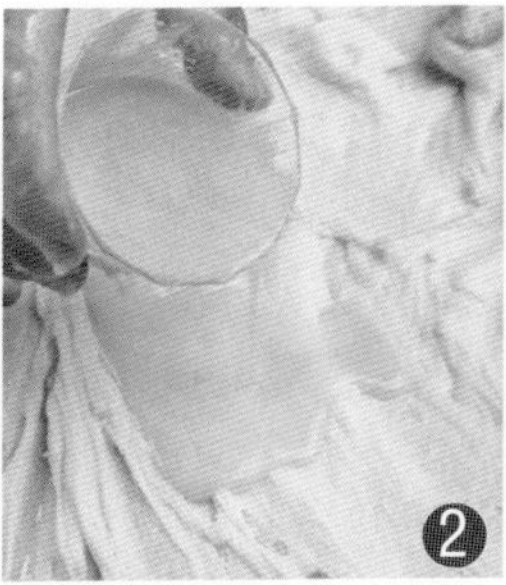

分次加入40g鸡蛋搅拌均匀。

将低筋面粉、杏仁粉和泡打粉过筛后加入，拌成面团状，松弛20分钟。

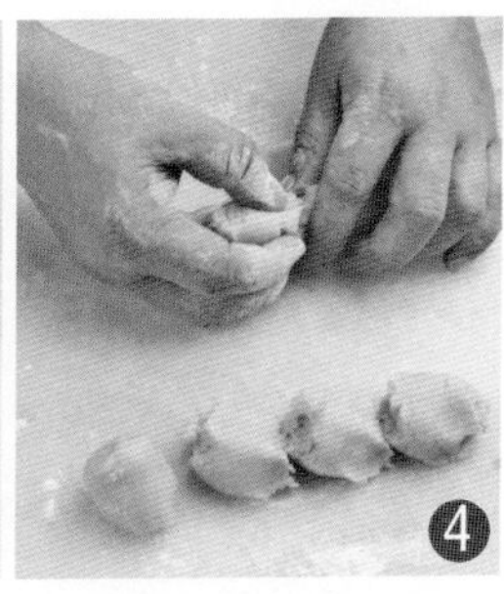

将面团分割成20g/个的小剂子。

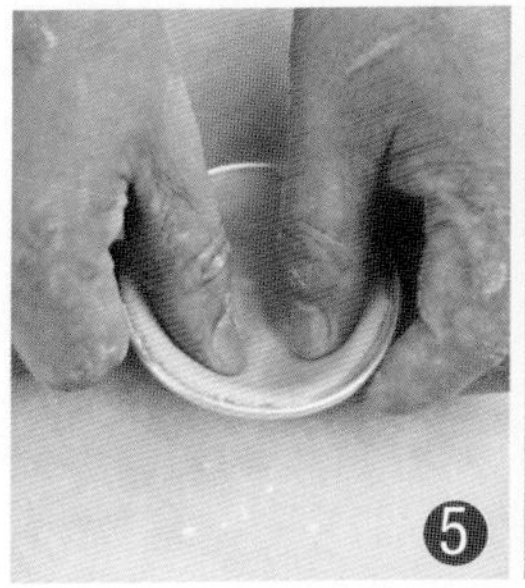

小面团放入塔模内，捏均匀。

将备用的芝士馅料挤入塔模内，约九分满。

在表面摆上一半煮熟的南瓜粒。

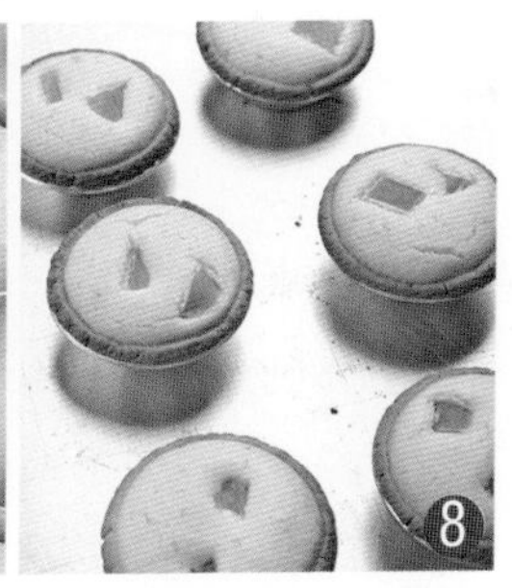

入炉烘烤，以上下火210℃/200℃烘烤18分钟。

出炉冷却后脱模，将另一半南瓜粒摆在表面。

最后在表面刷上光亮剂即可。

柠檬蛋白塔（成品18个）

Ningmeng Danbaita

难易度 Nan Yi Du ★★★

材料

/塔皮材料/	/馅料材料/	/柠檬黄油材料/	/蛋白霜材料/
黄油95g	黄油95g	柠檬皮10g	蛋白70g
绵糖45g	糖粉95g	柠檬汁60g	绵糖35g
鸡蛋35g	鸡蛋55g	绵糖70g	绵糖30g
低筋面粉170g	杏仁粉100g	鸡蛋120g	水30g
泡打粉1g	低筋面粉60g	黄油40g	
	鲜奶油55g		

准备

1.将35g绵糖与水煮至115℃左右备用。将蛋白与30g绵糖搅拌至干性发泡。

2.将备用的糖水慢慢加入，搅拌均匀冷却为蛋白霜待用。

塔皮制作过程

1. 先将黄油与绵糖搅拌至微发。
2. 再分次加入鸡蛋，搅拌均匀。
3. 将低筋面粉和泡打粉过筛后加入其中，拌成面团状，松弛20分钟。

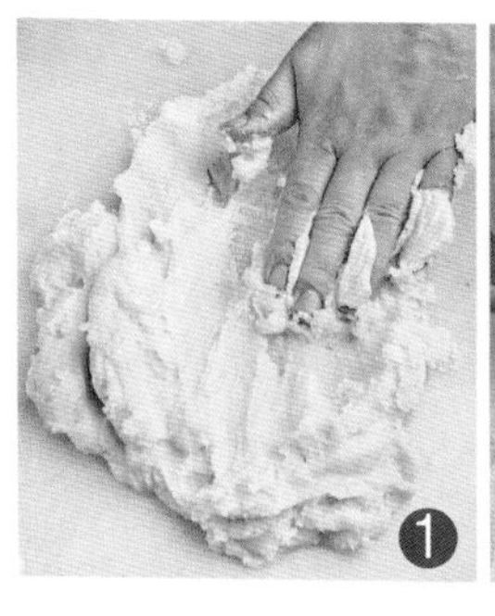

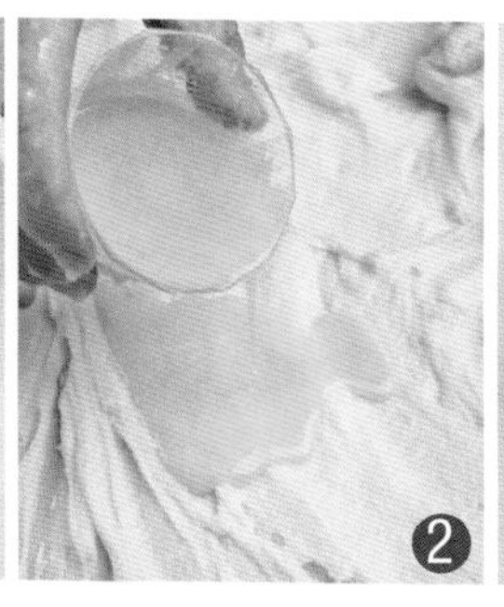

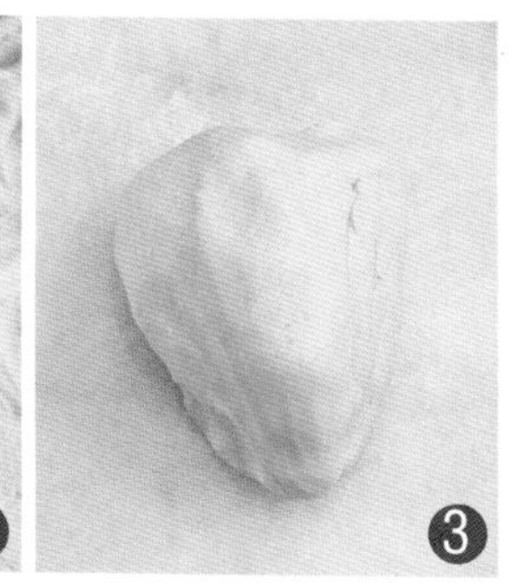

馅料制作过程

先将黄油和过筛糖粉充分打发。

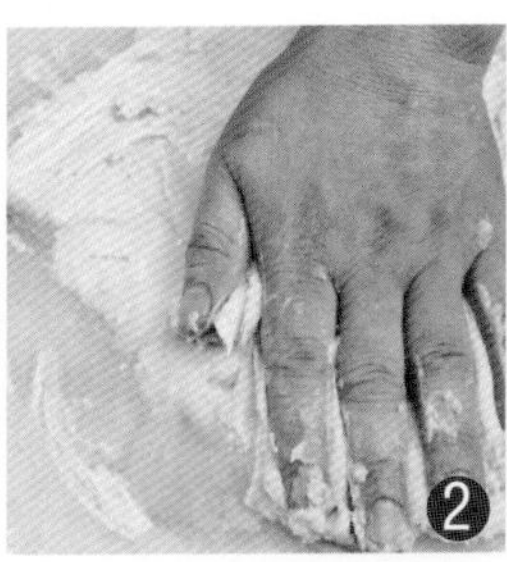

再分次加入鸡蛋液搅拌均匀。

将低筋面粉过筛后和杏仁粉一起加入其中，搅拌均匀。

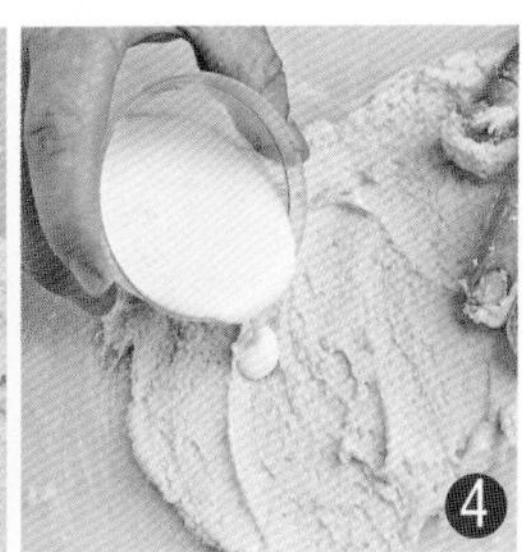

再加入鲜奶油拌匀即成馅料，备用。

柠檬黄油制作过程

1. 将柠檬汁、柠檬皮和绵糖一起煮至沸腾。

2. 多煮几分钟离火，改为隔水加热的方式。

3. 将鸡蛋打散后慢慢加入，拌匀至浓稠状，再加入黄油拌至黄油完全化开均匀即可。

组合制作过程

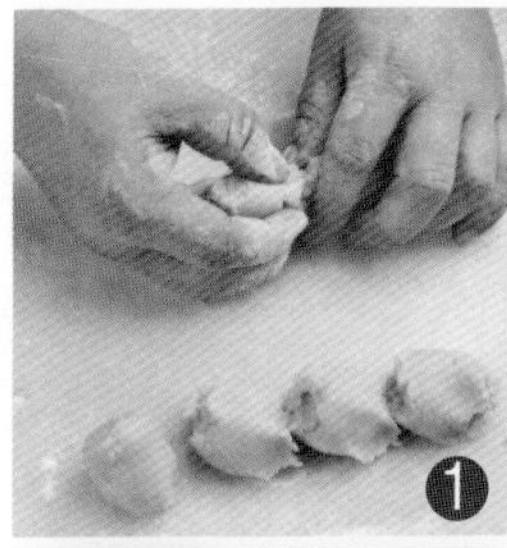

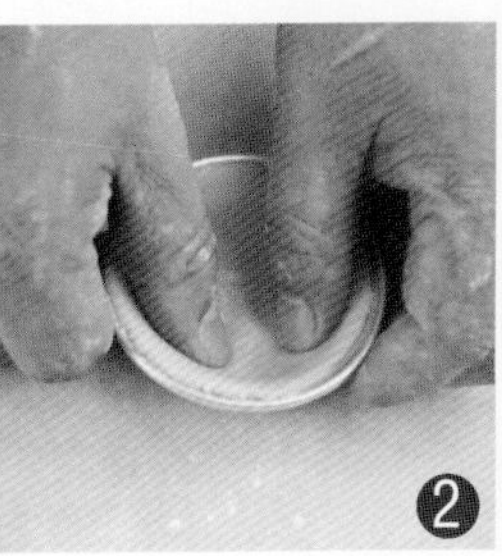

1. 将松弛好的面团分割成 20g/个的小面团。

2. 放入塔模内，捏均匀。

3. 将备用的馅料挤入塔模内，约八分满。

4. 入炉烘烤，以上下火190℃/200℃烘烤18分钟左右。出炉冷却后，在表面挤上柠檬黄油馅料。

5. 放入冰箱内冷冻至馅料凝固后取出，在表面挤上蛋白霜。入炉，以上下火250℃/150℃烘烤大约2分钟，待表面上色后即可出炉。

果仁番薯塔（成品13个）

Guoren Fanshuta

材料

低筋面粉120g
糖粉40g
香粉2g
奶粉25g
盐1g
鸡蛋30g
黄油60g

/馅料材料/

番薯300g
果仁40g
鲜奶油60g
糖粉60g

制作过程

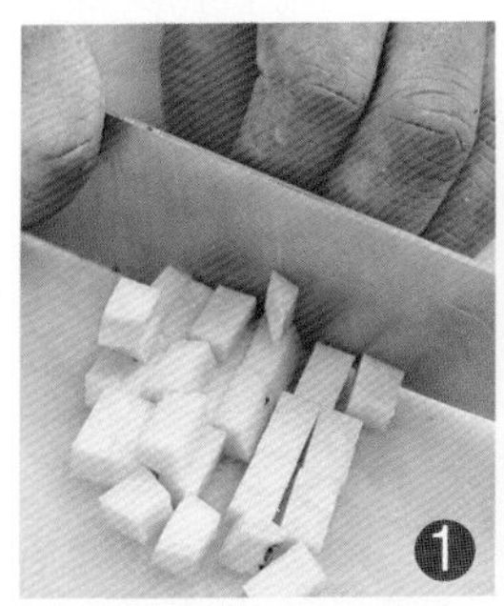

先将番薯去皮，切成大约1.5cm厚的小块。

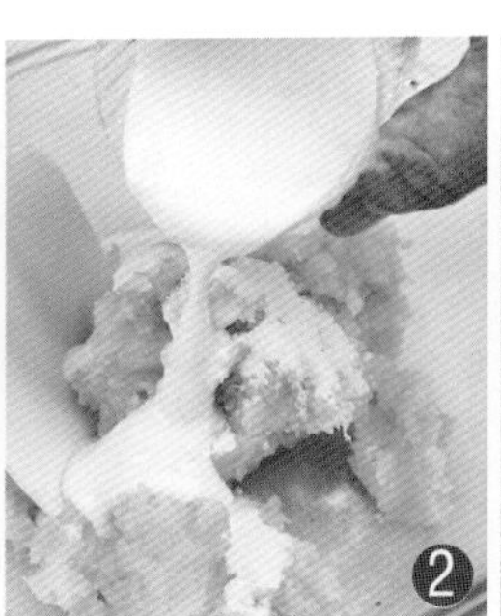

将番薯丁放入锅中，煮熟冷却后，捣成泥状；再将鲜奶油和60g过筛糖粉加入其中，搅拌均匀成馅料，备用。

将低筋面粉、糖粉、香粉、奶粉过筛后和盐一起搅拌均匀。

将其堆成粉墙状，加入鸡蛋和黄油一起充分搅拌均匀。

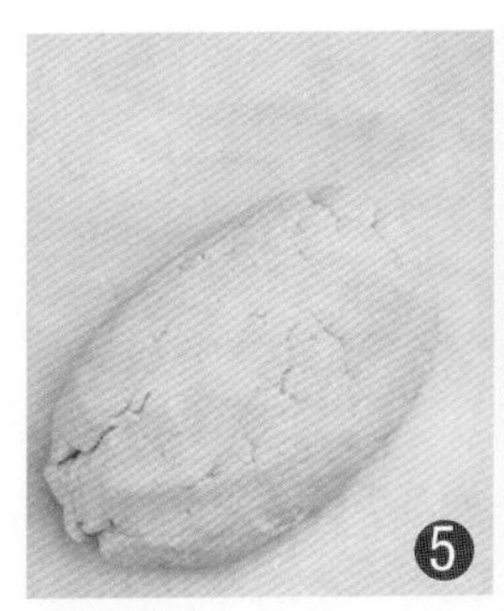

以压拌的方式拌成光滑面团。

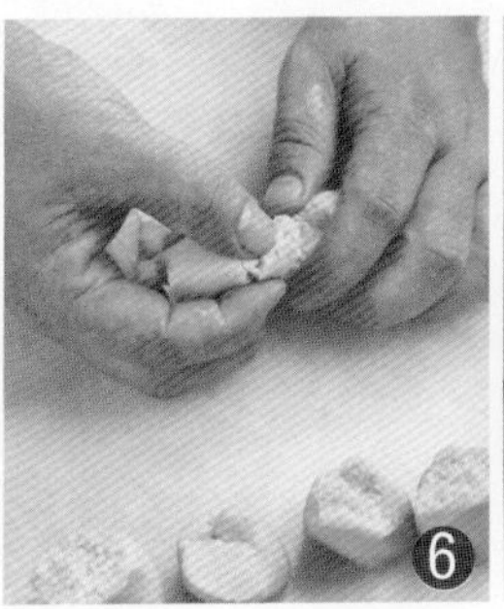

将面团松弛15分钟，分割成20g/个的面团。

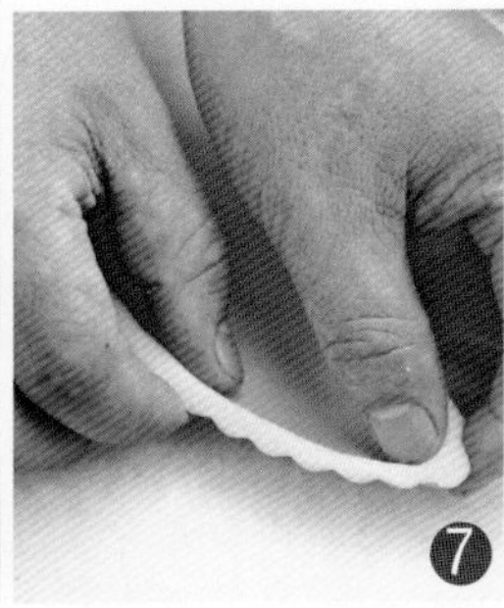

将面团放入塔模内，捏匀，厚薄要一致。

将馅料挤入塔模内，约九分满。

在材料表面撒上果仁。

入烤炉中，以上下火190℃/190℃烘烤大约20分钟即可。

Tips

1.番薯在煮制时，一定要煮熟。

2.搅拌面团时，面团的筋度要控制好。

3.分割面团时，大小要均匀。

4.捏形状时，塔皮的厚薄要匀称。

5.要注意烘烤的程度。

6.脱模时，需要一些温度，这样比较容易操作。

芝士咸塔（成品13个）

Zhishi Xianta

材料

低筋面粉120g
糖粉40g
香粉2g
奶粉25g
盐1g
鸡蛋30g
黄油60g

/馅料材料/

鸡蛋2个
鲜奶油40g
培根肉丁40g
香葱碎40g
芝士丝60g
盐2g
胡椒粉适量

制作过程

将低筋面粉、糖粉、香粉、奶粉和盐混合均匀后，堆成粉墙状，再加入黄油和30g鸡蛋。

用压拌的方式拌匀，使其呈面团状。

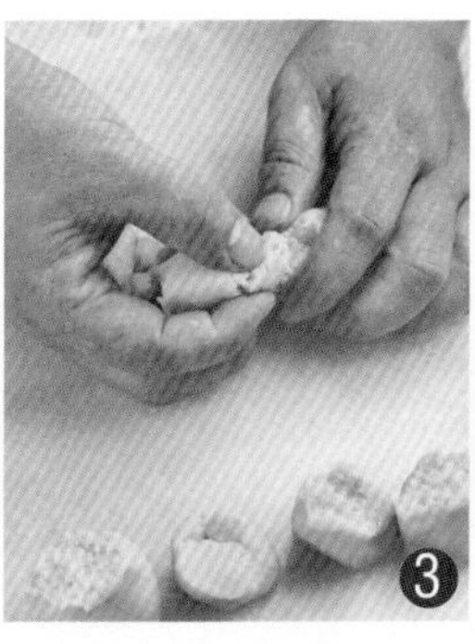

将面团松弛15分钟，分割成20g/个的小面团。

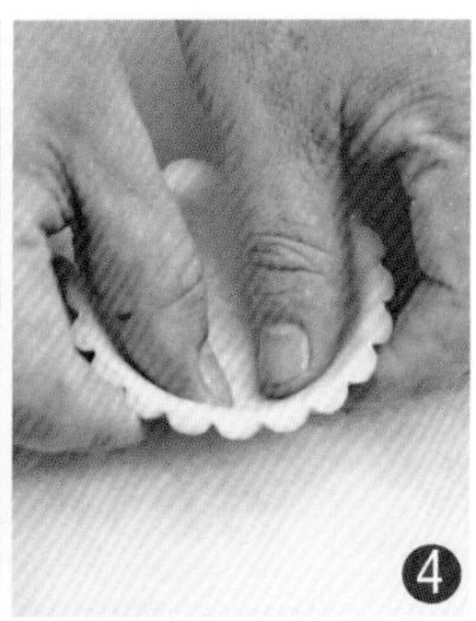

小面团放入塔模内，捏匀，厚薄要一致。

将备用的培根肉丁放入塔模内。

将香葱碎叶撒在培根肉的上面，并在上面撒上芝士丝。

再均匀撒上盐和胡椒粉调味。

将鸡蛋与鲜奶油混合搅拌均匀。

将蛋奶液倒入塔模内，约九分满。

入炉烘烤，以上下火180℃/190℃烘烤大约20分钟即可。

Tips

1.拌面团时，面团的筋度不可太强，要将面团的筋度松弛好。
2.捏形状时，塔皮要均匀。
3.注入馅料时，馅料不要太满。
4.烘烤时，要注意馅料膨胀的状态和烘烤时间。
5.培根肉可以先烘烤后再进行制作。

姜粉南瓜塔（成品13个）

Jiangfen Nanguata

难易度 Nan Yi Du

材料

低筋面粉130g	蛋黄15g	**/馅料材料/**	姜粉3g
糖粉25g	黄油60g	南瓜泥120g	鸡蛋1个半
泡打粉1g	水18g	牛奶140g	蛋黄15g
芝士粉20g		绵糖60g	

制作过程

1. 将低筋面粉、糖粉、泡打粉过筛后，和芝士粉一起拌匀。
2. 将其堆成粉墙状，再将 蛋黄、黄油和水加入其中。
3. 以压拌的方式拌成面团状，松弛20分钟。
4. 将面团分割成13等份，放入塔模内。
5. 将面团捏匀，备用。
6. 将馅料中的牛奶、姜粉、绵糖放入锅内，煮至沸腾，冷却后备用。
7. 先将鸡蛋和蛋黄搅拌均匀后加入其中，再加入南瓜泥，搅拌均匀成馅料。
8. 将馅料倒入备用的塔模内，约九分满。
9. 入炉烘烤，以上下火200℃烘烤大约20分钟，待蛋塔液凝固后即可取出。

苹果派

（成品1个） Pingguopai

材料

黄油170g
水80g
低筋面粉360g
盐2g
绵糖10g

/馅料材料/

苹果3个
玉米淀粉10g
水60g
黄油15g
蛋黄20g
绵糖100g
柠檬汁30g
肉桂粉3g
豆蔻粉3g

馅料制作过程

1. 先将苹果去皮去核，切成小丁备用。
2. 将黄油放入盆中，加热化开。
3. 再加入备用的苹果碎、绵糖、柠檬汁和30g水，炒至苹果水分收掉一部分。
4. 待苹果稍显透明，将15g水和玉米淀粉混合后加入，边煮边搅拌至浓稠状。
5. 然后加入过筛的肉桂粉和豆蔻粉，搅拌均匀，备用。
6. 将蛋黄与15g水混合搅拌均匀，备用。

派皮制作过程

先将低筋面粉过筛，再和盐、绵糖搅拌均匀。

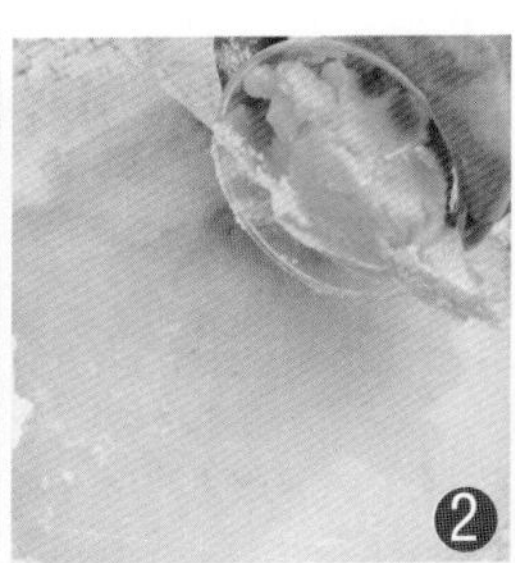

将黄油加入，搅拌成颗粒状。

加80g水，以压拌方式拌成面团，松弛20分钟。

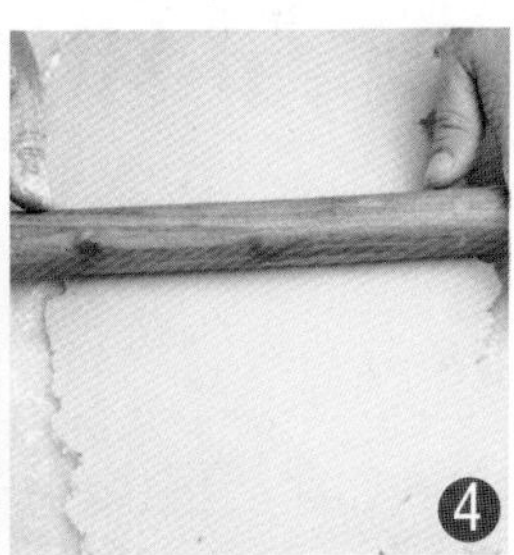

将面团擀开成4mm厚的面皮。

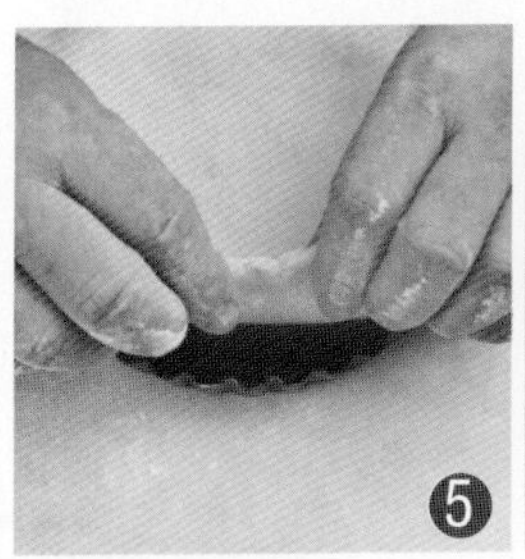

面皮放在派盘内，将多余的部分去除干净。

将派皮稍作修整，在底部用叉子打上小孔。

将馅料倒入派盘内，用勺子抹平。

将剩余的派皮擀开成3mm厚的面皮。

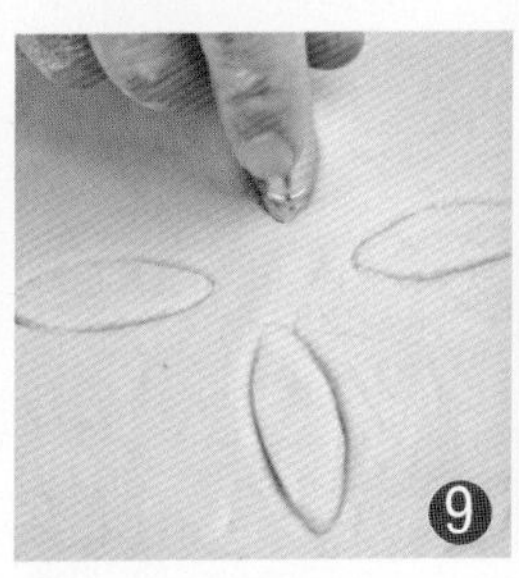

用叶子形压模压出4个叶子形孔的面皮。

将叶形孔的面皮放在馅料的上面。

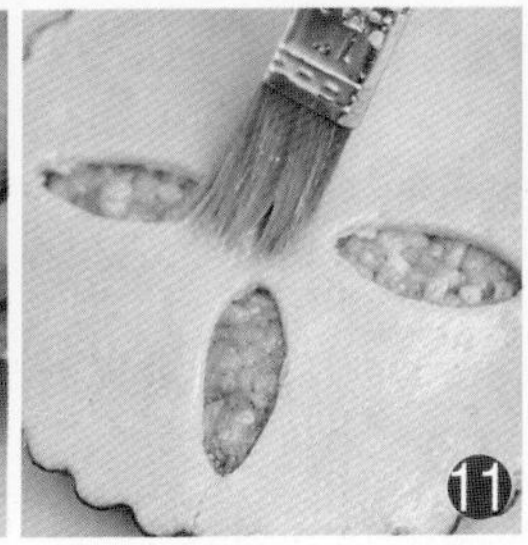

将多余的面皮去除干净，在派表面均匀地刷上蛋黄液。

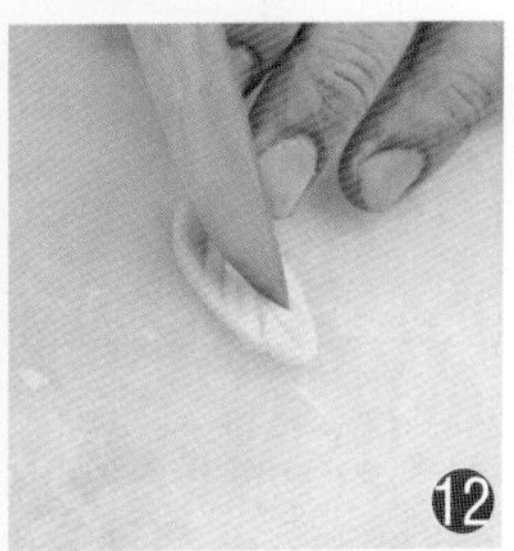

将压出的叶子面皮，在表面用刀背划出叶子的叶脉图案。

将叶形面皮摆在派皮的表面，再在表面刷上蛋黄液。

入炉烘烤，以上下火均210℃烘烤大约30分钟，待表面呈金黄色即可取出。

香草朗姆苹果派（成品1个）

Xiangcao Langmu Pingguopai

难易度 Nan Yi Du ★★★

材料

黄油68g
糖粉45g
鸡蛋23g
杏仁粉15g
低筋面粉120g
盐1g
香粉1g

/馅料材料/

苹果2个
绵糖50g
黄油50g
朗姆酒30g

/蛋糊材料/

鸡蛋50g
绵糖50g
黄油45g
香草荚半个
香粉适量

制作过程

1 先将蛋糊料的鸡蛋液打散，加入绵糖搅拌至糖化开。

2 将香草荚籽取出，和黄油加入其中，搅拌均匀。

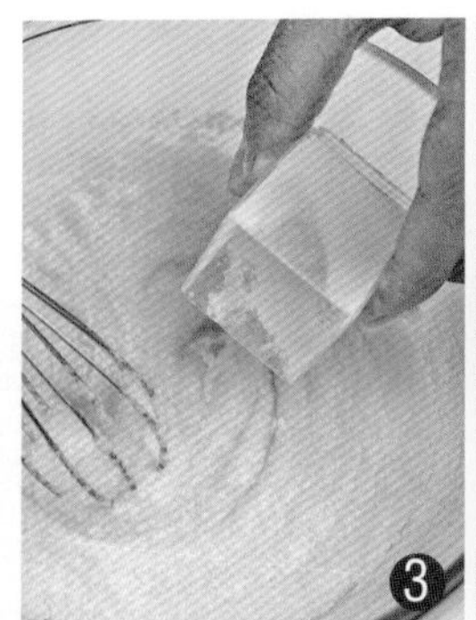

加入香粉，做成蛋糊，搅拌均匀，备用。

将馅料的苹果切开，去除内部的籽，切成块，放入锅内，加入绵糖和黄油，煮至糖的颜色变红。

再加入朗姆酒，搅拌均匀成馅料，备用。

将黄油、盐与过筛糖粉搅拌至乳化状。

分次加入鸡蛋充分搅拌均匀。

将低筋面粉、杏仁粉和香粉过筛后一起加入其中，拌成面团。

将面团松弛10分钟左右，擀开至4mm厚的面皮。

将面皮放在派盘内，去掉多余的部分。

再将派皮边缘进行修整，并用叉子在底部打上小孔。

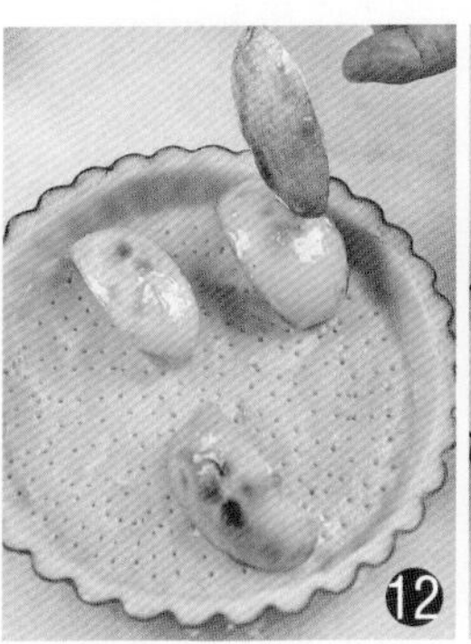

在派皮表面摆上煮好的苹果块。

挤上混合的蛋糊，轻轻将其整平。

以上下火200℃/180℃烘烤约20分钟即可。

红李子派

（成品2个）

Honglizipai

材料

黄油150g
绵糖75g
鸡蛋1个
低筋面粉270g
泡打粉1g

/馅料材料/
黄油100g
糖粉100g
鸡蛋1个
杏仁粉100g
低筋面粉60g
鲜奶油60g

/装饰材料/
李子3个
绵糖60g
光亮剂适量

派皮制作过程

1. 先将黄油与绵糖搅拌至微发。
2. 再分次加入鸡蛋搅拌均匀。
3. 将低筋面粉和泡打粉过筛后加入，拌成面团状，松弛20分钟。

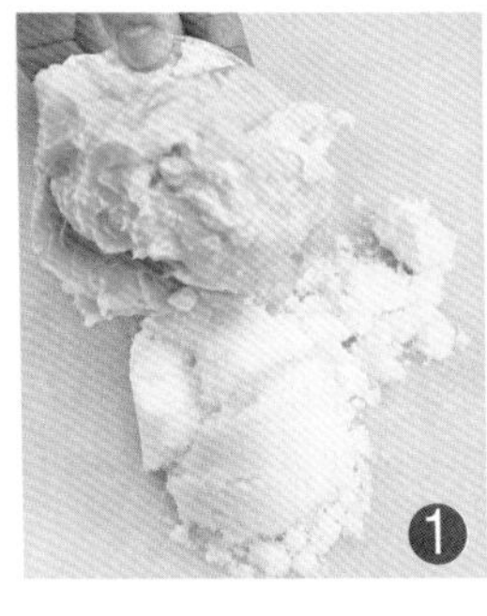
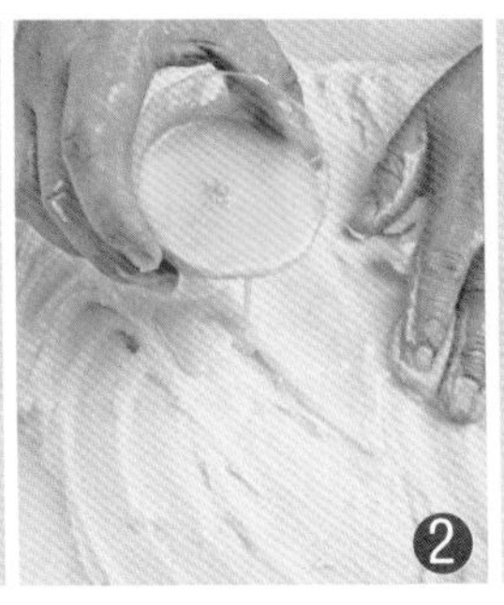

馅料制作过程

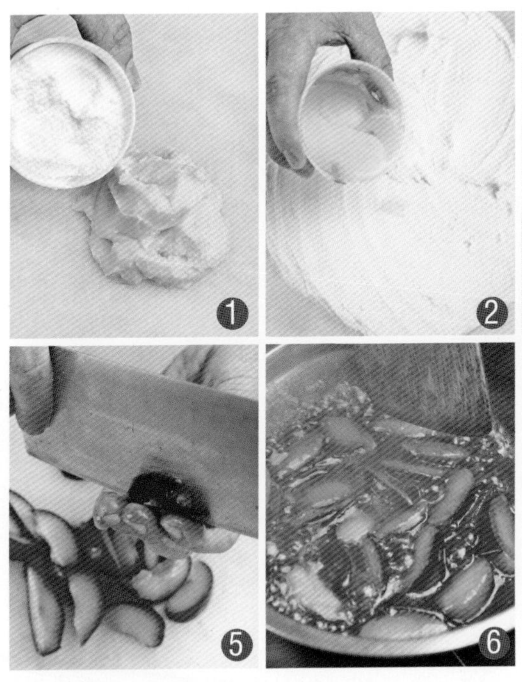

1. 先将黄油和过筛糖粉充分拌发。
2. 再分次加入鸡蛋搅拌均匀。
3. 将低筋面粉过筛后和杏仁粉一起加入，搅拌均匀。
4. 最后加入鲜奶油拌匀，即成馅料，备用。
5. 将李子取出核，切成小块。
6. 将绵糖和李子块一起放入锅中，煮熟备用。

组合制作过程

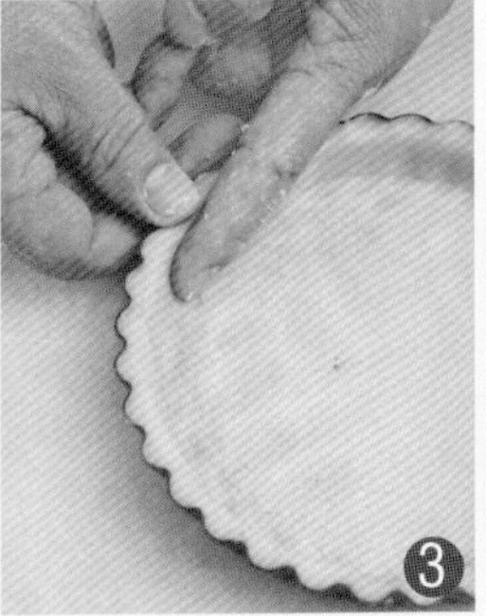

1. 将松弛完成的面团擀开成4mm厚的面皮。
2. 将面皮放入派盘内，去除多余的部分。
3. 派皮稍作修整后，在底部打上小孔。
4. 将备用的馅料挤入派盘内，抹平，将煮熟的李子摆放在表面。
5. 入炉，以上下火200℃烘烤大约30分钟。
6. 待李子派熟后取出，在表面刷上光亮剂，冷却后脱模即可。

草莓果酱派（成品13个）

Caomei Guojiangpai

材料

黄油140g	鸡蛋1个	草莓果酱300g
糖粉60g	低筋面粉160g	
盐1g	奶粉10g	

Tips

1.黄油和糖粉在搅拌时，不要搅拌得太膨松。

2.加入鸡蛋时，要慢一些。

3.表面装饰的果酱，也可以用其他果酱代替。

制作过程

先将糖粉过筛后，和黄油一起搅拌均匀，再加入盐搅拌至微发。

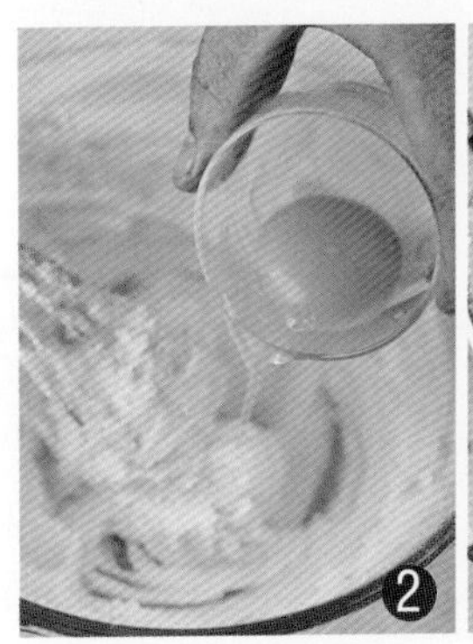

分次加入打散后的鸡蛋，搅拌均匀。

将低筋面粉和奶粉过筛后加入，搅拌成面糊。

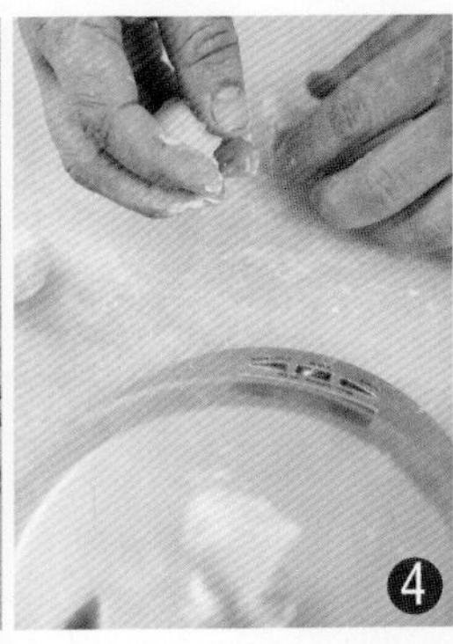

面糊分割成12g/个的面团，用手轻轻搓圆。

面团摆入铺有高温布的烤盘内。

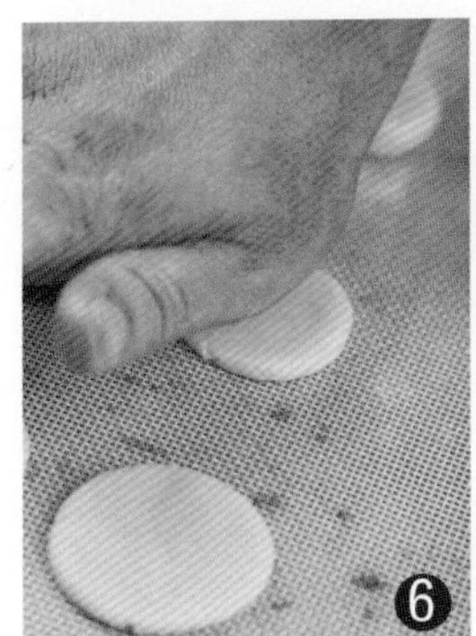

用手掌将面团压扁，大小要一致。

将剩余的面糊装入裱花袋内，用动物花嘴在圆饼的边缘挤上小圆球。

以上下火180℃/160℃烘烤15分钟左右。

最后在完全冷却的饼干表面挤上草莓果酱。

凤梨黄桃派

难易度 Nan Yi Du ★★★

（成品1个）*Fengli Huangtaopai*

材料

黄油170g
水80g
低筋面粉360g
绵糖10g
盐2g

/馅料材料/
黄油15g
蛋黄15g
水75g
凤梨丁200g
黄桃200g
绵糖25g
柠檬汁25g
麦芽糖40g
玉米淀粉10g

准备

制作前，先将凤梨丁切碎备用；将黄桃切成片状备用。

馅料制作过程

1. 将15g蛋黄与15g水搅拌均匀，备用。
2. 将备好的凤梨丁、绵糖、30g水和柠檬汁一起煮至沸腾。
3. 用小火煮5分钟，待凤梨丁稍显透明，水分收干一些即可。
4. 加入备用的黄桃条搅拌均匀。
5. 再加入麦芽糖充分拌匀。
6. 将玉米淀粉和30g水混合拌匀后加入其中，边搅拌边煮至呈糊状。
7. 最后加入黄油搅拌至黄油化开，备用。

派皮制作过程

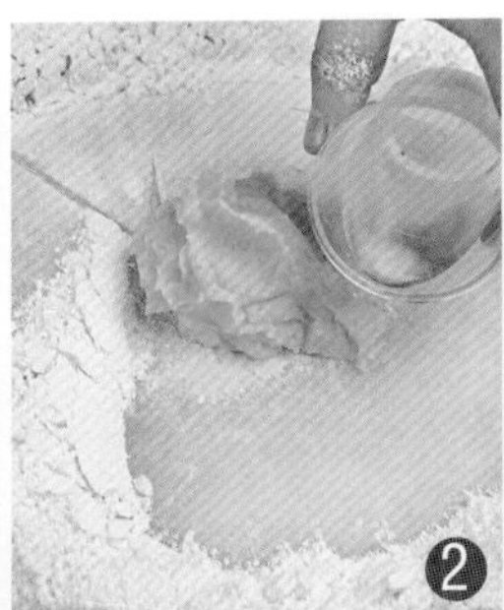

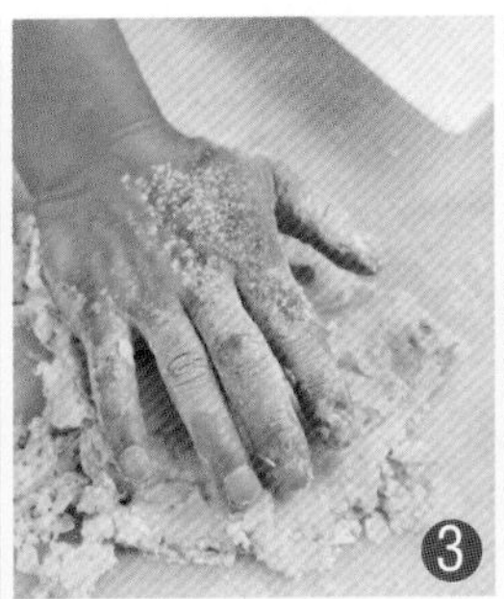

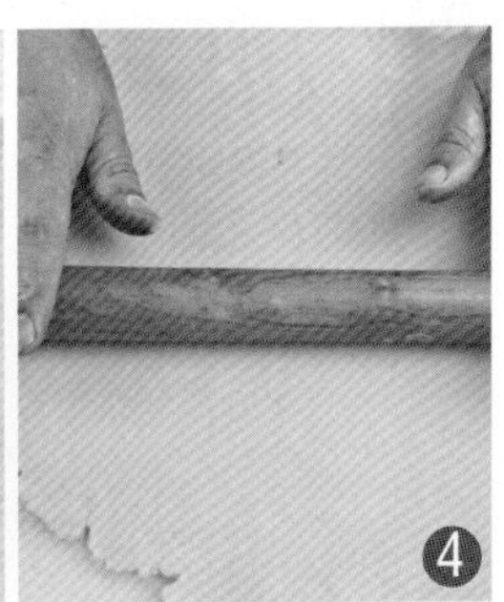

1. 先将低筋面粉过筛，再和盐、绵糖一起搅拌均匀，堆成粉墙状。
2. 将黄油和水加入粉糊中，拌匀。
3. 以压拌的方式拌成面团，松弛20分钟。
4. 将面团擀开至4mm厚的面皮。
5. 面皮放在派盘内，并去除多余的部分。
6. 稍作修整，在派皮底部用叉子打上小孔。

组合制作过程

将馅料倒入模具内，抹平。将剩余的面皮擀开至2.5mm厚的面皮。

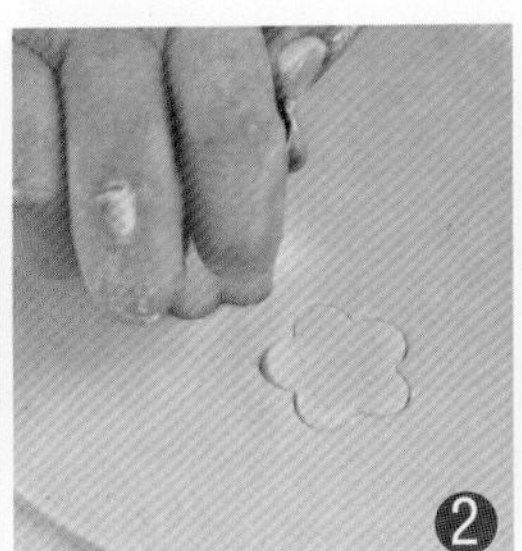

在面皮的中间部分用梅花形压模压出梅花孔。

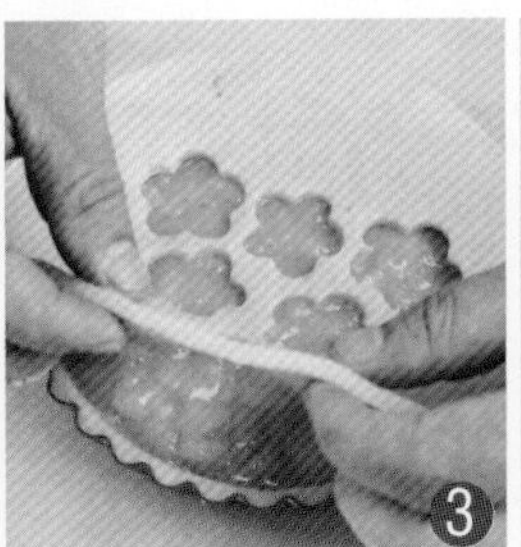

将带梅花孔的面皮摆放在馅料的上面，再去除多余的面皮。

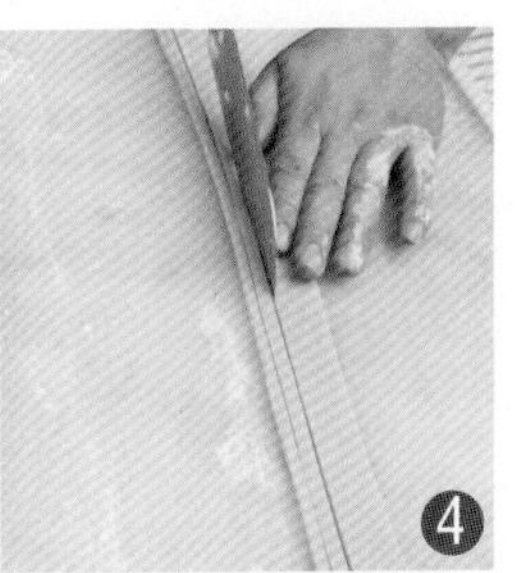

将多余的面皮擀成长薄片，用刀切成4mm宽的长条。

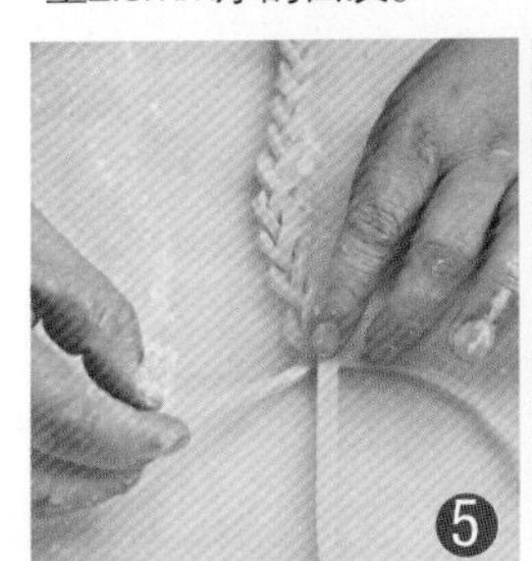

取3根长条编成辫子的形状。

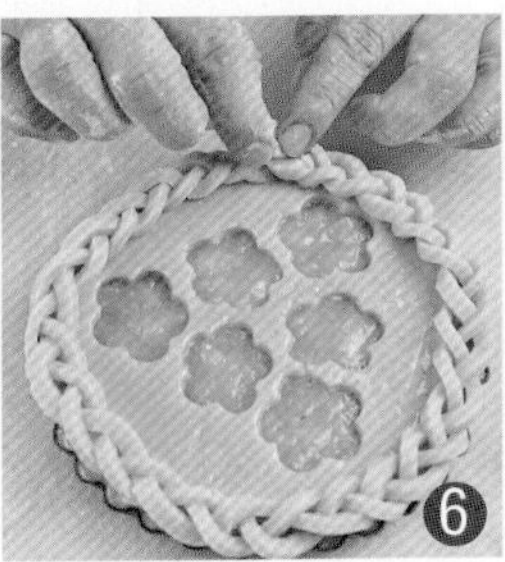

将辫子围在面皮的表面边缘处。

在派的表面均匀地刷上蛋黄液后入烤炉。

以上下火210℃/200℃烘烤约30分钟即可。

糖渍蜜饯派（成品1个）

Tangzi Mijianpai

难易度 Nan Yi Du ★★★

材料

黄油68g
绵糖45g
鸡蛋23g
杏仁粉15g
低筋面粉120g
肉桂粉1g
八角粉1g

/装饰材料/

糖渍樱桃50g
葡萄干30g
糖渍黑橄榄40g
糖渍桃肉40g
朗姆酒60g
糖渍柑橘干40g
西梅40g
绵糖10 g

/蛋糊材料/

鸡蛋1个
绵糖63g
低筋面粉38g
杏仁粉35g
泡打粉1g
蜂蜜10g
黄油50g
香粉适量

准备

将装饰配方中所有材料放在一起煮至水分收干，即可备用。

蛋糊制作过程

1. 先将鸡蛋与绵糖搅拌至糖化开。
2. 加入过筛的杏仁粉、低筋面粉、泡打粉和香粉，再加入蜂蜜，搅拌均匀。
3. 将黄油化开后加入其中，拌匀备用。

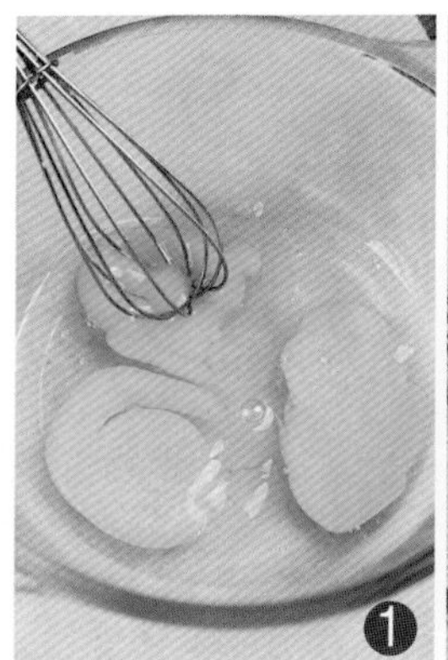

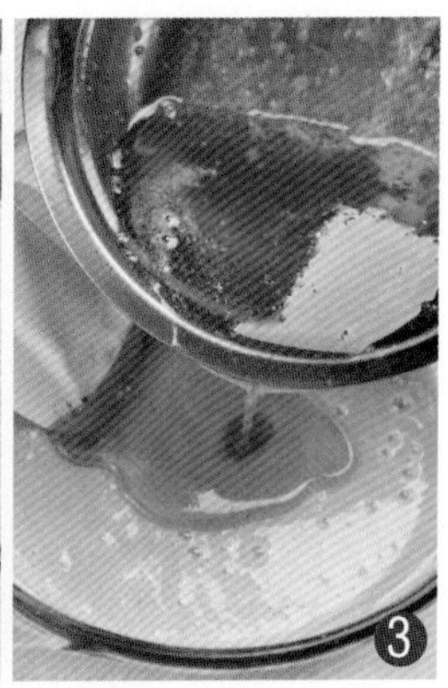

派制作过程

将黄油与绵糖搅拌至呈乳化状。

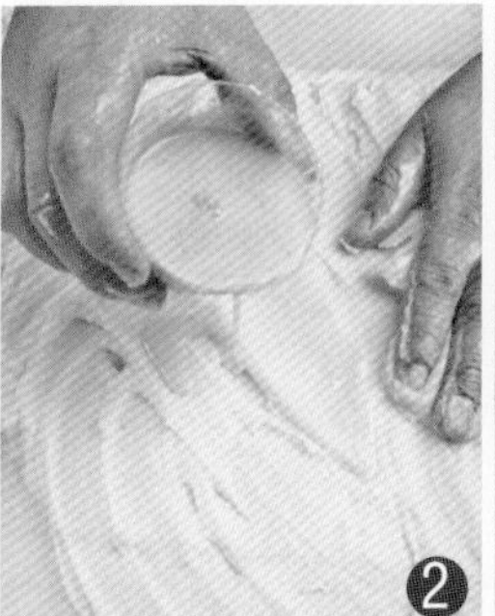

分次加入鸡蛋液搅拌均匀。

将低筋面粉过筛后和杏仁粉一起加入，拌成面团状。

再将肉桂粉和八角粉过筛后加入，拌匀。

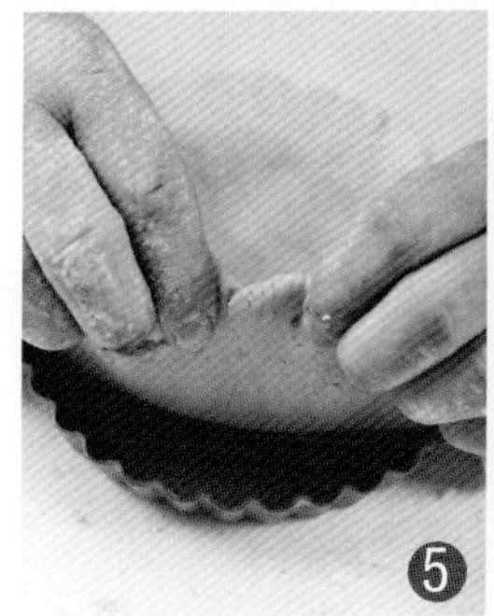

将面团擀开至4mm厚的面皮，放入涂抹黄油派的盘内（黄油起到润滑的作用），将多余的面皮去除干净。

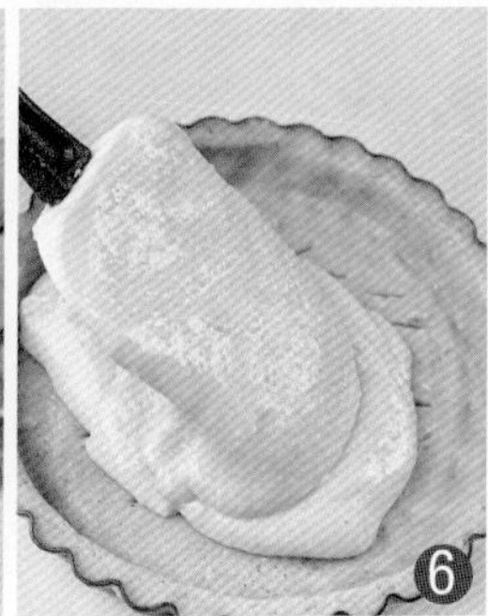

将派皮边缘稍作修整，将蛋糊倒在派皮的表面，抹平。

入炉烘烤，以上下火200℃/210℃烘烤大约25分钟。

将备用的装饰蜜饯摆在上面即可。

番茄芝士派（成品2个）

Fanqie Zhishipai

材料

黄油100g
绵糖45g
鸡蛋40g
低筋面粉175g
泡打粉1g

/芝士馅料材料/

奶油芝士180g
绵糖70g
鸡蛋60g
鲜奶油70g
番茄干适量
光亮剂适量

派皮制作过程

1. 先将黄油与绵糖搅拌至微发。
2. 再分次加入鸡蛋搅拌均匀。
3. 将低筋面粉和泡打粉过筛后加入，拌成面团状，松弛20分钟。

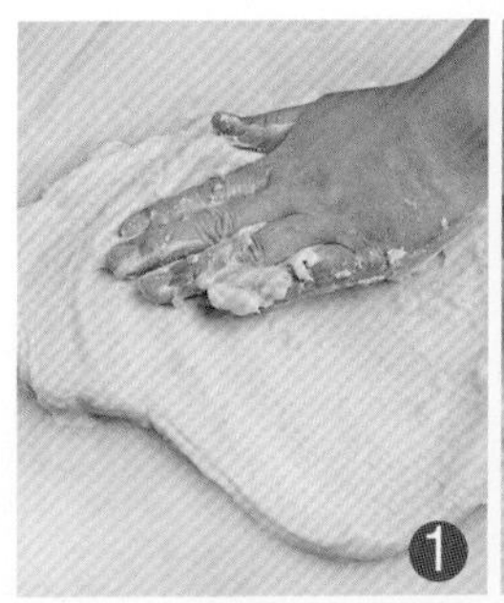

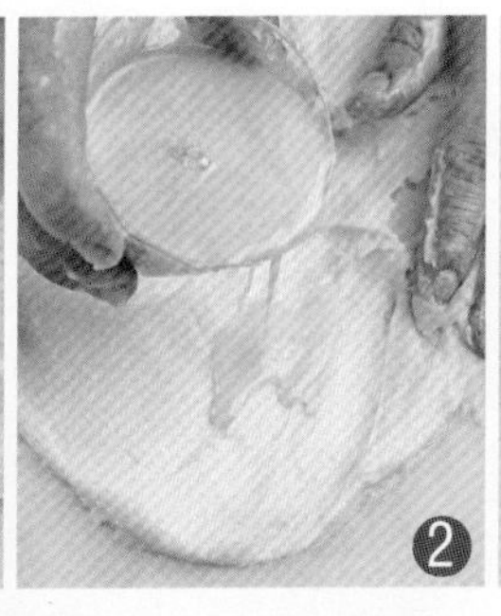

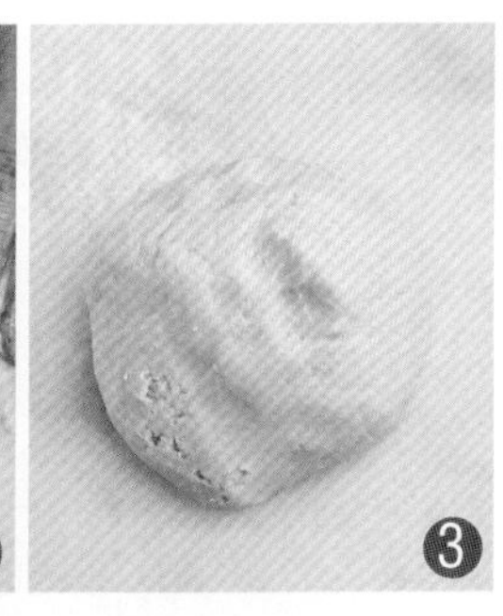

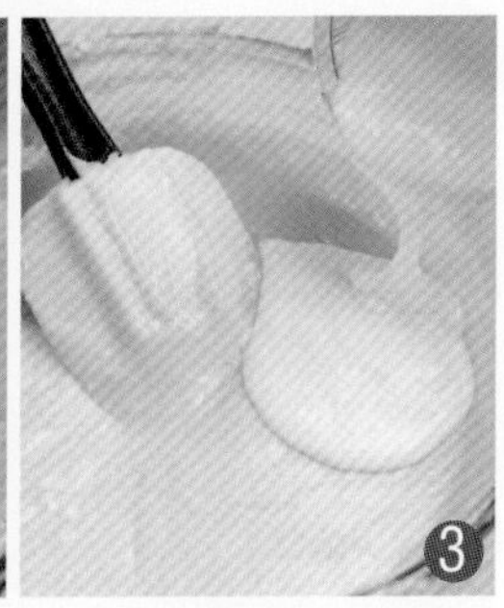

馅料制作过程

1. 将奶油芝士和绵糖搅拌至微发。
2. 再分次加入鸡蛋搅拌均匀。
3. 将鲜奶油慢慢加入，拌匀备用。

组合制作过程

将松弛好的面团擀开成4mm厚的面皮。

将面皮放入派盘内，去除多余的部分。

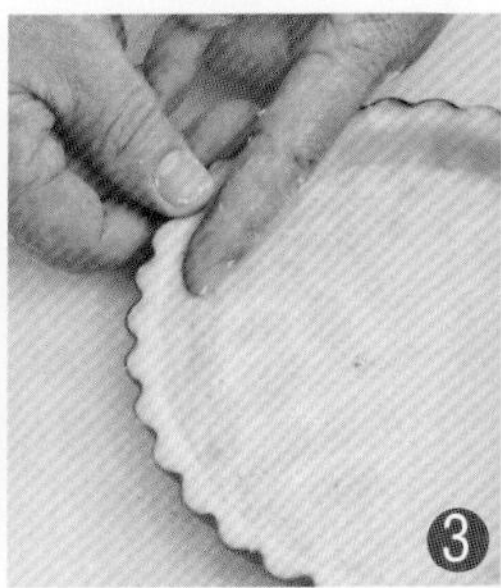

稍作修整后，在派皮底部打上小孔。

将备用的芝士馅料挤入派盘内，震平。

在表面摆放上番茄干。

以上下火190℃/200℃烘烤大约35分钟。

出炉后在表面刷上光亮剂，冷却后脱模即可。

黑橄榄派（成品1个）

Heiganlanpai

材料

黄油50g	低筋面粉125g	/馅料材料/	杏仁粉40g	/装饰材料/
糖粉45g	杏仁粉25g	鸡蛋1个	低筋面粉20g	黑橄榄适量
鸡蛋25g	盐1g	黄油55g		光亮剂适量
香粉2g	杏仁碎适量	绵糖50g		

馅料制作过程

1. 先将黄油与绵糖搅拌至呈乳化状。
2. 分次加入鸡蛋，搅拌均匀。
3. 将低筋面粉和杏仁粉过筛后一起加入，拌匀待用。

组合制作过程

先将黄油与过筛糖粉搅拌均匀。

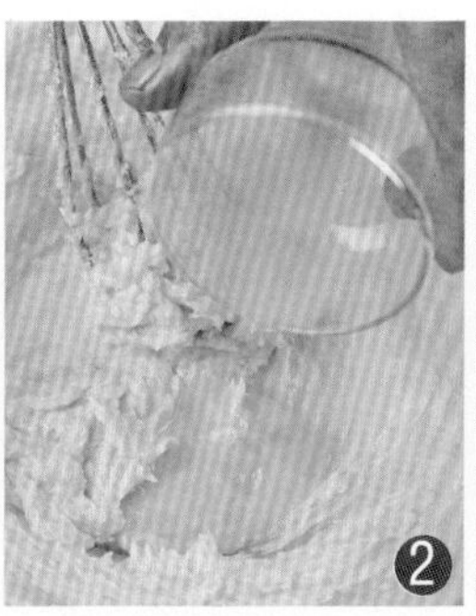

分次加入鸡蛋，拌匀。

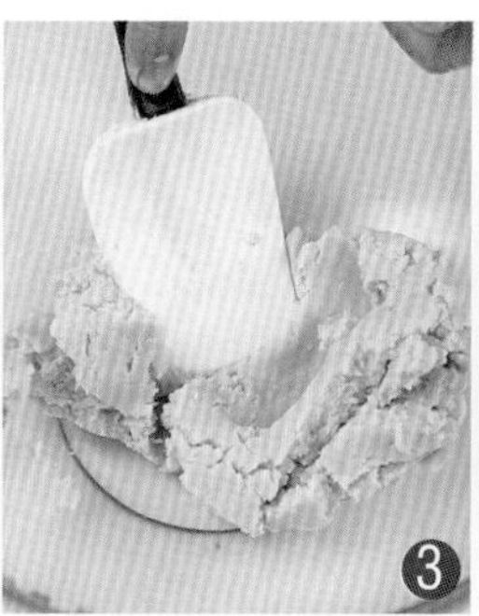

将低筋面粉、杏仁粉、香粉过筛后，和盐一起加入，拌成面团状，松弛15分钟后，将面团擀开成4mm厚的面皮。

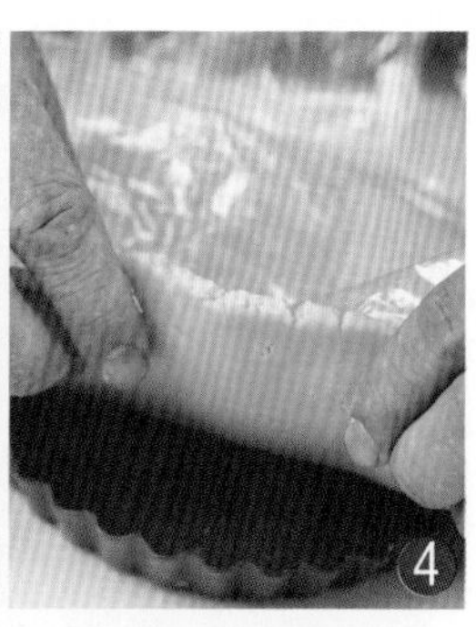

将面皮放在派盘内，去除多余的部分。

将面皮边缘稍作修整，用叉子在面皮底部打上小孔。

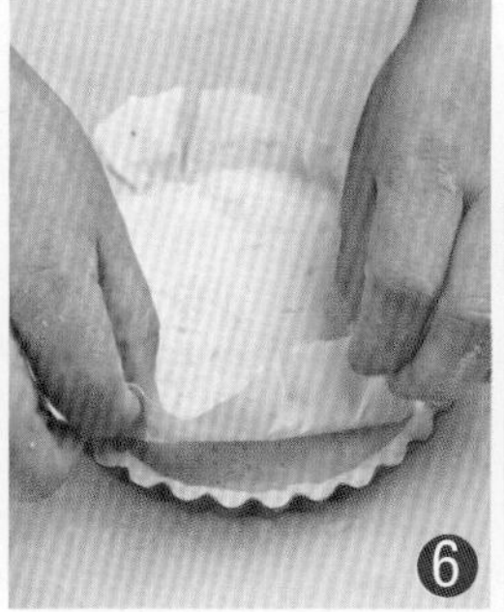

在面皮上垫一张纸，放上杏仁碎，入炉烘烤，以上下火180℃烘烤大约20分钟。

出炉后将杏仁碎取出，稍作冷却，将馅料倒入派模内抹平。

在表面摆放上黑橄榄。

放入炉中，以上下火170℃/200℃烘烤大约20分钟即可。

出炉后，在表面刷上光亮剂即可。

栗子派（成品1个）

Lizipai

材料

黄油55g
糖粉40g
鸡蛋25g
香粉2g
低筋面粉125g
杏仁粉25g
盐1g

/馅料材料/

黄油50g
杏仁粉65g
鸡蛋50g
栗子泥60g
朗姆酒10g
绵糖40g

/装饰材料/

栗子整粒适量
光亮剂适量

制作过程

先将黄油与过筛糖粉搅拌均匀。

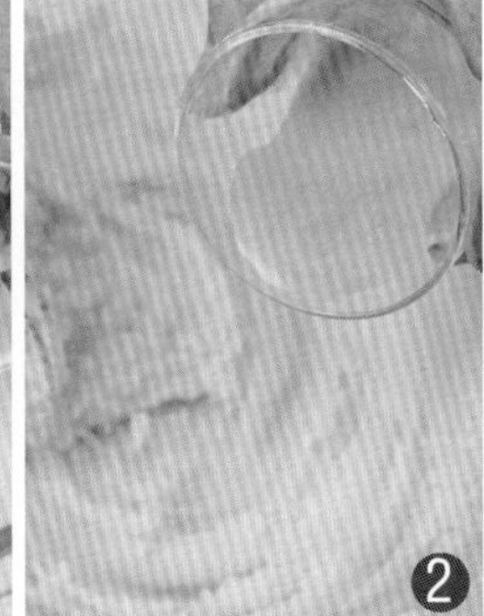

分次加入鸡蛋拌匀。

将低筋面粉、杏仁粉和香粉过筛后一起加入，拌成面团状。

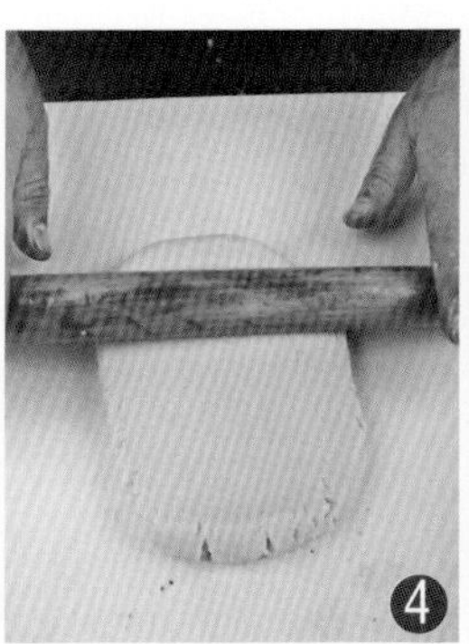

面团松弛15分钟后，擀开至4mm厚的面皮。

将面皮放在派盘内，去除多余的部分。

将派皮边缘稍作修整，在底部打上小孔，备用。

将馅料中的黄油搅拌软化，再加入绵糖，搅拌至微发。

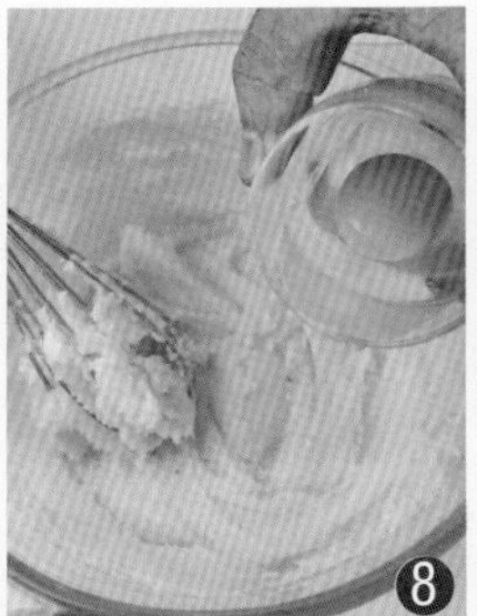

再分次加入鸡蛋液，搅拌均匀。

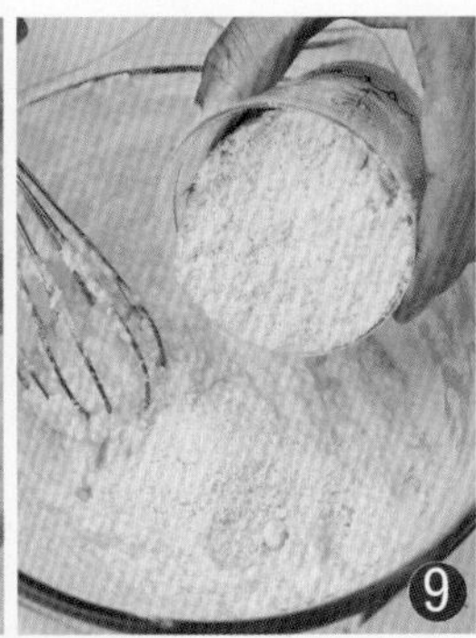

加入过筛的杏仁粉，搅拌均匀。

加入备好的栗子泥，搅拌均匀。

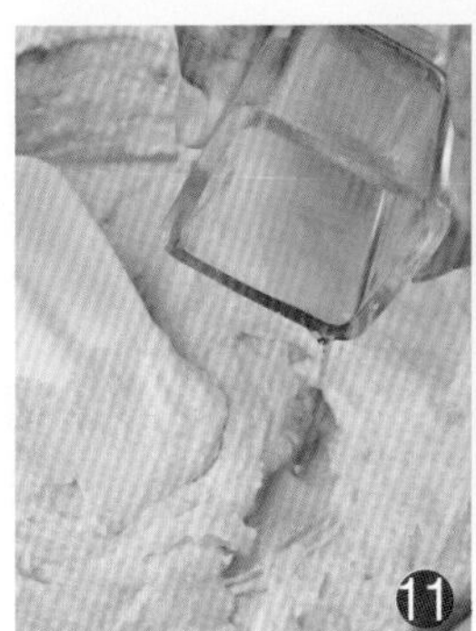

最后加入朗姆酒，搅拌均匀，即成馅料。

将馅料倒在派模内，轻轻震平。

在表面摆上栗子整粒，入炉烘烤，以上下火200℃/190℃烘烤35分钟左右。

出炉后，立即刷上光亮剂即可。

南瓜核桃派（成品1个）

Nangua Hetaopai

材料

黄油115g　盐2g
水20g　绵糖7g
低筋面粉240g

/馅料材料/

南瓜泥300g　牛奶120g　玉米淀粉25g　麦芽糖90g
鸡蛋3个　绵糖80g　肉桂粉2g　水60g
姜粉2g　豆蔻粉2g　核桃仁适量

制作过程

先将低筋面粉过筛后，和盐、绵糖搅拌均匀。

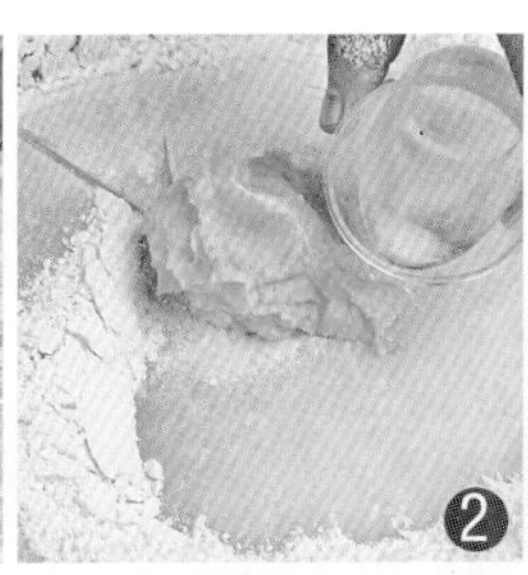

加入水和黄油，以压拌的方式拌匀。

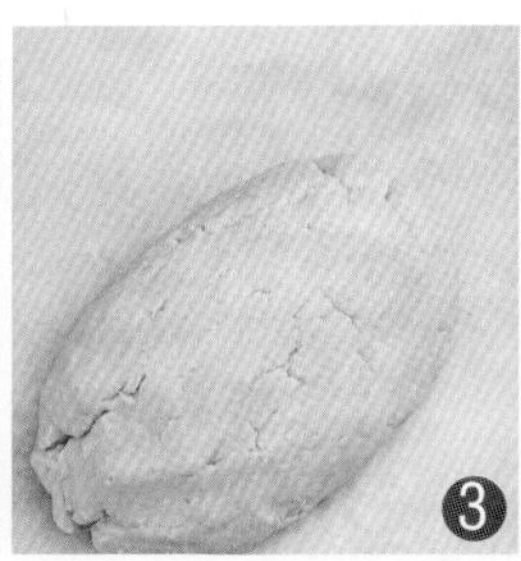

将其拌成面团状，松弛20分钟。

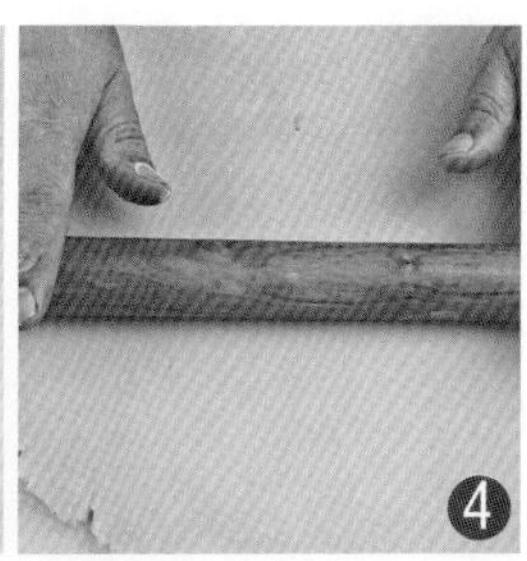

将面团擀开至4mm厚的面皮。

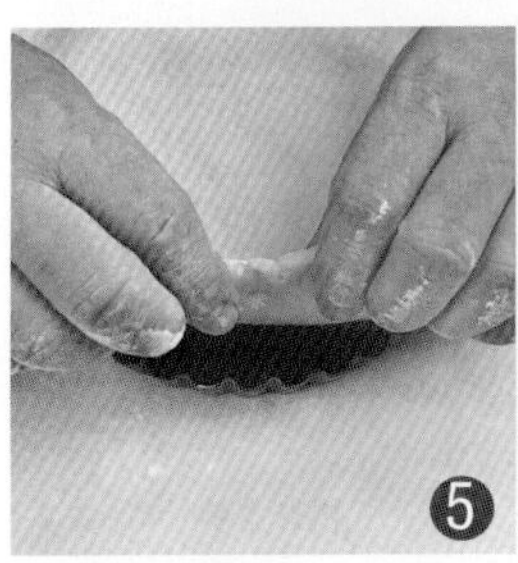

面皮放在派盘内，将多余的部分去除干净。

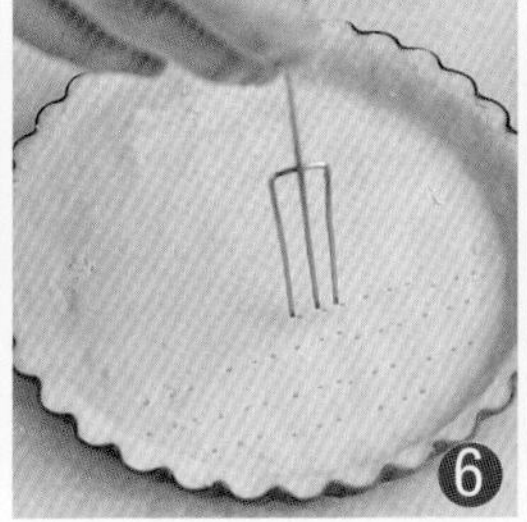

稍作修整，在底部用叉子打小孔并垫圆纸。

放杏仁碎，入炉以上下火190℃烤约 20分钟。

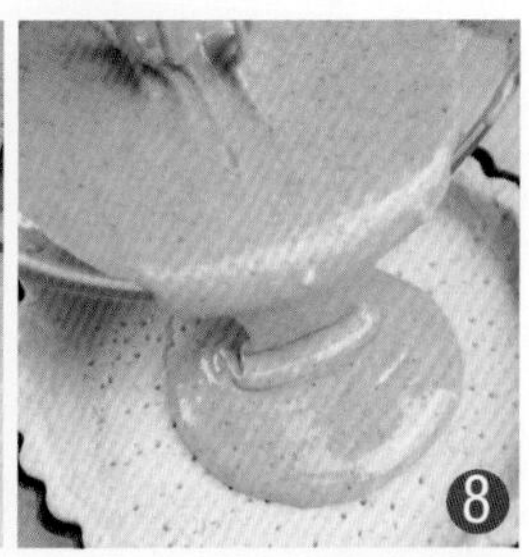

出炉冷却后将杏仁碎取出，将备用的馅料倒入模具内，抹平后入炉。

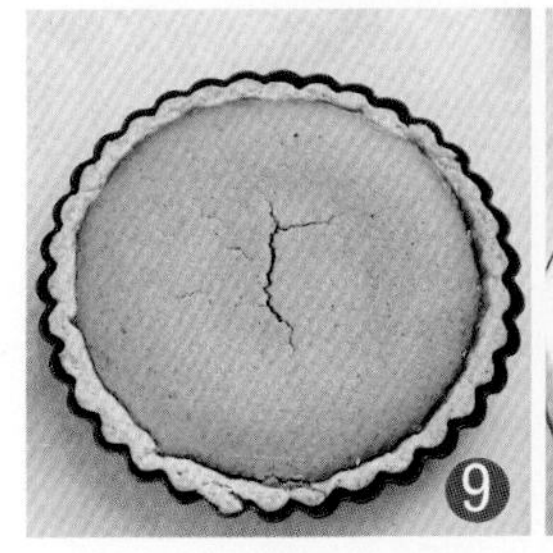

以上下火180℃/190℃烤约30分钟出炉。

将麦芽糖和水放入容器中煮至沸腾。

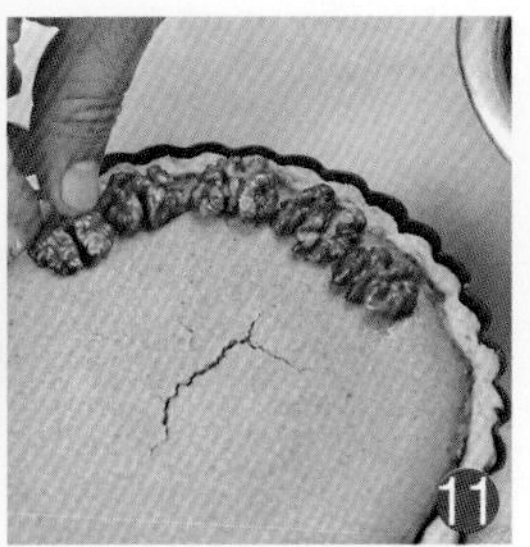

将核桃仁蘸糖液，摆在派表面边缘部位即可。

馅料制作过程

1. 先将核桃仁放入烤箱内烤熟，取出备用；将南瓜泥和鸡蛋放入容器，搅拌均匀。

2. 再加入牛奶和绵糖，搅拌均匀。

3. 然后将肉桂粉、玉米淀粉、豆蔻粉、姜粉过筛后一起加入，搅拌均匀成馅料，备用。

松子桃肉派（成品1个）

Songzi Taoroupai

材料

	/装饰材料/	/馅料材料/
黄油90g	柚子酱适量	盐浸桃肉50g
盐1g	糖粉适量	水100g
绵糖90g	黄油适量	绵糖15个
鸡蛋25g	松子仁适量	香草荚半根
低筋面粉170g		
泡打粉1g		
香粉1g		

制作过程

在派盘的内部涂上适量的黄油，备用。

将馅料中的盐浸桃肉和水、绵糖、香草夹一起煮至桃肉柔软，备用。

先将派皮中的黄油搅拌均匀。

再加入盐和绵糖，充分搅拌均匀。

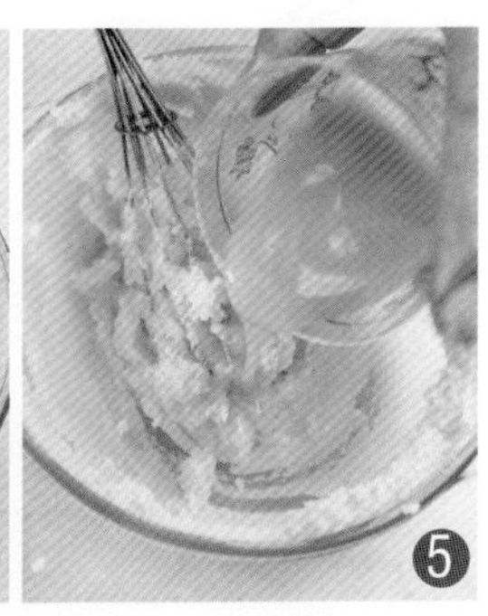

再分次加入鸡蛋，搅拌均匀。

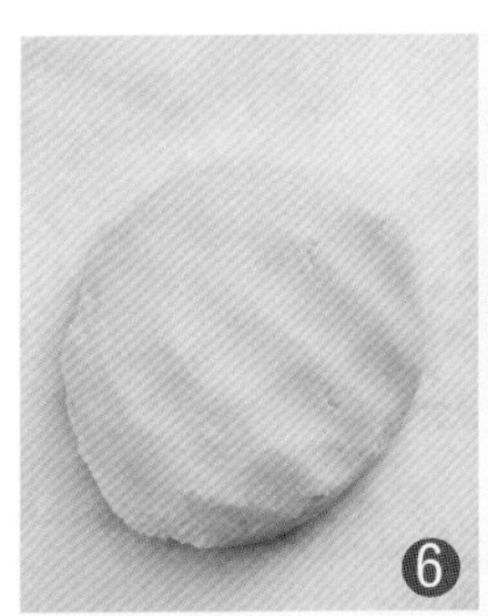

将低筋面粉、泡打粉和香粉过筛后加入，拌成面团状。

面团松弛15分钟，将一半面团擀开至4mm厚的面皮。

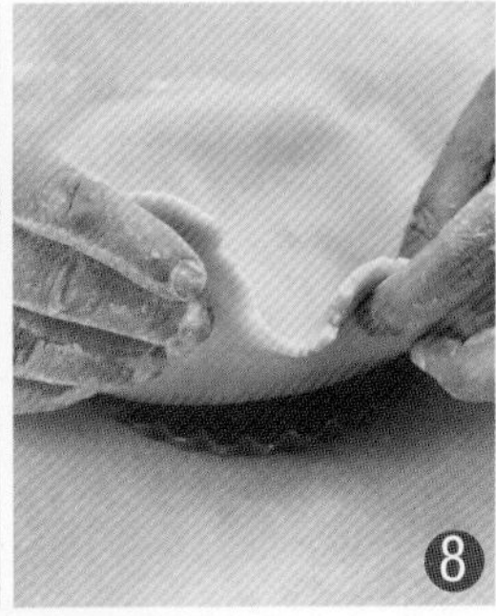

将其放在派盘内，去除多余的部分。

面皮边缘稍作修整，在底部打上小孔，将备用的桃肉放在表面。

将剩余的面团擀开至3mm厚的面皮，盖在桃肉的表面，再将边缘修饰干净。

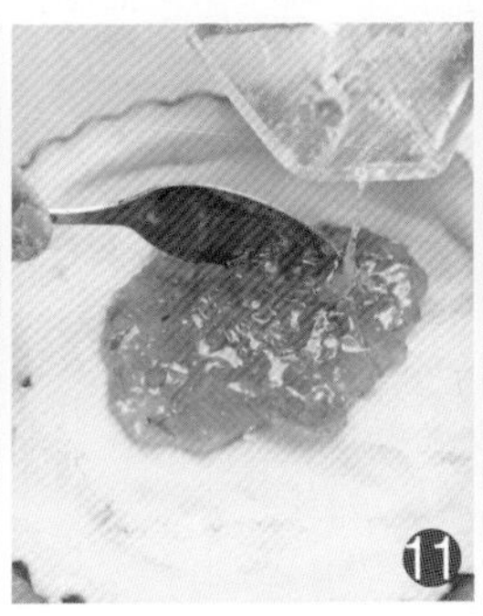

在派表面挤上柚子酱，抹匀。

在柚子酱的上面撒上松子仁，整平。

放入炉中，以上下火190℃/200℃烘烤大约25分钟，出炉冷却后，在派的边缘筛上适量糖粉即可。

松子派（成品2个）

Songzipai

材料

全麦粉100g
盐1g
高筋面粉75g
色拉油40g
水55g
/馅料材料/
杏仁粉80g
玉米淀粉40g
松子仁100g
麦芽糖30g
白兰地15g
盐1g
柠檬碎10g
迷迭香2g
核桃仁50g
牛奶60g
色拉油30g
/装饰材料/
柚子酱50g
苹果汁15g
盐2g
吉利丁3g

准备

1.先将吉利丁用水泡软，备用。
2.再将柚子酱和苹果汁、盐一起在容器中煮开。
3.将泡软的吉利丁加入其中，搅拌至吉利丁溶解，备用。

派皮制作过程

将全麦粉和高筋面粉过筛后，和盐一起放入容器，混合拌匀。

将色拉油和水加入，拌成面团状。

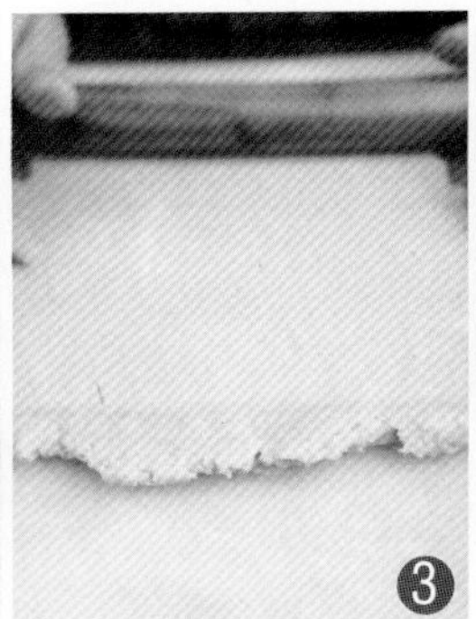

将面团松弛20分钟，擀开至4mm厚。

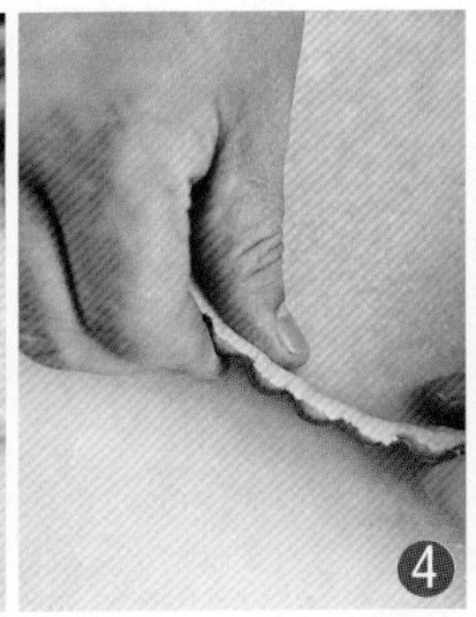

面皮放入派盘内，将多余的部分去除干净，旁边稍作修整。

在底部打上小孔，松弛备用。

馅料制作过程

先将杏仁粉和玉米淀粉过筛后放入容器，再加入迷迭香，搅拌均匀。

加入牛奶和色拉油，搅拌均匀。

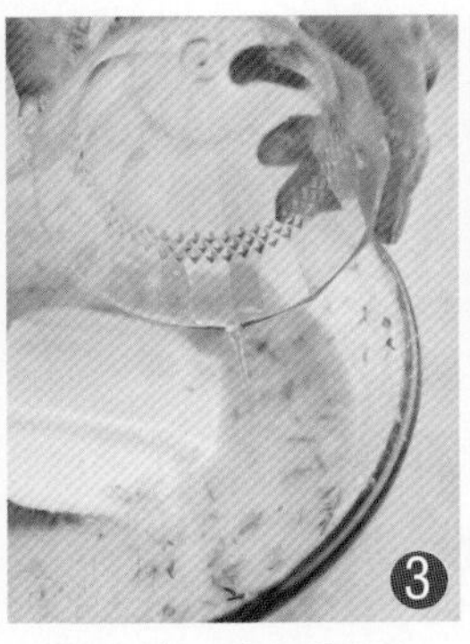

将麦芽糖、盐、核桃仁加入其中，拌匀。

最后加入白兰地、柠檬碎和柠檬汁，搅拌均匀待用。

组合制作过程

将备好的馅料倒入派盘内，抹平。

再放上松子仁，将表面完全盖住。

入炉中烘烤，以上下火180℃/190℃烘烤大约35分钟。

趁热将装饰材料倒在派的表面装饰即可。

咖喱牛肉派（成品1个）

Gali Niuroupai

材料

黄油170g
水80g
低筋面粉360g
盐2g
绵糖10g

/馅料材料/

色拉油40g
牛肉碎250g
咖喱粉5g
洋葱丁150g
大蒜粉5g
白兰地15g
盐2g
酱油2g
玉米淀粉15g
水15g
绵糖7g

/装饰材料/

蛋黄1个
水 10g

制作过程

1. 先将低筋面粉过筛，再和盐、绵糖一起搅拌均匀。

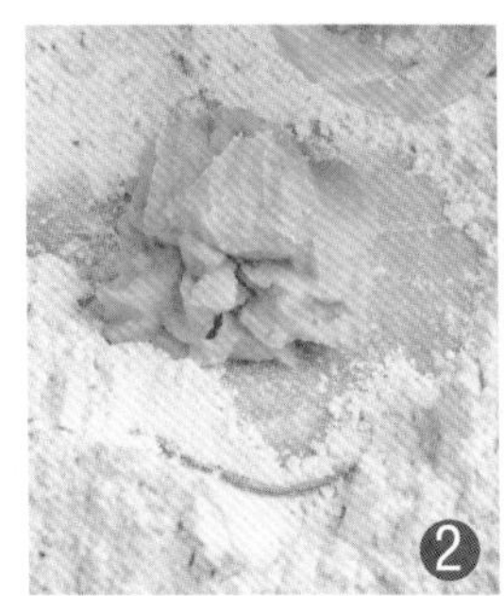

2. 加入黄油，以压拌的方式拌匀。

3. 加入水，拌成面团状，松弛20分钟。

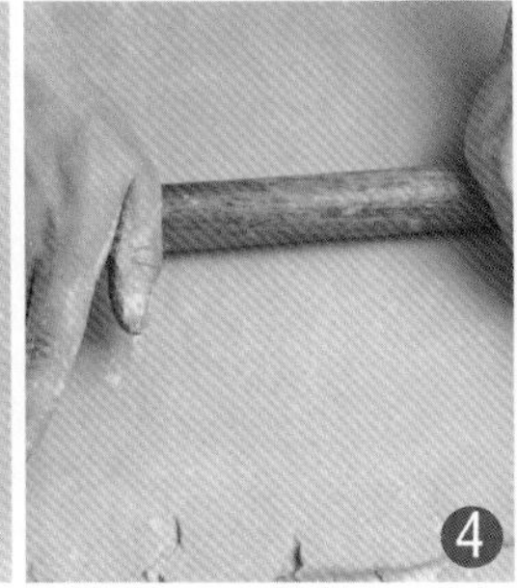

4. 将面团擀开成4mm厚的面皮。

5. 将面团放在派盘内，去除掉将多余的部分。

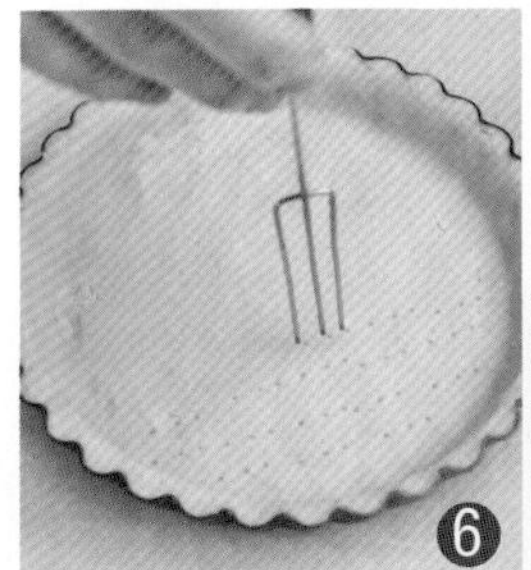

将派皮稍作修整，在底部用叉子打上小孔。

将馅料倒入派盘内，用刮板抹平。

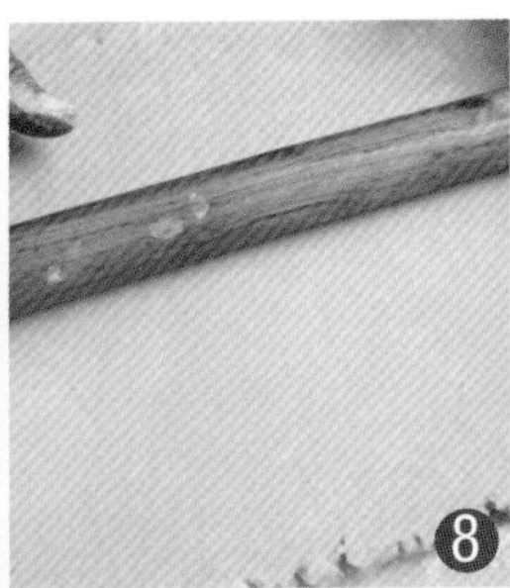

将剩余的派皮再次擀开成3mm厚的面皮。

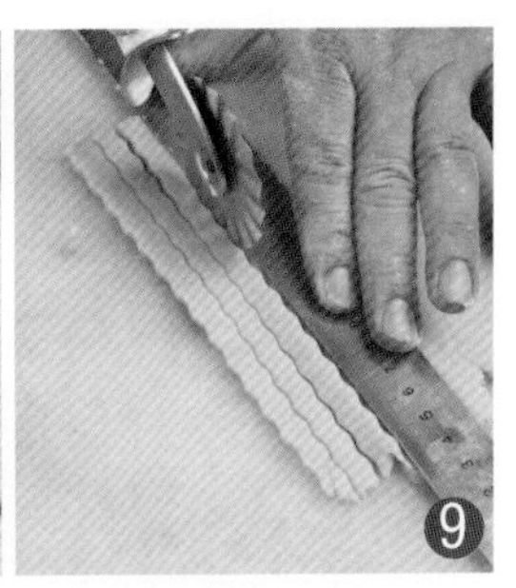

用有花纹的滚轮刀将其切成1cm宽的长条。

将长条放在派上面，相互交叉编成网状。

再切一根比较长的条围在周围，使其刚好压在其他长条的接口处。

将装饰用的蛋黄与水混合均匀后，在表面刷上蛋黄液。

入炉烘烤，以上下火200℃烘烤大约30分钟，待表面上色后即可取出。

馅料制作过程

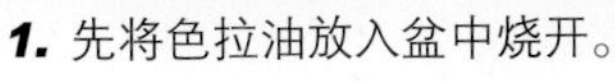

1. 先将色拉油放入盆中烧开。
2. 再加入洋葱丁、大蒜粉炒香。
3. 接着加入咖喱粉，搅拌均匀。
4. 然后加入牛肉碎炒熟。
5. 将白兰地、盐、绵糖和酱油一起加入，搅拌均匀。
6. 最后将玉米淀粉和水混合后加入，边煮边搅拌至呈浓稠状，待用即可。

芒果派（成品1个）

Mangguopai

难易度 Nan Yi Du ★★★★

材料

黄油68g
绵糖45g
鸡蛋23g
杏仁粉15g
低筋面粉120g

/装饰材料/

芒果2个
糖粉适量
柚子酱40g
糖渍一品梅25个

/馅料材料/

芒果泥100g
香粉5g
绵糖30g
蜂蜜30g
黄油50g
柠檬汁0.5g

馅料制作过程

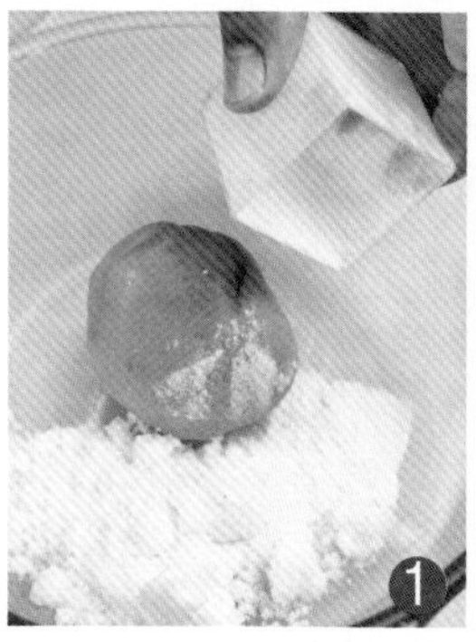

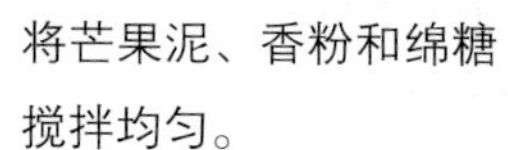

1. 将芒果泥、香粉和绵糖搅拌均匀。

2. 将蜂蜜、黄油30g（另外20g用做表面装饰）和柠檬汁加入，拌匀备用。

组合制作过程

将黄油与绵糖搅拌至呈乳化状。

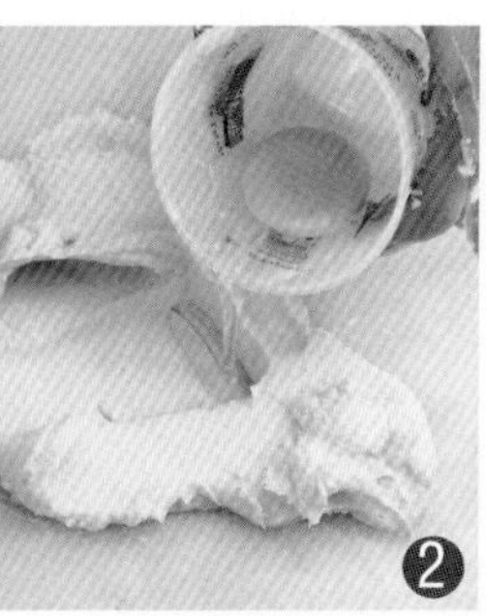

分次加入鸡蛋液，充分搅拌均匀。

将低筋面粉过筛后，和杏仁粉一起加入，拌成面团状，备用。

将面团擀开至成功4mm厚的面皮。

将面皮放在派盘内，清除周围多余的部分，稍作修整。

在派皮底部打上小孔，在内部垫一张白纸。在表面放上杏仁碎，入炉烘烤。

以上下火200℃/210℃烘烤约20分钟，待烘烤完成后将杏仁碎倒出。

将备用的芒果馅料挤在派皮内。

将糖渍一品梅摆放在馅料表面，再在空余的地方挤上馅料。

入炉烘烤，以上下火200℃/180℃烘烤大约20分钟，再在表面倒上柚子酱，抹平。

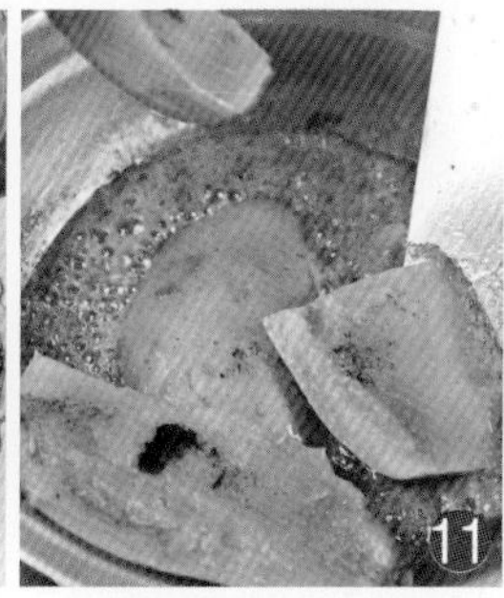

将芒果切块去籽，在容器内加入绵糖和黄油，再加入芒果块，煮至糖化且沸腾后冷却。

将冷却的芒果块摆放在馅料的表面即可。

焦糖杏仁派

难易度 Nan Yi Du

（成品1个）

材料

黄油68g	麦芽糖50g
糖粉45g	花生酱40g
鸡蛋23g	黄油5g
低筋面粉120g	**/蛋白霜材料/**
杏仁粉15g	蛋白33g
/杏仁糖材料/	绵糖13g
杏仁粒90g	杏仁粉53g
水30g	低筋面粉30g
绵糖75g	糖粉15g

杏仁糖制作过程

1. 先将杏仁粒烤熟备用，再将水和绵糖在容器中煮至130℃左右。
2. 容器中加入杏仁粒搅拌均匀。
3. 加入黄油，搅拌至黄油化开。
4. 加入麦芽糖，搅拌至麦芽糖化开。
5. 最后加入花生酱，搅拌均匀，备用。

派皮制作过程

1. 将黄油与过筛糖粉搅拌至呈乳化状。
2. 分次加入鸡蛋液搅拌均匀。
3. 将低筋面粉过筛后和杏仁粉一起加入，拌成面团状，备用。

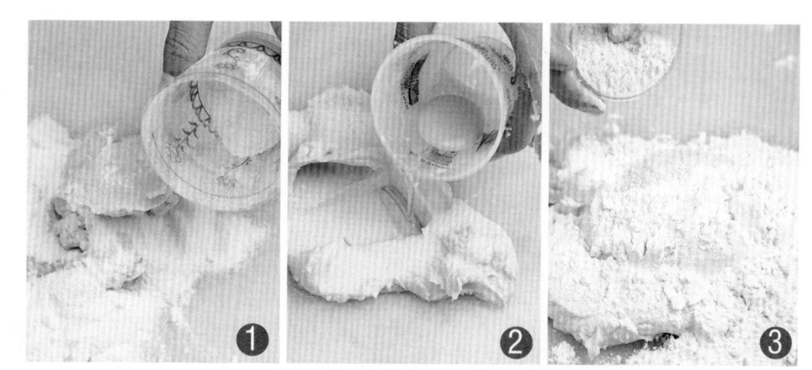

组合制作过程

1. 派皮面团擀开至4mm厚的面皮。
2. 将派皮放在派盘内，清除多余的部分。
3. 派皮稍作修整，在底部打上小孔，在内部垫一张白纸。
4. 在表面放上杏仁碎，入炉烘烤，以上下火200℃/210℃烘烤大约20分钟。
5. 待烘烤完成后，将杏仁碎倒出来，将杏仁糖倒入内部，整平。
6. 将蛋白霜中的蛋白和绵糖搅拌至中性发泡。
7. 将低筋面粉和糖粉过筛后，和杏仁粉一起加入，拌成蛋白霜。
8. 蛋白霜装入裱花袋内，挤在杏仁糖表面，相互交叉挤出线条。
9. 入炉烘烤，以上下火210℃/200℃烘烤大约16分钟即可。

艾克蕾（成品30个）

Aikelei

材料

/泡芙材料/
水100g
黄油60g
砂糖10g
盐0.3g
低筋面粉80g
鸡蛋3个
泡打粉1g

/馅料材料/
牛奶300g
蛋黄70g
砂糖80g
低筋面粉40g
黄油15g
白兰地15g
黑巧克力50g

/装饰材料/
巧克力适量

制作过程

1. 先将水、黄油放入锅中，煮至黄油完全化开。
2. 再加入砂糖、盐煮至沸腾。
3. 将低筋面粉过筛后和砂糖一起加入，边煮边搅拌均匀。
4. 稍作冷却后，分次加入鸡蛋搅拌均匀。
5. 再加入泡打粉搅拌均匀，使其呈面糊状。
6. 将面糊装入裱花袋内，用锯齿形动物花嘴在铺有高温布的烤盘内挤成一字形。
7. 以上下火200℃/190℃烘烤大约18分钟。
8. 出炉冷却后，用裱花袋装入馅料，挤入泡芙内。
9. 将巧克力隔水化开后，涂在表面即可。

馅料制作过程

1. 先将蛋黄打散，加入砂糖，烧热搅拌至砂糖溶化。
2. 再加入低筋面粉，搅拌均匀。
3. 依次加入黄油、白兰地搅拌均匀；再将巧克力隔水化开后加入，搅拌均匀；稍作冷却后即可使用。

车轮泡芙

Chelun Paofu

（成品12个）

难易度 Nan Yi Du ★★★

材料

/泡芙材料/	/馅料材料/
水125g	牛奶300g
黄油50g	蛋黄70g
砂糖5g	砂糖80g
盐0.3g	低筋面粉40g
低筋面粉100g	玉米淀粉25g
鸡蛋3个	白兰地15g
泡打粉1g	鲜奶油适量
/材料材料/	山楂或其他水果适量
杏仁片适量	

制作过程

1. 先将水、黄油加入锅内，煮至黄油化开。

2. 锅内再加入砂糖、盐煮至呈沸腾状。

将低筋面粉过筛后加入，边煮边搅拌均匀。

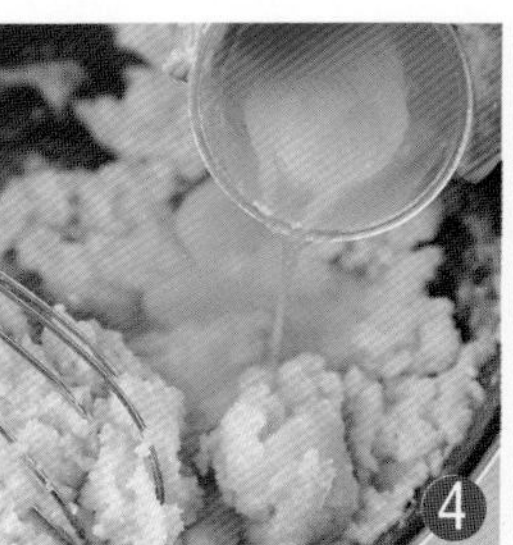

待其稍冷却后，分次加入鸡蛋，搅拌均匀。

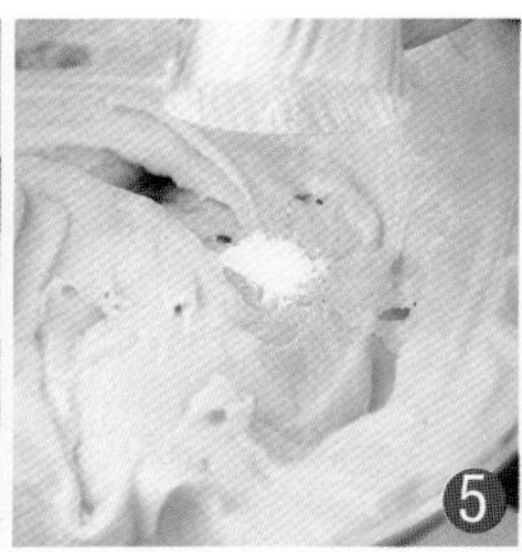

容器中再加入泡打粉，搅拌均匀后待用。

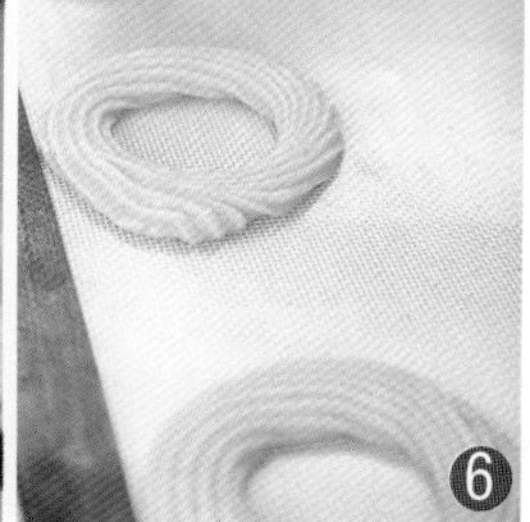

装入裱花袋内，用锯齿动物花嘴在铺有高温布的烤盘内挤出O形。

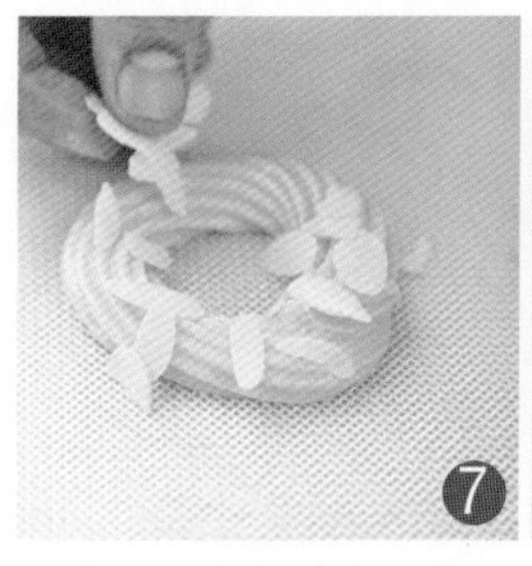

在饼干坯表面撒上杏仁片，做装饰用。

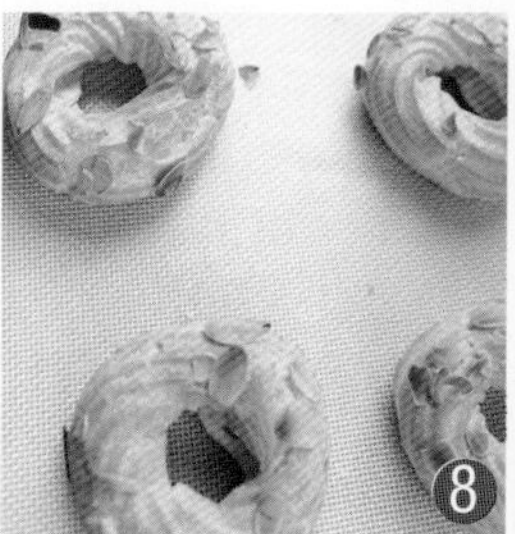

以上下火200℃/190℃烘烤大约18分钟。

出炉冷却后，用锯刀将其从中间横切为上下两片。

用裱花袋装入馅料挤在其中一片上面，摆上水果。

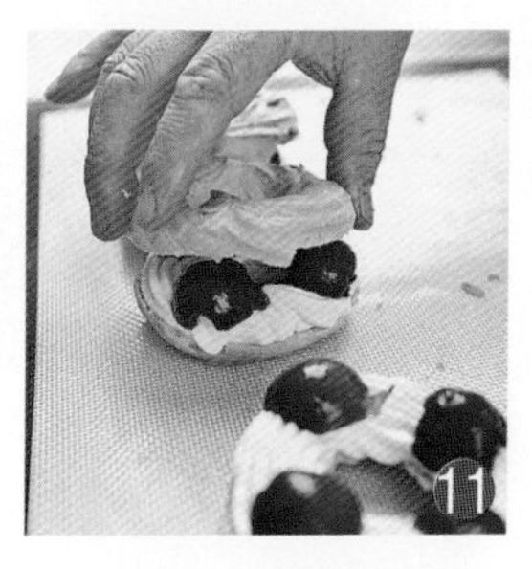

将另一片盖在上面（也可以在表面撒上适量的糖粉）即可。

Tips

1.做馅料煮制牛奶时一定要将牛奶煮开。

2.加入鸡蛋时要根据面糊的浓稠度来定温度。（面糊不可太稀）

3.烘烤时烤箱的底火不可太低。

馅料制作过程

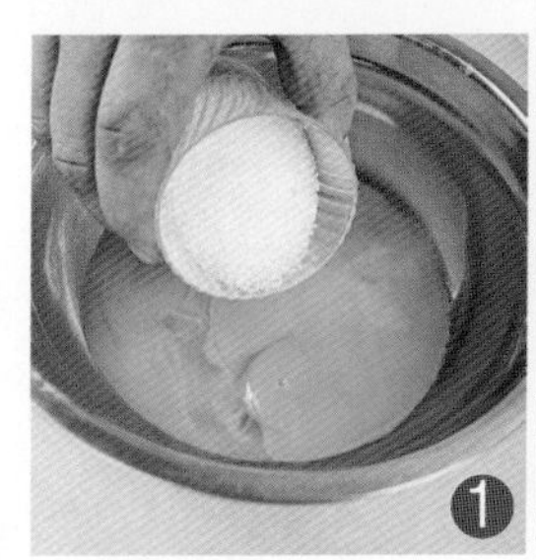

先将蛋黄打入锅内，再加入砂糖，搅拌至砂糖溶化。

将低筋面粉、玉米淀粉加入，拌匀成面糊后备用。

将牛奶煮至沸腾，边煮边搅拌至浓稠状，加面糊，再加白兰地拌匀。

将鲜奶油打发后加入，搅拌均匀即可使用。

奶油泡芙（成品80个）

Naiyou Paofu

材料

/泡芙材料/
水250g
黄油80g
砂糖15g
盐0.5g
低筋面粉150g
鸡蛋4个
泡打粉2g

/馅料材料/
牛奶300g
蛋黄60g
砂糖80g
低筋面粉30g
白兰地15g
鲜奶油100g

制作过程

1. 先将水、黄油加入锅内，煮至黄油融化。
2. 再加入砂糖、盐煮至沸腾。
3. 接着将低筋面粉过筛后加入其中，边煮边搅拌均匀。
4. 稍作冷却后，分次加入鸡蛋，搅拌均匀。
5. 然后加入泡打粉，搅拌均匀，呈面糊状。
6. 装入裱花袋内，用锯齿形花嘴在铺有高温布的烤盘内，挤成圆球状。
7. 以上下火200℃/190℃烘烤大约18分钟。
8. 出炉冷却后，用锯刀从顶部锯开。
9. 挤入制作好的馅料即可。（馅料制作参照“车轮泡芙”）

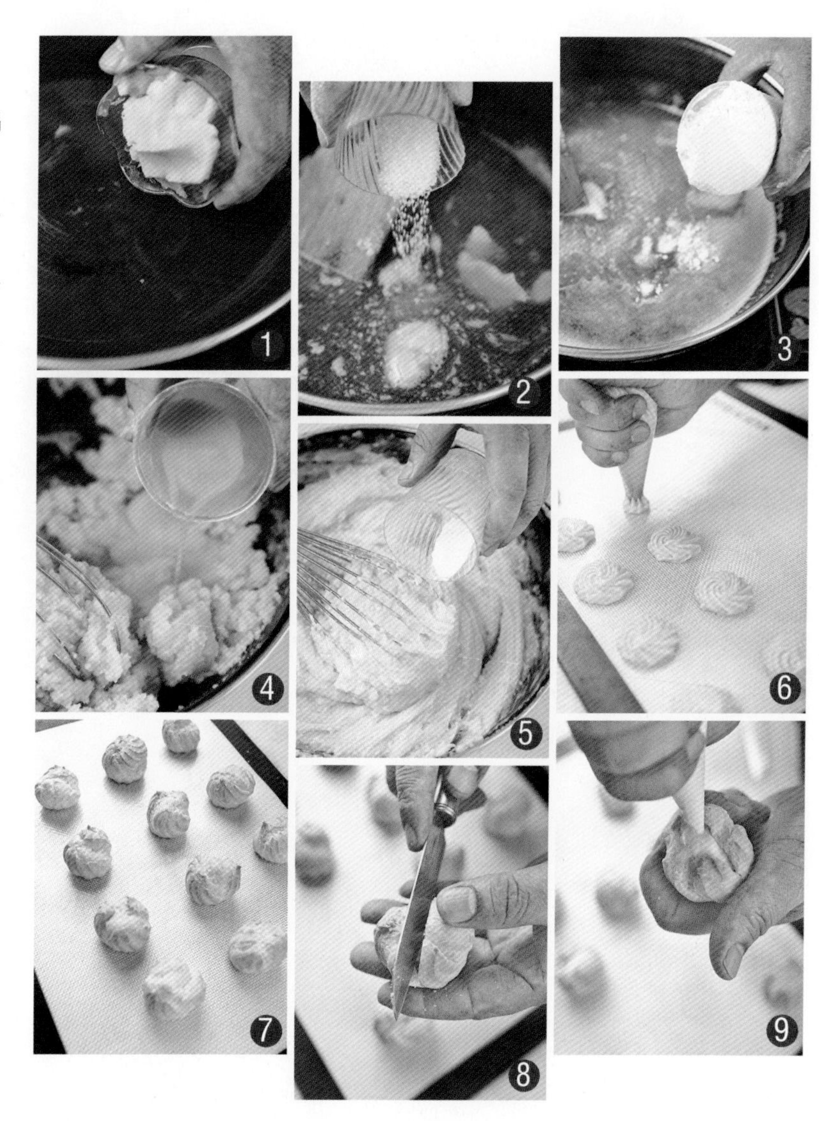

台北桃酥（成品12块）

Taibei Taosu

视频 扫二维码

难易度 Nan Yi Du ★★

材料

A：绵白糖100克
猪油75克
B：鸡蛋液15克
C：小苏打2.5克
泡打粉1.3克
D：低筋面粉125克
E：黑芝麻25克
碎核桃仁25克

制作过程

1. 先将绵白糖和猪油放在容器中充分搅拌均匀。
2. 在糖油糊中加鸡蛋液，用电动搅拌器搅拌均匀。
3. 容器中再加入小苏打和泡打粉拌匀成糊。
4. 将低筋面粉过筛后放在操作台上，然后加入拌好的糊。
5. 再用刮板以压拌折叠的方式拌成面团。
6. 加入烤熟的黑芝麻、碎核桃仁充分拌匀。
7. 将面团搓成圆条，再分割成30克一个的剂子。
8. 将分割好的剂子搓圆，并用手指在中间压一下，再摆入铺有高温布的烤盘。
9. 最后将饼坯放入预热好的烤箱中，以上火170℃、下火150℃烤至表面金黄色即可。

Tips

1.制作完成的面团要保证不起筋。
2.冬天的猪油必须化开1/3便于制作。
3.低筋面粉必须过筛，防止含杂质。
4.黑芝麻和碎核桃仁先烤熟后再使用。

桃酥

（成品15块）*Taosu*

材料

低筋面粉335g	盐2g
泡打粉2g	鸡蛋45g
猪油165g	小苏打5g
绵糖165g	核桃碎60g

制作过程

1. 将猪油和绵糖、盐放入容器，充分打发。
2. 再分次加入鸡蛋，搅拌均匀。
3. 接着将低筋面粉、泡打粉和小苏打过筛后加入其中，再加入核桃碎，搅拌均匀成面团。
4. 将面团分割成15个。
5. 用手将面团搓圆，在中间用食指按一个窝，并且将其整形成上面稍大底部稍微小点的形状。
6. 以上下火200℃/150℃烘烤至表面着色后，改150℃/150℃前后烘烤18分钟左右即可。

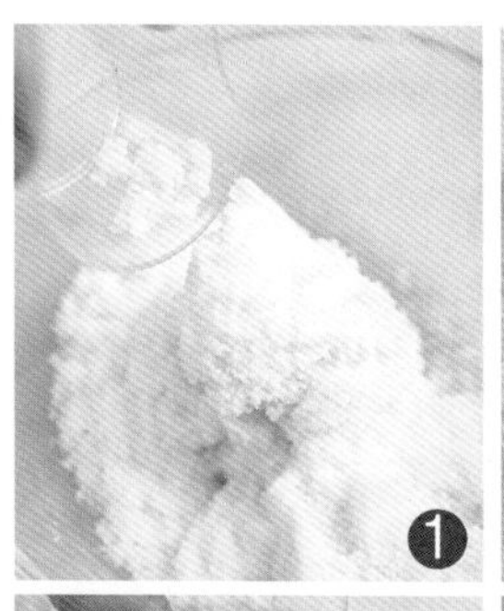

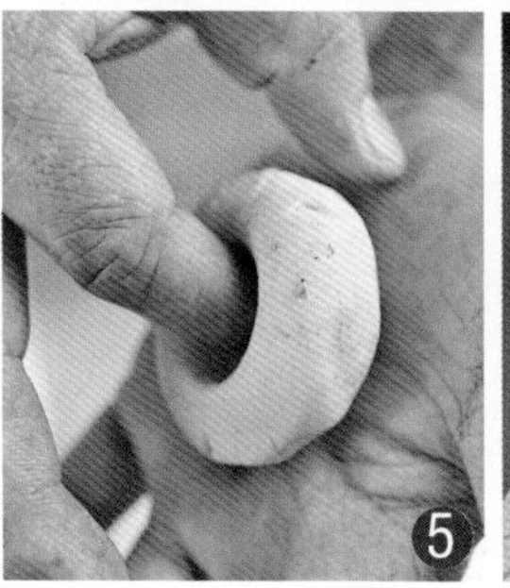

Tips

1.制作前，先将核桃碎烘烤熟，备用。
2.加入鸡蛋的时候要分次慢慢加入，以免油蛋产生分离。

巧克力酥饼

（成品26块）*Qiaokeli Subing*

材料

绵白糖140g
蜂蜜20g
奶油100g
鸡蛋1个
低筋面粉200g
小苏打2g
香粉3g
细盐3g
巧克力碎150g

制作过程

1. 先将A料放在容器中打至微发，分次加入鸡蛋液搅拌均匀。
2. 再将C料部分加入同一容器中以压拌折叠的方式拌匀。
3. 将拌好的面团搓长条，分割成25克一个的剂子。
4. 再将每个剂子揉成圆球状。
5. 将饼坯摆在铺有高温布的烤盘里。用手掌略压。
6. 烤箱预热后以上火180℃、下火170℃烘烤约15分钟即可。

葡萄酥（成品34块）

Putaosu

材料

绵糖50g
糖粉75g
黄油50g
白油75g
盐1.5g
鸡蛋1个
高筋面粉240g
奶粉22g
牛奶30g
葡萄干90g

/装饰材料/
蛋黄液适量

制作过程

1. 先将黄油和白油放入容器，搅拌均匀。
2. 再加入过筛的糖粉、绵糖和盐，充分打发开。
3. 接着将鸡蛋分次加入，搅拌均匀。
4. 然后将高筋面粉和奶粉过筛后加入其中，拌匀。
5. 最后加入牛奶和葡萄干，拌成面团状。
6. 将面团稍作松弛后，分割成18g/个的小面团。
7. 用手将分割好的面团搓圆，摆入烤盘内，再压扁。
8. 在饼坯表面均匀地刷上蛋黄液。
9. 以上下火190℃/170℃烘烤大约12分钟，待表面金黄色取出即可。

Tips

1.搅拌黄油与糖粉时，时间不要太长，以免其油脂太发，造成烘烤完成后饼干太酥松。
2.葡萄干最好先用朗姆酒浸泡一下，这样口感会更好。
3.粉类材料在加入时要过筛，以免在搅拌时起筋。

花生酥（成品15块）

Huashengsu

材料

/底坯材料/
黄油95g
绵糖85g
鸡蛋25g
杏仁粉10g
低筋面粉180g
香粉2g

/装饰材料/
低筋面粉100g
糖粉50g
酥油50g
鸡蛋50g

/馅料材料/
砂糖100g
杏仁碎50g
蛋白30g
低筋面粉5g

底坯制作过程

1. 先将黄油和绵糖拌至蓬松状。
2. 再分次加入鸡蛋搅拌均匀。
3. 接着将低筋面粉、杏仁粉和香粉过筛后加入其中，拌成面团状，松弛10分钟，备用。

装饰制作过程

1. 先将酥油和过筛的糖粉搅拌均匀。
2. 再分次加入鸡蛋，搅拌均匀。
3. 接着将低筋面粉过筛后加入其中，搅拌均匀，备用。

馅料制作过程

先将蛋白和砂糖用小火煮至糖完全化开。

再继续煮至稍微拉出丝来即可。

将杏仁碎加入容器中搅拌均匀。

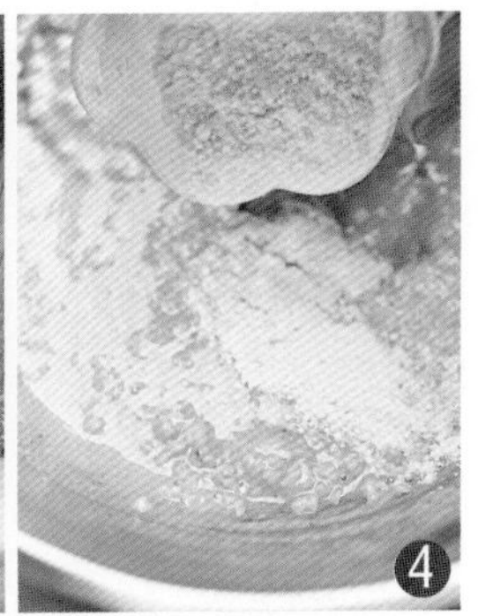

最后将低筋面粉加入，拌匀。

组合制作过程

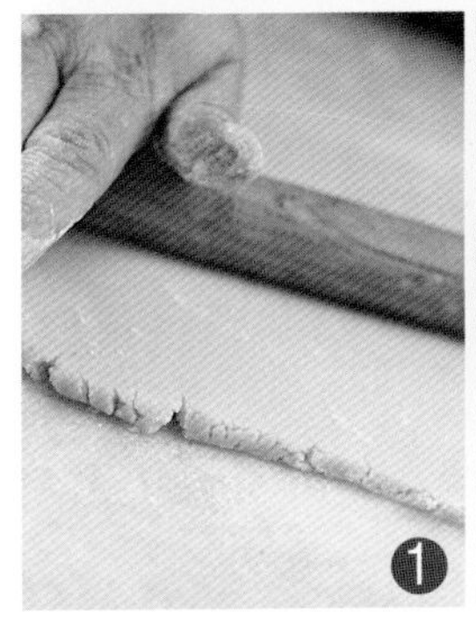

将备用的底坯面团擀开至5mm厚的面皮。

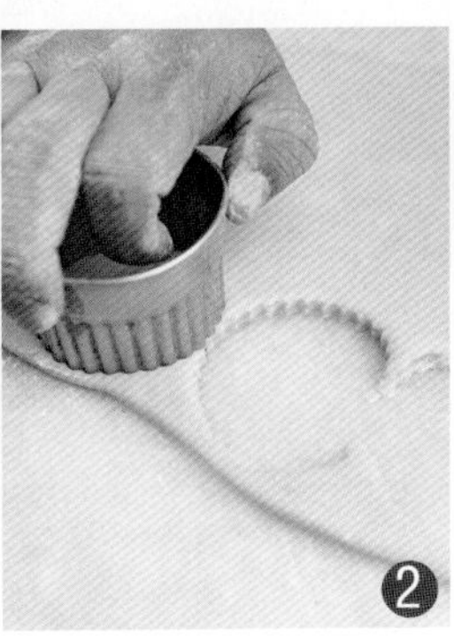

用菊花形压模将其压出饼坯。

将饼坯摆入烤盘内，将备用的装饰面糊材料装入裱花袋内，用锯齿形裱花嘴在饼坯表面挤上一圈面糊。

在面糊圈内放上煮制的馅料。以上下火160℃/180℃烘烤大约20分钟即可。

加特雷酥饼（成品26块）

Jiatelei Subing

材料

黄油125g

绵糖55g

盐2g

蛋黄1个

白兰地10g

低筋面粉130g

泡打粉1g

杏仁粉60g

蓝莓果酱适量

鸡蛋液适量

制作过程

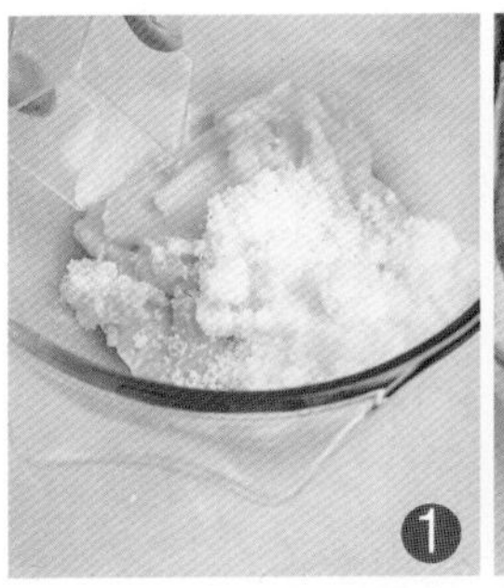

先将黄油、盐与绵糖放入容器，搅拌至呈乳化状。

再分次加入蛋黄与白兰地，搅拌均匀。

将低筋面粉、杏仁粉和泡打粉过筛后加入其中，拌成面团状。

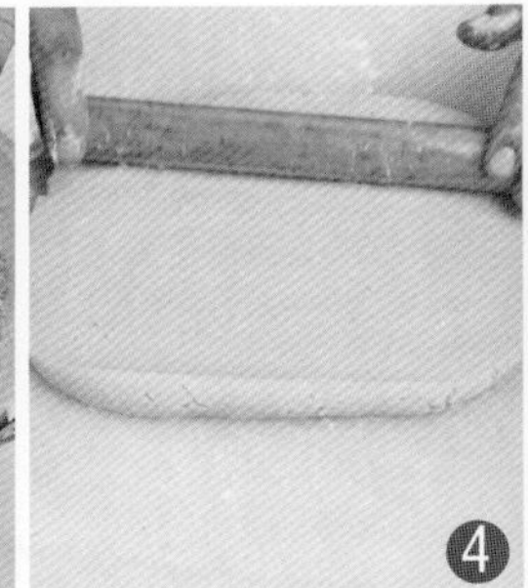

将面团松弛20分钟左右，再擀开至5mm厚。

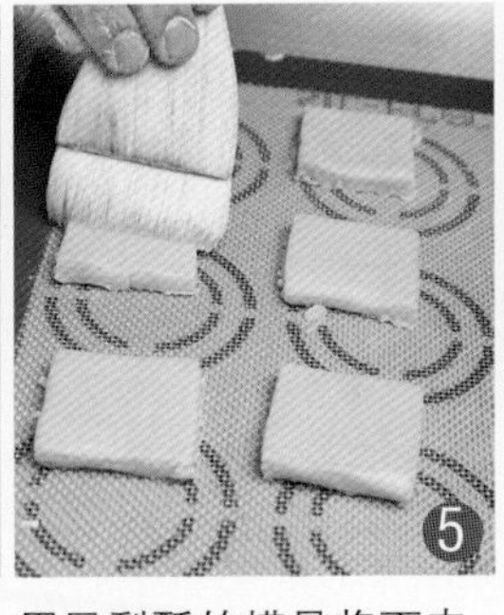

用凤梨酥的模具将面皮压出饼坯，摆入烤盘内，并在一半饼坯表面刷上鸡蛋液。

用叉子在刷好蛋液的一半饼坯上面划出线条。

剩下的另一半饼坯中间用圆模具将中心部分压出，摆在之前另一半没有划出线条的饼上面，并在表面刷上鸡蛋液。

用凤梨酥模具圈在饼坯外面，并在圆洞内挤上果酱。

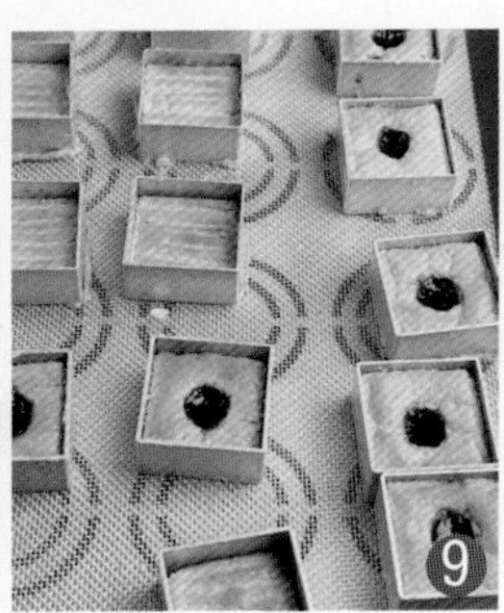

将两款饼坯以上下火170℃/190℃烘烤大约20分钟。

出炉后趁稍有热量，将模具取下来即可。

蛋黄葡萄酥（成品17块）

Danhuang Putaosu

难易度 Nan Yi Du ★★★

材料

黄油50g	低筋面粉125g
糖粉50g	葡萄干60g
鸡蛋30g	蛋黄1个
盐0.5g	水适量

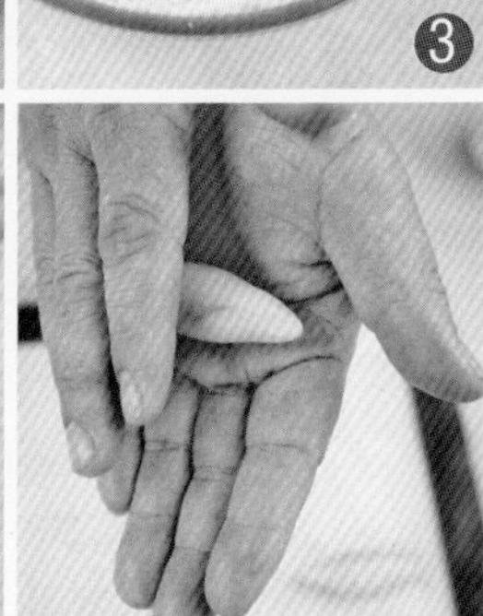

制作过程

1. 先将葡萄干用水浸泡10分钟左右，备用。
2. 将黄油、糖粉和盐一起搅拌至呈蓬松状。
3. 再分次加入鸡蛋搅拌均匀。
4. 接着将低筋面粉过筛后加入其中，搅拌均匀。
5. 然后加入浸泡完成的葡萄干，拌匀成面团。
6. 面团稍作松弛后，将其分割成17个小面团。
7. 面团用手揉圆，再搓成橄榄形状，摆入烤盘。
8. 将水和蛋黄混合拌匀后，刷在饼坯表面。
9. 以上下火180℃/160℃烘烤15分钟左右即可。

Tips

1.黄油和糖粉可以一起搅拌得发一些。
2.冬天可以将黄油先化开1/3后再进行搅拌。
3.加入鸡蛋时要分次加入，以免油蛋产生分离。
4.葡萄干浸泡的时间久一些会更好。

南瓜梳芙里（成品20块）

Nangua Shufuli

难易度 Nan Yi Du ★★★

材料

/黄油面糊材料/

黄油65g

糖粉30g

蛋黄10g

香粉适量

酥油10g

杏仁粉10g

低筋面粉100g

牛奶8g

盐0.5g

/南瓜仁面糊材料/

黄油150g

糖粉35g

麦芽糖35g

南瓜仁粉50g

盐1g

杏仁粉20g

鸡蛋20g

低筋面粉150g

/装饰材料/

南瓜仁适量

制作过程

1. 先将黄油和酥油搅拌至柔软，再加入糖粉搅拌至微发。
2. 再加入蛋黄和盐，搅拌均匀。
3. 接着将牛奶和香粉加入其中，搅拌均匀。
4. 然后将低筋面粉和杏仁粉过筛后一起加入其中，拌成面团状，松弛备用。
5. 将面团擀开至3mm厚。
6. 用凤梨酥的模具将其压出。
7. 在表面挤上备用的馅料，约7分满。
8. 再在表面撒上南瓜仁做装饰。
9. 将饼坯入炉烘烤，以上下火190℃/190℃烘烤大约20分钟，待其稍冷却并有一点温度时，脱模即可。

南瓜面糊制作过程

1. 先将黄油和过筛糖粉、麦芽糖搅拌至微发。
2. 再加入过筛的南瓜仁粉和杏仁粉、盐，搅拌均匀。
3. 接着加入鸡蛋拌匀，再将低筋面粉过筛后加入，搅拌均匀即可。

椰蓉酥排（成品10块）

Yerong Supai

材料

发酵黄油150g

绵糖130g

鸡蛋40g

香粉3g

杏仁粉20g

低筋面粉290g

/馅料材料/

砂糖200g

蛋白100g

椰蓉120g

（注：发酵黄油是将淡奶油先发酵后提炼的黄油，其配料表中通常有酵母或发酵粉。）

底坯制作过程

先将发酵黄油和绵糖拌至蓬松状，分次加入鸡蛋，搅拌均匀。

将低筋面粉、香粉、杏仁粉过筛后一起加入其中，拌成面团状，松弛10分钟。

将面团擀开，放在铺有垫纸的小烤盘内，烤盘长21cm、宽15cm，用面棍将面皮擀平。

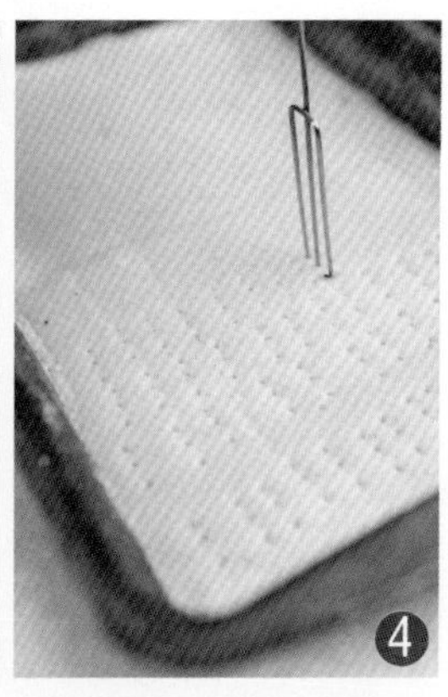

用叉子在表面打上小孔，以上下火180℃/160℃烘烤大约25分钟，出炉冷却备用。

馅料制作过程

1. 先将蛋白打发，加入一半的砂糖后，搅拌至砂糖化开。
2. 再充分打发。
3. 将剩余的砂糖和椰蓉一起加入其中，搅拌均匀。

组合制作过程

1. 将打发的馅料倒在备用的烘烤完成的饼干上面。
2. 用刮板将其刮平。
3. 再以上下火180℃/0℃烘烤大约30分钟，出炉冷却后，将其切成长7cm、宽4cm的方形块即可。

果仁酥（成品10块）

Guorensu

材料

黄油60g
片状酥油40g
高筋面粉25g
低筋面粉100g
杏仁粉10g
水55g
盐2g
绵糖5g

/表面材料/

黄油70g
盐2g
牛奶20g
麦芽糖16g
绵糖115g
香粉1g
低筋面粉15g
水20g

/果仁材料/

杏仁粒60g
松子仁50g
南瓜子仁40g

制作过程

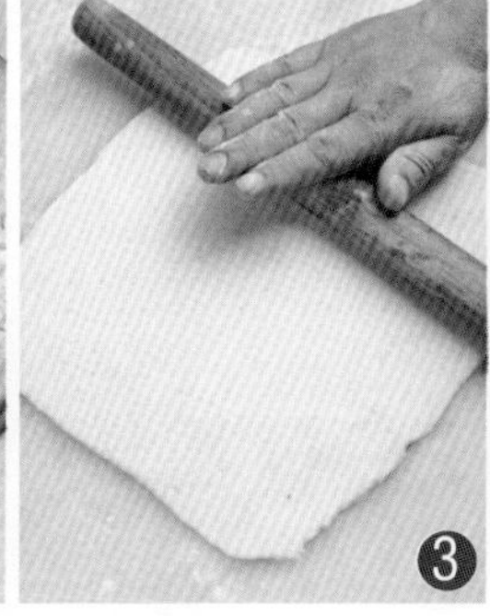

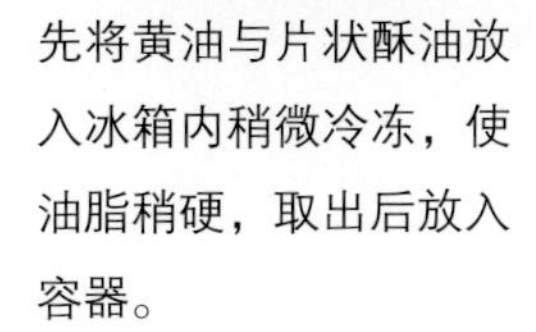

先将黄油与片状酥油放入冰箱内稍微冷冻，使油脂稍硬，取出后放入容器。

将高筋面粉、低筋面粉和杏仁粉过筛后，与盐、绵糖、水一起加入，拌成稍有颗粒的松散面团。

将面团擀开，折叠3层2次，松弛30分钟，再次擀压至为4mm厚的面皮。

将面皮切成长12cm、宽6cm的方块后进行松弛，待用。

表面材料制作过程

1. 将黄油、盐、牛奶、水、麦芽糖和绵糖一起放入盆内，煮至沸腾。
2. 再稍煮一会儿。
3. 将香粉和低筋面粉加入，搅拌均匀，备用。

组合制作过程

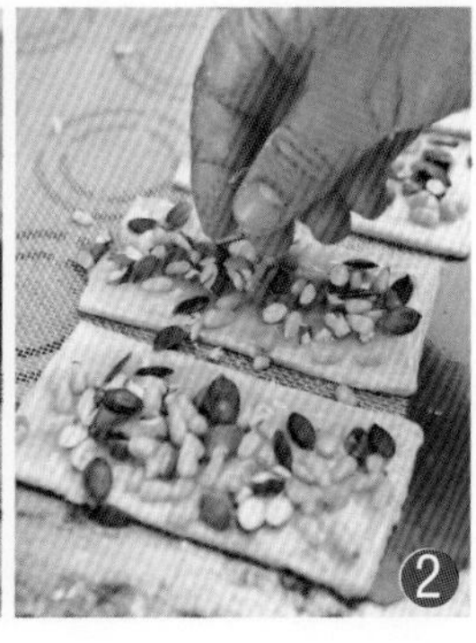

1. 将煮好的表面材料抹在松弛好的面皮上面，要少一些。
2. 将果仁摆放在表面进行装饰。将其以上下火170℃/150℃烘烤大约20分钟，待表面上色后，降为 50℃/150℃烘烤大约15分钟即可。

佛罗伦丁（成品14块）

Foluolunding

材料

/派皮材料/

酥油200g
绵糖100g
盐3g
鸡蛋1个
杏仁粉44g
低筋面粉210g
高筋面粉60g

/馅料材料/

酥油80g
绵糖110g
蜂蜜60g
麦芽糖50g
鲜奶油130g
香草荚半根
杏仁片220g

制作过程

1. 先将酥油与绵糖、盐一起搅拌至呈乳化状。
2. 再分次加入鸡蛋，搅拌均匀。
3. 将低筋面粉、高筋面粉和杏仁粉过筛后一起加入其中，拌成面团状。
4. 将面团稍作松弛后，放入铺有垫纸的烤盘内，烤盘长21cm、宽15cm。
5. 将面团擀平，并在表面打上小孔。
6. 以上下火160℃/180℃烘烤大约20分钟。
7. 出炉冷却后，将备用的馅料倒在表面。
8. 将馅料抹平，以上下火200℃/0℃烘烤大约20分钟。
9. 出炉冷却后，将其切成长7cm、宽3cm的方块即可。

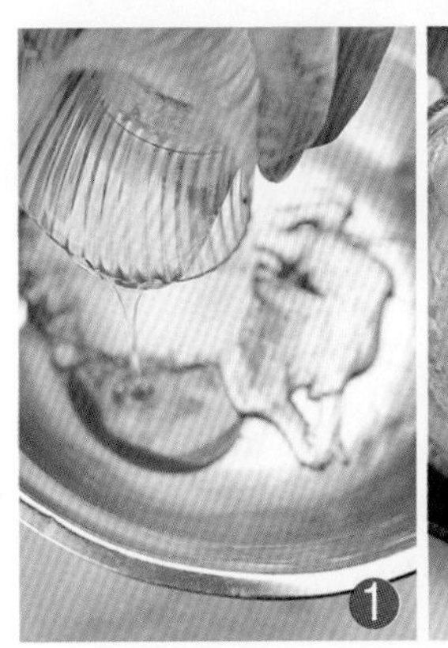

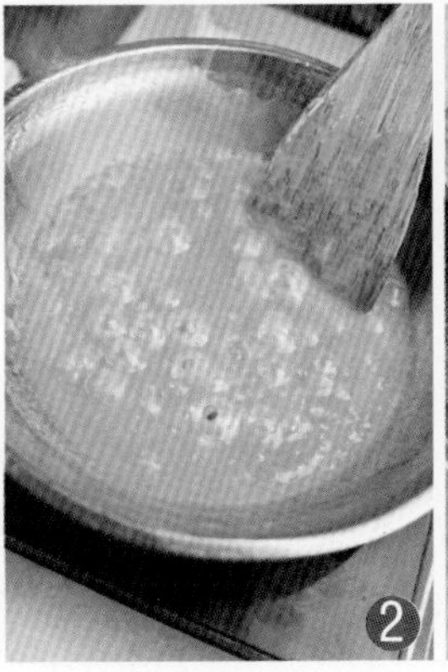

馅料制作过程

1. 将香草荚切开取下籽。将酥油、绵糖、蜂蜜、麦芽糖和香草荚及籽一起煮沸腾，取出香草荚。
2. 将鲜奶油加入，煮成浓稠状。
3. 再加入杏仁片，搅拌均匀，备用。

杏仁焦糖酥饼（成品6块）

材料

黄油80g　低筋面粉150g

糖粉30g　杏仁粉25g

盐1g　鸡蛋30g

/馅料材料/

绵糖60g　鲜奶油110g　黄油30g　蜂蜜50g　杏仁片130g

制作过程

先将黄油、过筛的糖粉和盐搅拌至蓬松状，再分次加入鸡蛋，充分搅拌均匀。

将低筋面粉、杏仁粉过筛后加入其中，拌成面团状。

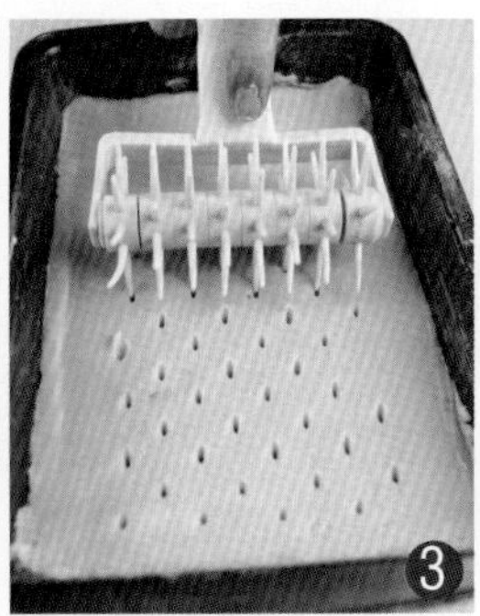

将面团稍作松弛后，放入铺有垫纸的烤盘内，擀平，并在上面有序地打上小孔。

放入烤箱以上下火180℃/160℃烘烤20分钟左右即可。

出炉冷却后，将馅料铺在表面。

用面棍将馅料擀平。

再以上下火180℃/0℃烘烤20分钟左右。

出炉冷却后，将其取出，切块即可。

馅料制作过程

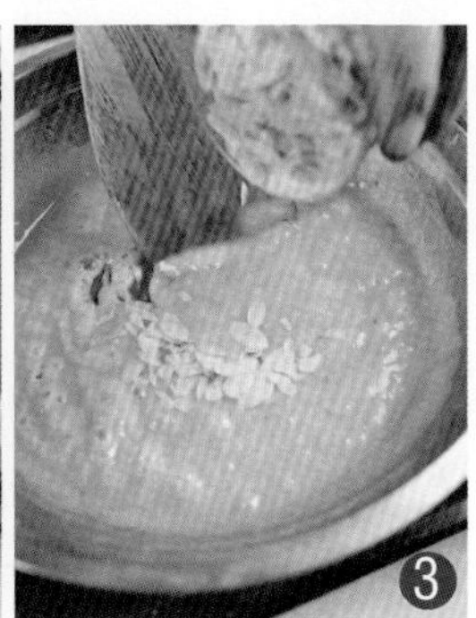

1. 将蜂蜜、绵糖一起煮沸。
2. 再依次加入鲜奶油、黄油，煮至呈现米色。
3. 然后加入杏仁片，搅拌均匀，备用。

迷漾东坡酥（成品9块）

Miyang Dongposu

难易度 Nan Yi Du ★★★★

材料

中筋面粉150g
糖粉15g
酥油30g
热水80g

/油酥材料/
低筋面粉100g
酥油50g

/馅料/
枣泥馅300g

/表面装饰/
鸡蛋液适量
蛋黄液适量

制作过程

1. 先将中筋面粉、糖粉、30g酥油和热水一起拌成光滑细腻的面团，松弛30分钟。

将油酥料中的油酥、低筋面粉搅拌均匀成面团。

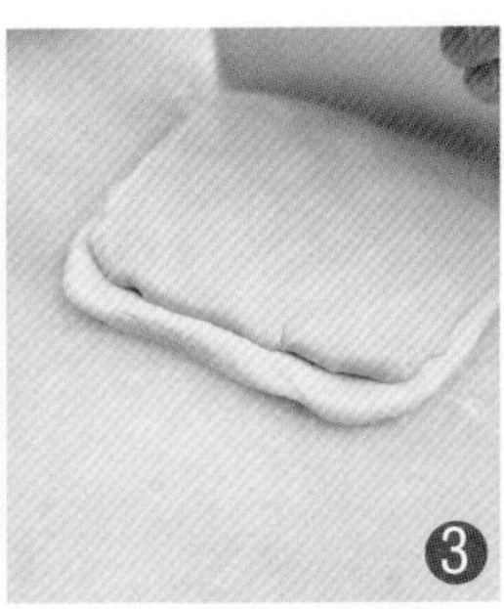

将松弛好的两种面团分别擀开，在面皮里包入油酥片。

将其擀开呈长方形。

以折叠3层的方式，连续折叠3次，最后一次面皮要稍微厚一些，松弛10分钟。

将其擀开呈四方形，在表面刷上鸡蛋液。

将枣泥馅擀开，面积是面皮的一半，铺在擀开的面皮上。

将另一半面皮折叠后盖住枣泥，去除边缘多余的面皮。

将其整成四方形，再将其切成9块小四方形。

将多余的面皮切成小细条。

将切好的细条以十字架的形式捆绑在小正方形枣泥块上，接头朝上面。

在饼坯表面均匀地刷上两次蛋黄。

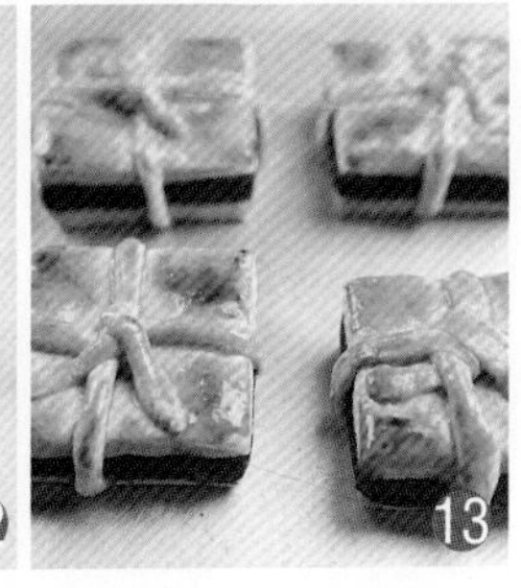

以上下火180℃/170℃烘烤大约25分钟即可。

雪花茶酥（成品12块）

Xuehua Chasu

难易度 Nan Yi Du ★★★★

材料

/油皮材料/

高筋面粉40g

低筋面粉160g

绵糖15g

酥油80g

热水110g

/油酥材料/

低筋面粉110g

酥油45g

抹茶粉7g

/馅料/

红豆沙600g

制作过程

先将油皮中的所需材料一起拌成光滑细腻的面团，松弛30分钟。

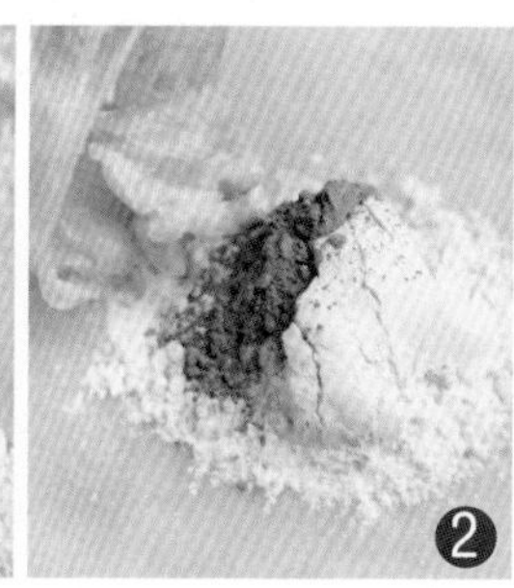

将油酥中所需的材料也搅拌均匀成面团。

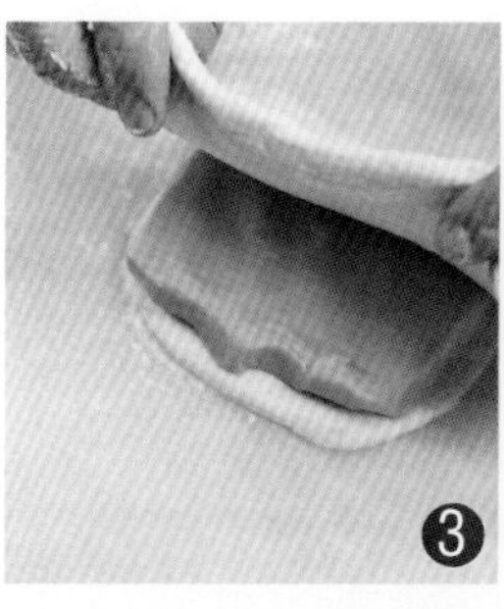

将两种面团分别擀开成面皮，油酥皮面积是油皮的一半，油皮包入油酥皮。

将其擀成长方形，以折叠3层的方式，连续叠2次，最后一次折叠4层并松弛10分钟。

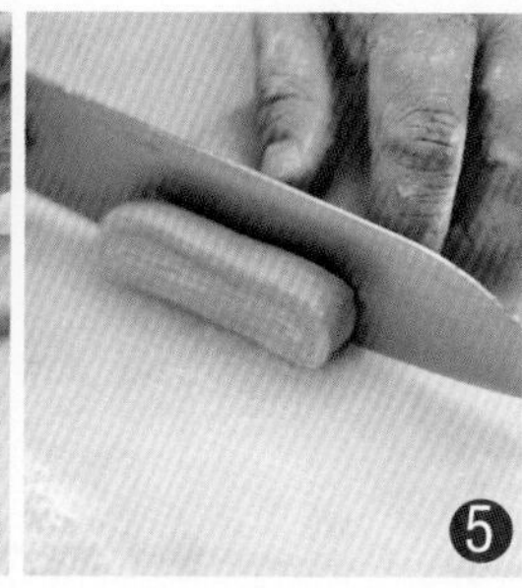

将面坯切成约1cm厚的面皮。

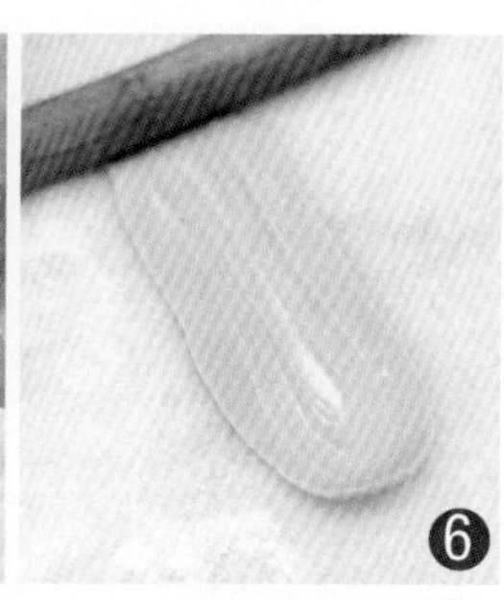

再将其竖着擀成长条状，要层次清晰。

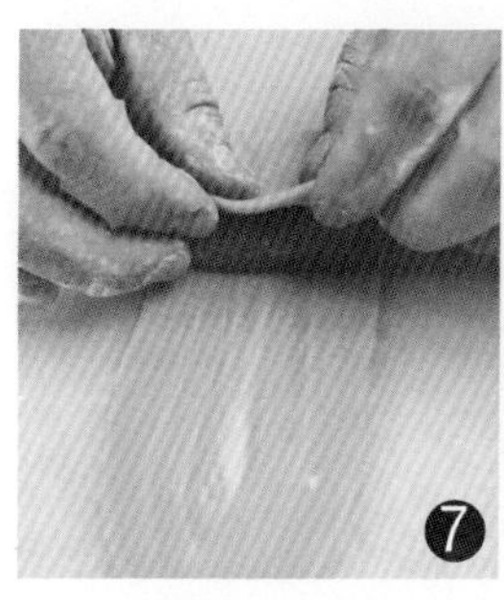

将红豆沙擀开切成四方块，取一块放在擀开的面皮上，卷起来。

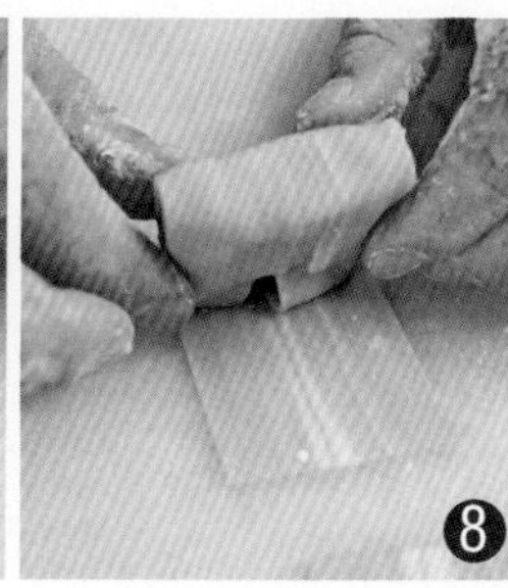

层次清晰的面皮放在外面，多余的将其切去，只卷一边。

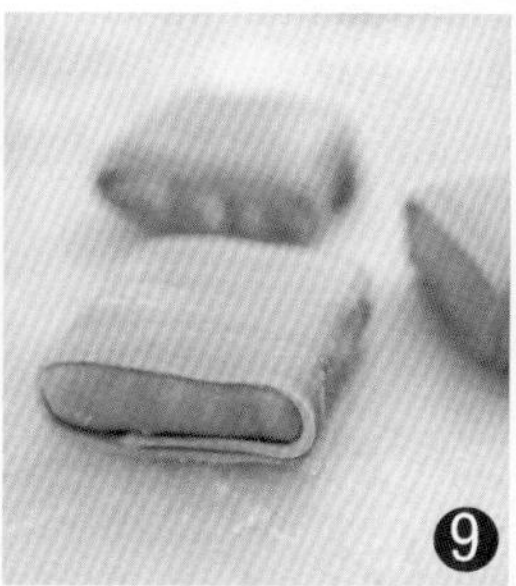

再用多余的面皮横着卷一次，保证完全看不到红豆沙。

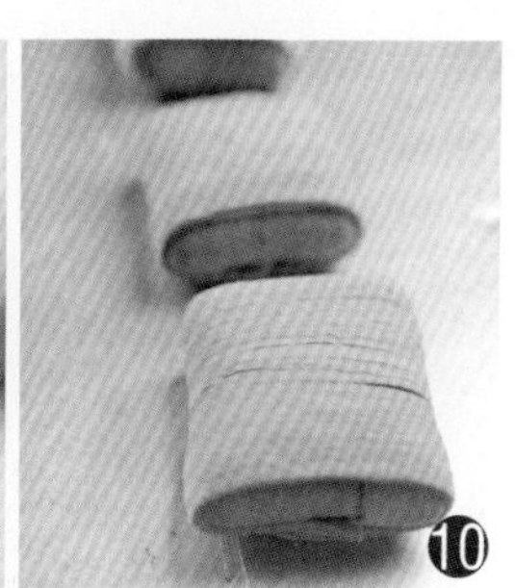

以上下火170℃/180℃烘烤大约20分钟即可。

起酥苹果小排（成品6个）

Qisu Pingguoxiaopai

材料

低筋面粉125g

酥油93g

绵糖 8g

水65g

/内部馅料/

去皮切块苹果125g

绵糖60g

高筋面粉15g

肉桂粉5g

黄油30g

Tips

1.要控制好内部包的酥油的软硬度。

2.折叠完成的面皮要松弛到位，不可有过强的筋度。

3.烘烤时要注意烘烤的程度。

4.在表面也可以刷蛋黄，要刷得均匀。

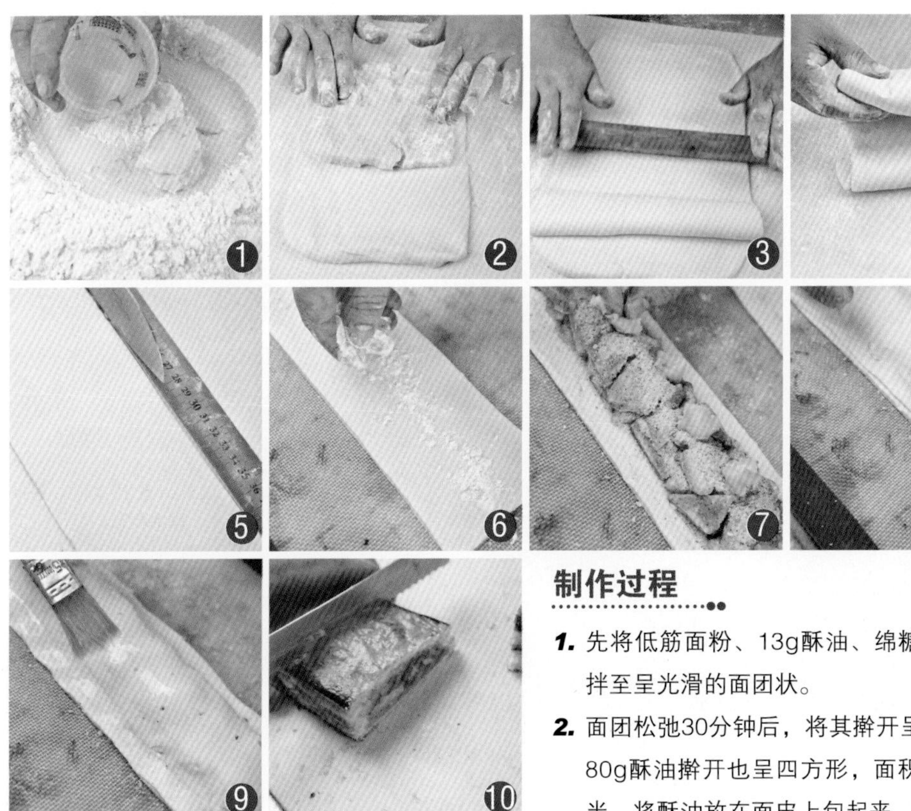

制作过程

1. 先将低筋面粉、13g酥油、绵糖和水一起搅拌至呈光滑的面团状。

2. 面团松弛30分钟后，将其擀开呈四方形，将80g酥油擀开也呈四方形，面积是面皮的一半，将酥油放在面皮上包起来。

3. 均匀地擀开使其呈方形。

4. 以折叠3层的方式连续折叠2次，擀开后，再以折叠4层的方式连续折叠两次，放入冰箱松弛2小时。

5. 将面坯取出，擀开至4mm厚，切成长25cm左右、宽10cm的长方条。

6. 在长条中间部分撒上高筋面粉。

7. 将备用的苹果馅摆在面皮的中心，再放上少量的黄油。

8. 然后在表面再盖上一张面皮，长25cm、宽11.5cm，将边缘部分压紧，并在表面打上小孔。

9. 最后在表面刷上鸡蛋液。

10. 以上下火200℃/180℃烘烤大约20分钟，再以150℃烘烤大约15分钟；出炉冷却后，将其均匀地切成6块即可。

馅料制作过程

将苹果块和过筛后的肉桂粉、高筋面粉一起加入容器，搅拌均匀。

再在里面加入绵糖和黄油，搅拌均匀备用。

草莓方酥（成品8块）

Caomei Fangsu

材料

/面皮材料/

A.高筋面粉125g、低筋面粉125g、细盐4g、黄油20g

B.水145g

C.片状酥油125g

/装饰材料/

蛋黄液适量

砂糖适量

/馅料材料/

草莓果酱适量

制作过程

1. 先将高筋面粉、低筋面粉、盐和黄油拌匀。

加入水搅拌均匀做成面团。

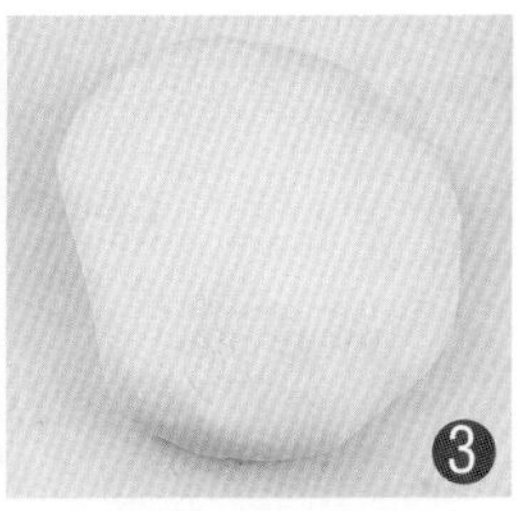

再将面团揉拌至七分筋度，放入冰箱冷藏松弛20分钟。

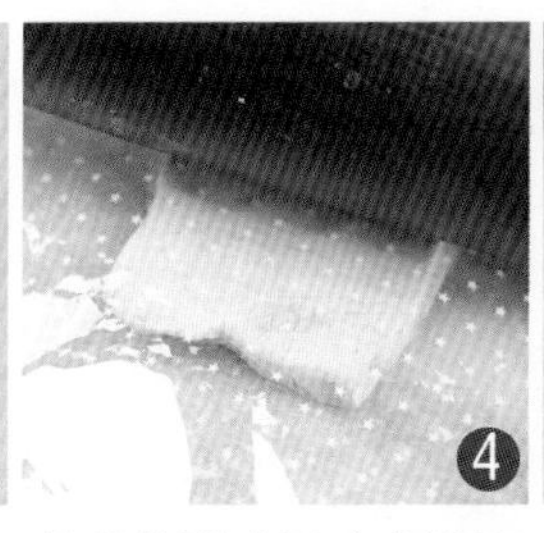

将片状酥油用玻璃纸盖住擀开。

再将已经松弛好的面皮擀开。

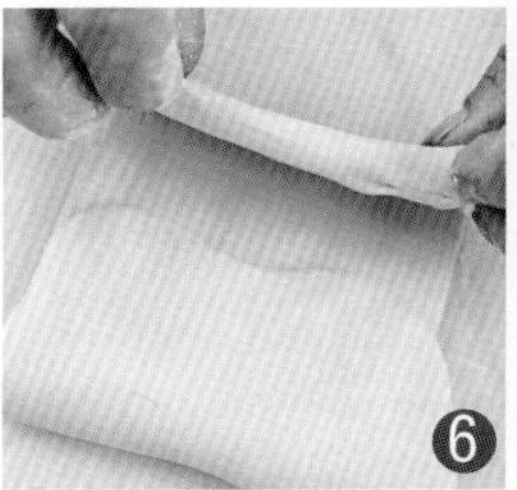

用面皮包住酥皮。

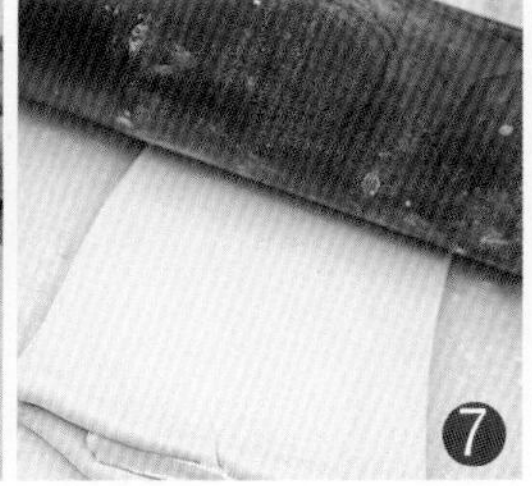

然后擀开。

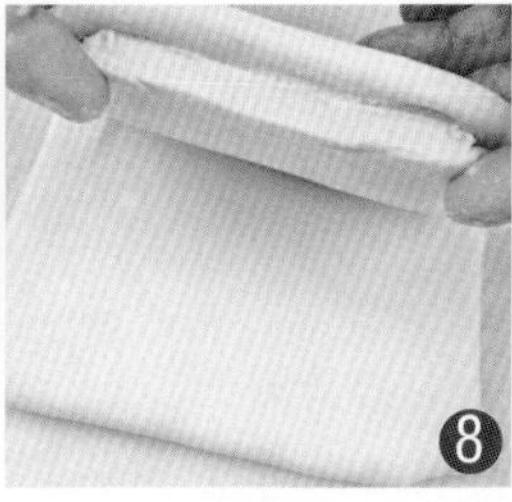

以2折3层折叠2次，每次擀开折叠都要松弛15分钟。

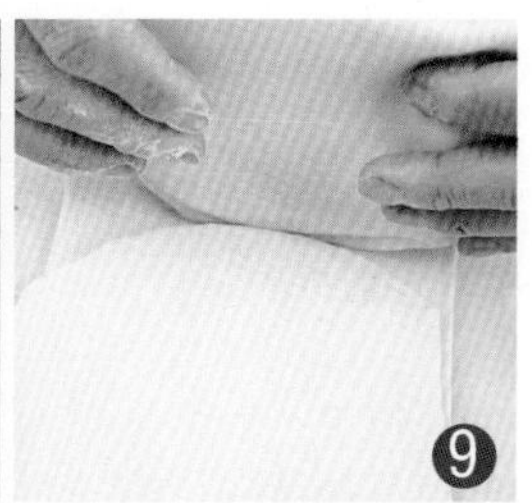

最后以3折4层折叠一次，放入冰箱松弛15分钟。

最后将面皮擀开约0.6cm厚。

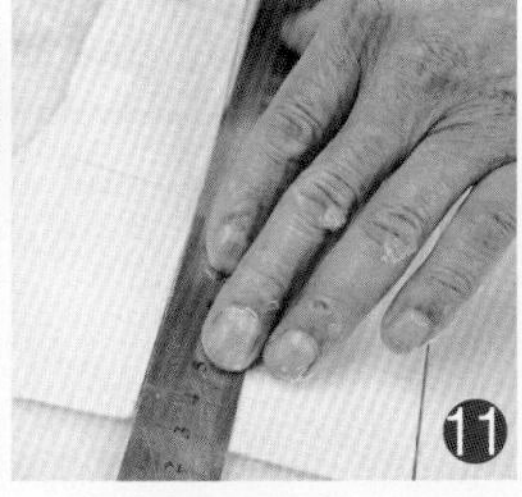

然后切成长约10cm的正方形。

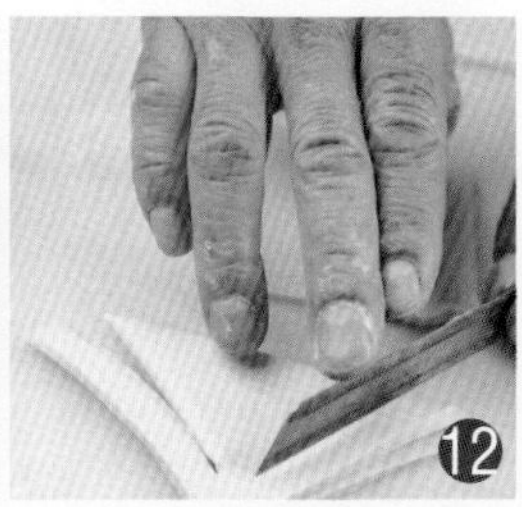

将面皮叠成三角形，两边各切一刀但顶部不切通。

再将面皮打开，并在表面刷上蛋液。

将切开的两边交叉折叠一次。

在方酥坯边缘刷上蛋液，摆入烤盘。

中间挤上草莓果酱，入炉以上下火200℃/180℃约烤30分钟即可。

材料

/面皮材料/
A.高筋面粉125g、低筋面粉125g、细盐4g、黄油20g
B.水145g
C.片状酥油125g

/装饰材料/
蛋黄液适量
砂糖适量

/馅料材料/
提子干50g
速溶吉士粉40g
水100g

制作过程

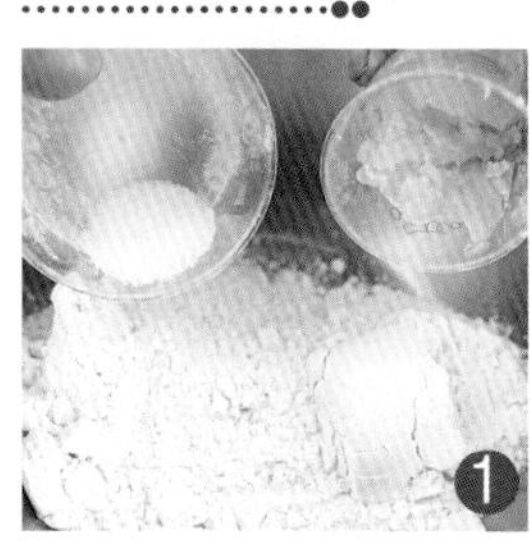
先将A原料混合拌匀。

再加入145克水搅拌均匀。

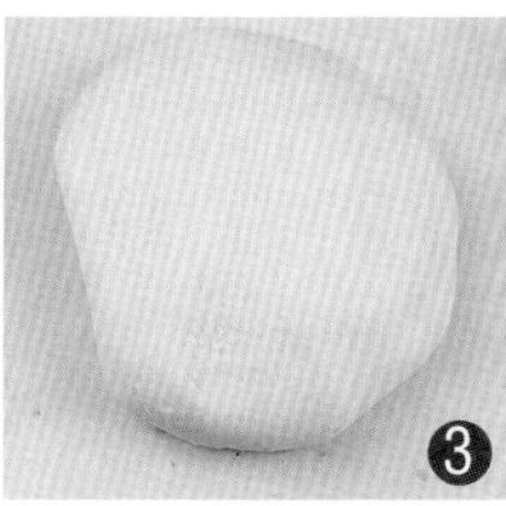

将面团拌至七分筋度，放入冰箱冷藏松弛20分钟。

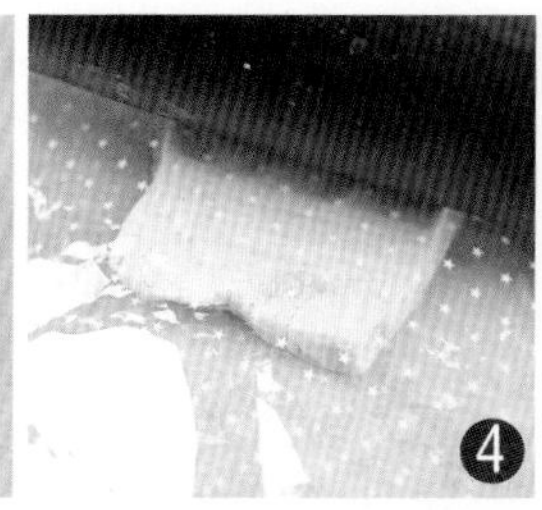

将片状酥油用玻璃纸盖住擀开。

再将松弛好的面团擀开。

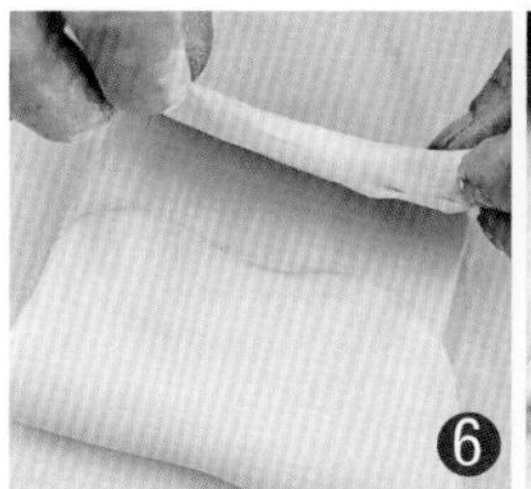

将面皮包住油酥皮。

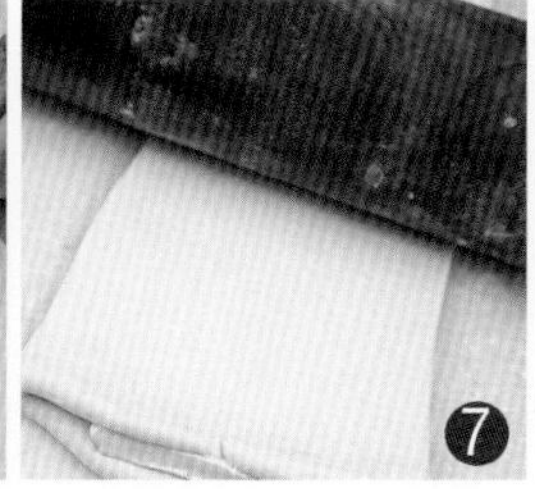

用擀面杖将其擀开。

再将其以2折3层折叠2次，每次擀开折叠都要松弛15分钟。

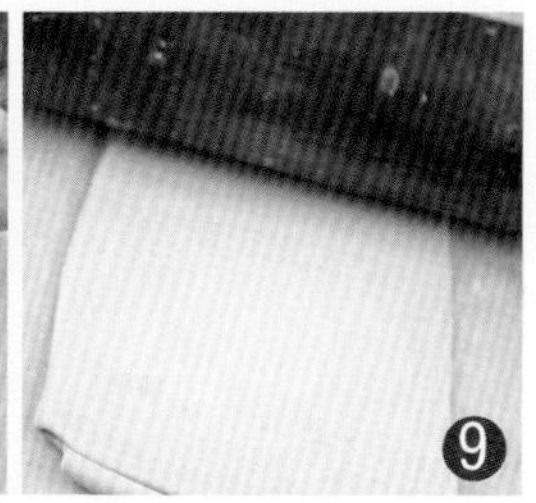

再将面皮擀开。

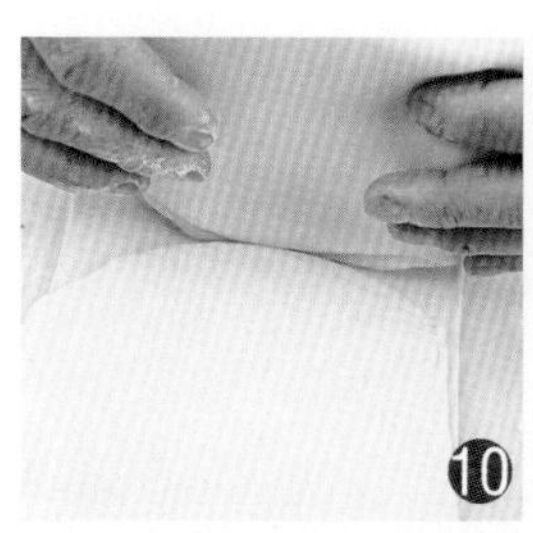

将面皮最后以3折4层折叠一次，放入冰箱松弛15分钟。

最后将面皮擀开成约0.6cm厚的面片。

在面片的表面刷上蛋液，放入两排馅料。

将面片的一边卷到两排馅料的中间，然后压平另一边，再折叠压在另一边上，接口必须在两个馅料的底部中心，再摆入烤盘。

在面坯的表面刷上蛋黄液，再撒上适量的砂糖。

在面坯的表面用刀划出斜刀口。

放入炉中，以上下火200℃/170℃烘烤约50分钟即可。

米果酥

（成品13块）Miguosu

材料

米饭200g	酱油15g
盐1g	水15g
绵糖15g	红辣椒粉适量
芝士粉15g	煎炸油500g

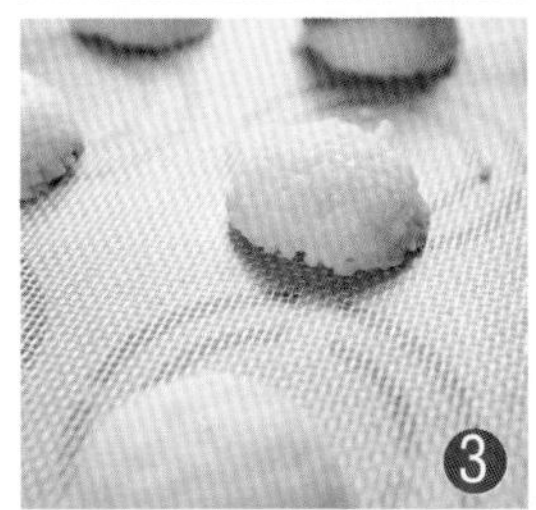

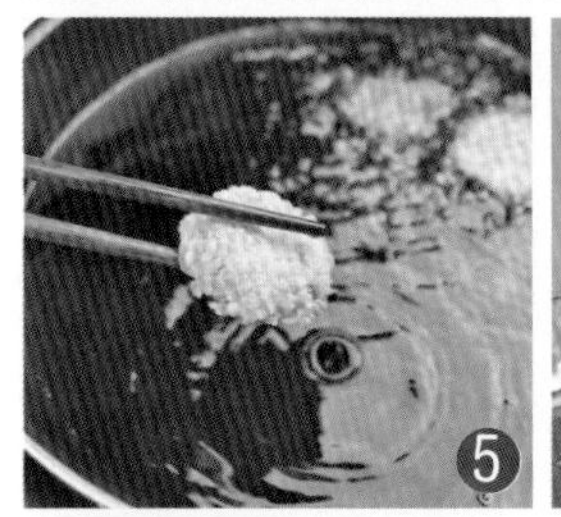

制作过程

1. 先将米饭打散，加入盐拌匀。
2. 用茶匙将米饭挖出，用手稍微压一下。
3. 将米饭团放烤盘内以100℃烘烤约2小时。
4. 将水、绵糖、芝士粉、酱油混合搅拌至糖化开，做成馅料备用。
5. 将煎炸油烧开，放入饭团，在锅内炸至稍微上色即可取出。
6. 用刷子在饭团上面刷上备用的酱料。
7. 可以适量地撒上一点红辣椒粉。
8. 再放入烤箱以170℃烘烤5分钟左右即可。

柚子小馅饼

（成品27块）Youzi Xiaoxianbing

材料

杏仁粉50g
低筋面粉50g
糖粉100g
牛奶25g
鸡蛋2个
黄油50g
柚子茶酱150g

制作过程

1. 先将杏仁粉、低筋面粉和糖粉过筛后一起加入容器，搅拌均匀。
2. 再加入牛奶，搅拌均匀。
3. 接着加入鸡蛋，搅拌均匀。
4. 然后加入化开的黄油，拌匀即成面糊。
5. 将面糊装入裱花袋内，挤入事先备用的模具内，约八分满。
6. 在饼干坯表面放上柚子茶酱。
7. 以上下火170℃/160℃烘烤大约20分钟即可。

西梅松饼（成品10块）

Ximei Songbing

难易度 Nan Yi Du ★★

材料

西梅50g	香粉2g	泡打粉1.5g
酥油60g	鸡蛋25g	胚芽粉20g
绵糖45g	低筋面粉130g	

制作过程

1. 先将西梅切碎，备用。

2. 将酥油、绵糖和过筛的香粉一起搅拌至呈现乳化状。

3. 再分次加入鸡蛋，搅拌均匀。

4. 接着将低筋面粉、泡打粉和胚芽粉过筛后加入其中，一起搅拌均匀。

5. 然后加入备用的西梅，拌成面团状。

6. 将面团擀开，铺在垫有白纸的宽15cm、长21cm的长方形烤盘内，将其擀开至厚薄均匀。

7. 将饼坯以上下火170℃烘烤大约25分钟。

8. 出炉冷却后，将其切成宽3cm、长6cm的方形块即可。

芬格小西点（成品35块）

Suge Xiaoxidian

材料

鸡蛋2个	低筋面粉120g	**/馅料材料/**
蛋黄20g	香粉1g	黄油80g
绵糖100g	糖粉80g	糖粉60g

制作过程

先将鸡蛋和蛋黄放入容器内打散。

再加入绵糖，先搅拌均匀再充分打发。

将低筋面粉和香粉过筛后加入其中，搅拌均匀，使其呈面糊状。

将面糊装入裱花袋中，在铺有烤盘布的铁盘内挤出圆球状。

在圆球的表面筛上适量糖粉。

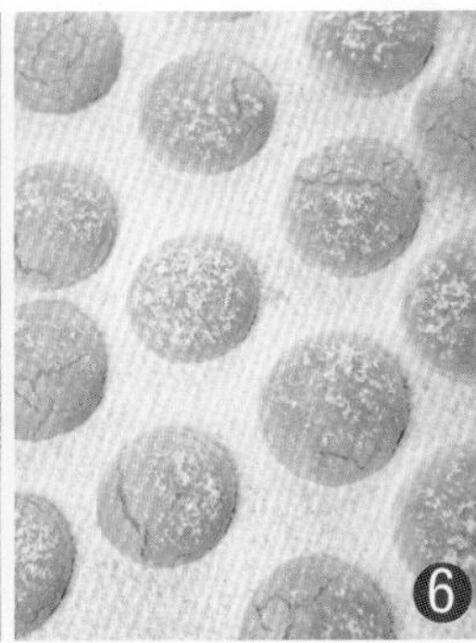

以上下火210℃/160℃烘烤大约10分钟即可。

出炉冷却后，将其中一半翻过来挤上馅料。

再将另一半未挤馅料的盖在上面即可。

馅料制作过程

将糖粉过筛后加入放有黄油的容器内，充分将其打发，即为备用馅料。

老婆饼（成品12块）

Laopobing

材料

/水皮材料/

糖62g

低筋面粉200g

白油62g

水56g

/油酥材料/

白油90g

低筋面粉180g

/馅料材料/

玉米糖浆240g

细砂糖220g

液态酥油50g

白芝麻120g

三洋糕粉200g

椰丝130g

/装饰材料/

蛋黄液适量

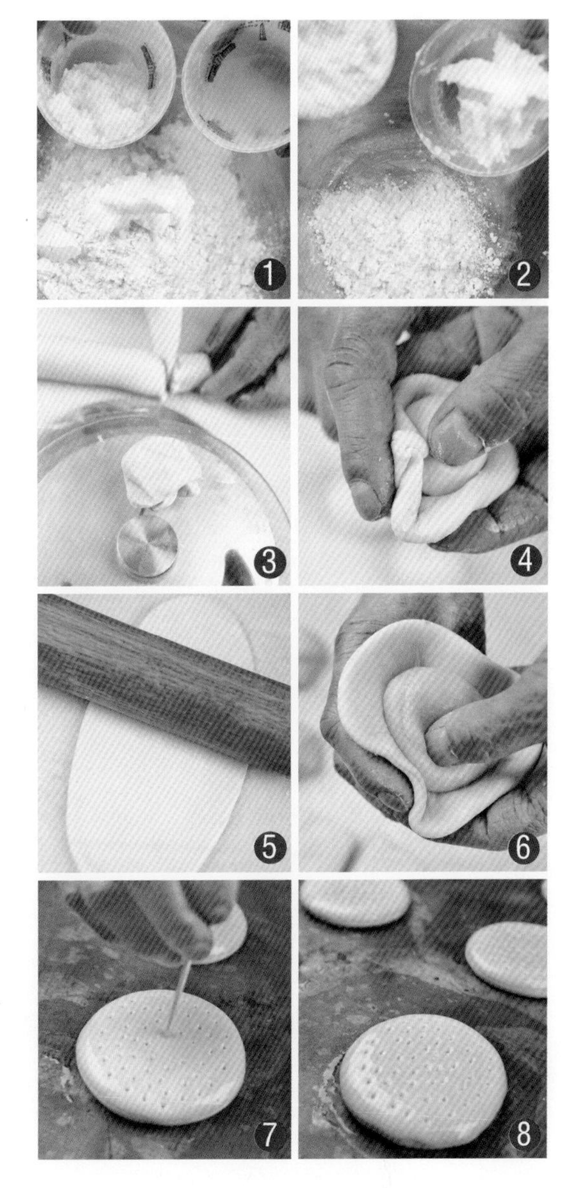

制作过程

1. 将水皮所需的所有材料放入容器中，搅拌成光滑有筋度的面团，松弛10分钟后备用。
2. 将油酥部分的所有材料搅拌均匀成面团，使其软硬度和水皮一致。
3. 将松弛好的水皮面团分割成30g/个的小面团，油酥面团分割成20g/个的小面团，馅料面团分割成50g/个的小面团。
4. 将水皮捏扁，包入油酥再擀开。
5. 以2折3层的方式折叠3次，每次醒5~10分钟。
6. 再将面皮擀开，然后包入分割好的馅料，擀薄成1cm左右的薄饼，放入烤盘。
7. 在饼坯表面刷上蛋黄液，用叉子在饼面插上些许小孔用于排气。
8. 入炉，以上下火180℃/160℃烘烤18分钟左右即可。

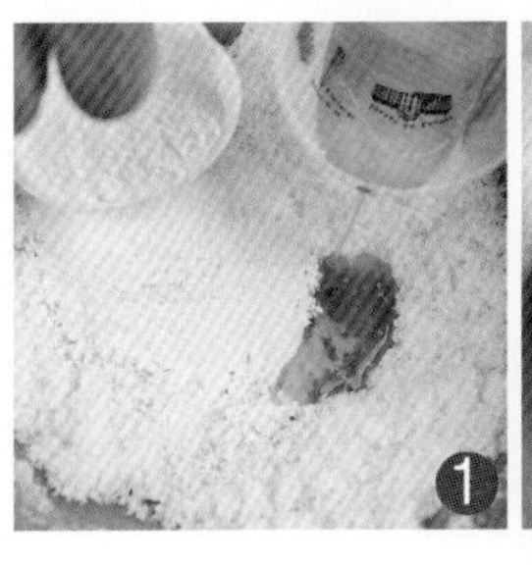

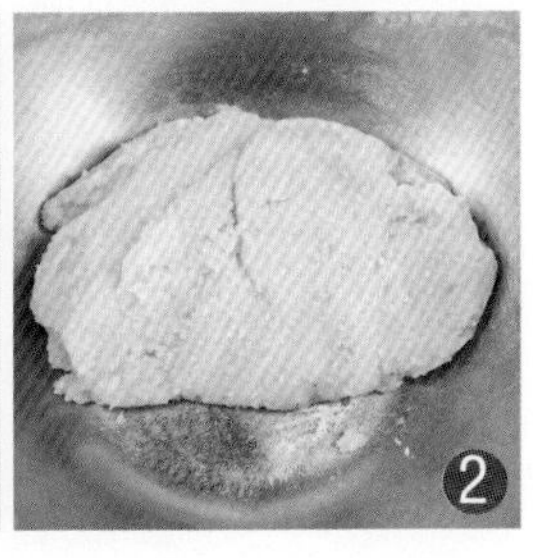

馅料制作过程

1. 将馅料材料中的细砂糖、白芝麻、椰丝搅拌均匀。
2. 随后加入三洋糕粉和液态酥油拌匀，最后加入玉米糖浆充分拌匀成面团即可。

英式松饼

难易度 Nan Yi Du ★★★

（成品21块）Yingshi Songbing

材料

黄油70g
糖粉20g
淡奶油45g
水35g
香粉3g
低筋面粉180g
泡打粉6g
肉桂粉2g
葡萄干50g

/装饰材料/

蛋黄液适量

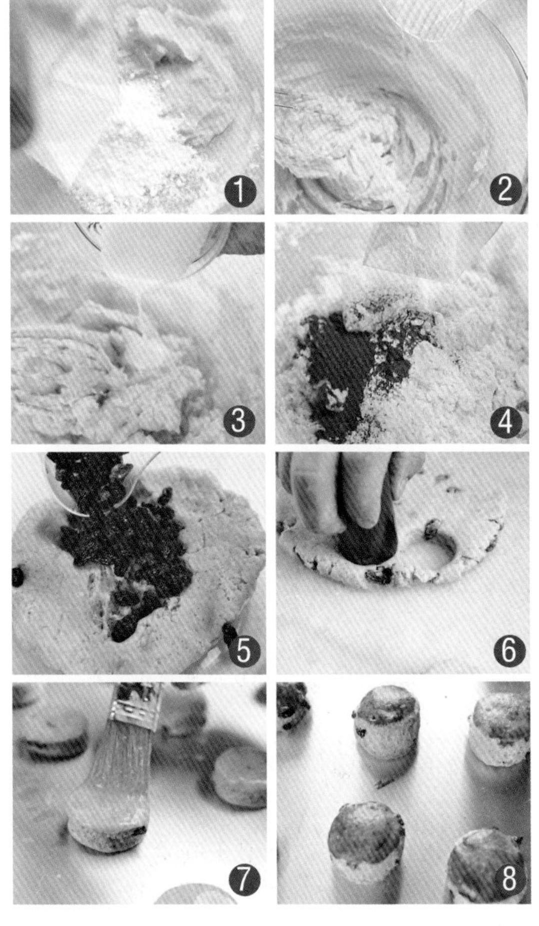

制作过程

1. 先将黄油和过筛的糖粉放入容器，充分打发。
2. 再分次加入水，搅拌均匀。
3. 接着分次加入淡奶油，搅拌均匀。
4. 将香粉、低筋面粉、泡打粉和肉桂粉过筛后一起加入其中，拌匀。
5. 最后加入葡萄干，搅拌成面团状，放进冰箱内松弛1小时。
6. 取出，将面团擀成大约1.5cm厚，用圆形压模将其压出。
7. 将饼坯摆入烤盘内，在表面均匀地刷上蛋黄液。
8. 以上下火190℃/170℃烘烤20分钟左右，待表面金黄色即可出炉。

Tips

1.黄油和糖粉在搅拌时，要将黄油充分打发，这样烘烤完成的饼干才会松软。
2.在表面刷蛋黄液时，要多刷两次。

莎普雷修格拉

（成品30块）*Shapulei Xiugela*

材料

黄油140g	低筋面粉175g
绵糖105g	可可粉30g
鸡蛋1个	白巧克力100g
香粉2g	

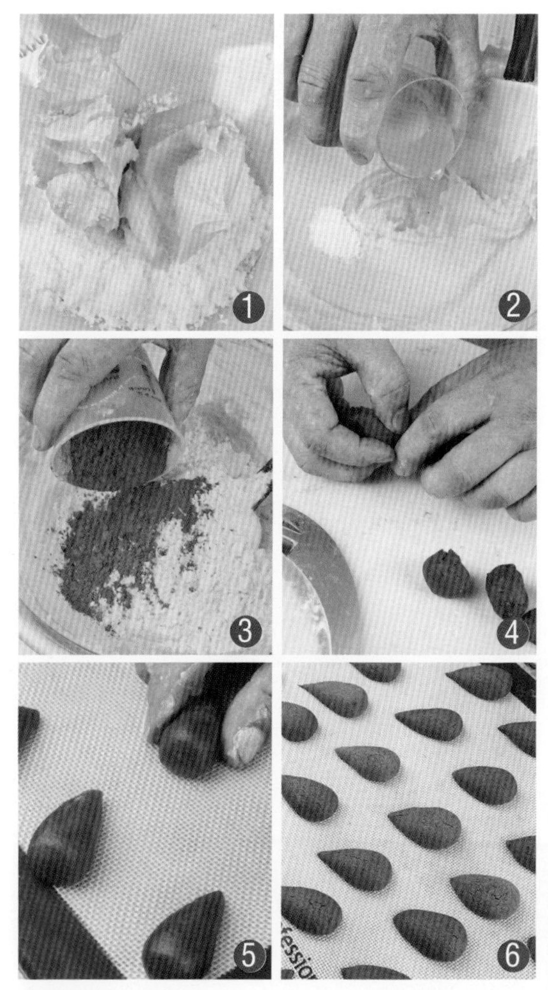

制作过程

1. 先将黄油与绵糖一起搅拌至呈乳化状。
2. 再分次加入鸡蛋和过筛香粉，搅拌均匀。
3. 接着将低筋面粉和可可粉过筛后加入其中，拌成面团。
4. 将面团分割成10g/个的小面团，共 60个。
5. 用手先将面团搓圆，再搓成圆锥形，摆入烤盘内，待用。
6. 将饼干坯以上下火180℃/160℃烘烤大约18分钟。出炉冷却后，将白巧克力化开，将圆锥的底部蘸上巧克力，并将两个粘在一起即可。
7. 最后将圆锥的尖端也蘸上白巧克力。

咖啡夹心可丽饼（成品36块）
Kafei Jiaxin Kelibing
难易度
Nan Yi Du

材料

蛋白110g	黄油85g	咖啡粉10g	/馅料材料/	绵糖60g
糖粉115g	低筋面粉90g		黄油110g	麦芽糖15g

制作过程

先将黄油化开备用。再将蛋白和过筛糖粉搅拌均匀至糖化开。

将化开的黄油加入其中，搅拌均匀。

将咖啡粉和低筋面粉过筛后依次加入其中，搅拌均匀成面糊。

将面糊装入裱花袋内，挤在铺有垫子的烤盘内，使其呈圆形。

以上下火180℃/160℃烘烤大约14分钟。

出炉，趁热将其卷在圆锥模具上，定型后将其取下。

将备用的馅料装入裱花袋内，挤入饼干的空隙内即可。

馅料制作过程

将黄油和绵糖搅拌均匀后，加入麦芽糖充分打发即可。

豆腐芝麻饼干（成品30块）

Doufu Zhima Binggan

材料

豆腐60g	鸡蛋30g	色拉油500g
低筋面粉125g	黑芝麻20g	
盐2g	砂糖40g	

Tips

1.加入砂糖后，在搅拌时，要将砂糖完全化开。

2.面团的松弛时间要充足，这样比较好擀压。

3.面皮的厚薄度要注意：不要太厚， 否则煎炸的时间会很久，这样容易煎焦。

制作过程

先将豆腐压碎。

将砂糖、盐加入豆腐内，搅拌均匀。

再加入鸡蛋液，搅拌均匀。

将低筋面粉过筛后加入其中，搅拌均匀。

加入黑芝麻，搅拌均匀成面团。

将面团松弛1小时后取出，在工作台上撒上适量的面粉，将面团擀至1mm厚。

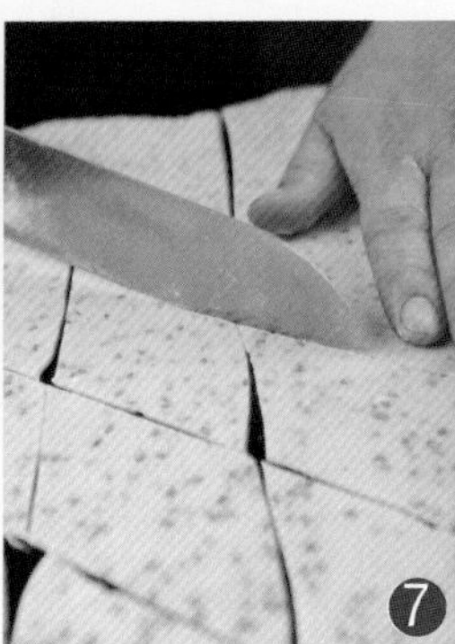

用刀切成2.5cm宽、2.5cm长的菱形。

将色拉油放入锅内，烧至160℃左右。

放入菱形的薄片，煎炸3~4分钟，待表面呈金黄色即可捞出。

火腿乳酪酥（成品12块）

Huotui Rulaosu

材料

/面团材料/

低筋面粉250g

黄油27g

绵糖 9g

水140g

片状酥油150g

/表面装饰/

火腿 12片

蛋黄 1个

乳酪片12片

制作过程

先将低筋面粉过筛后堆成粉墙状，再加入27g黄油、绵糖和水一起搅拌成光滑的面团。

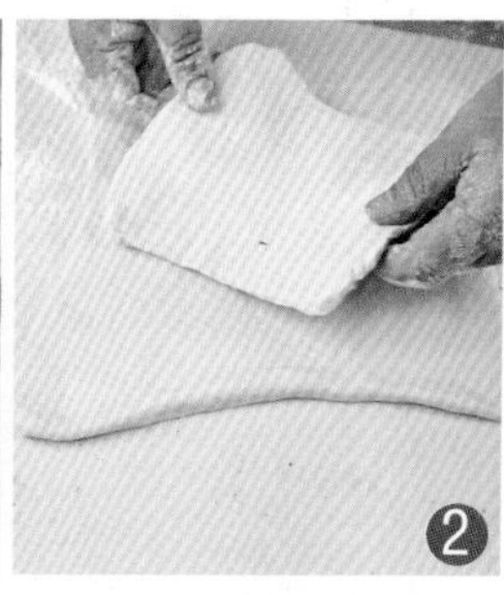

面团松弛30分钟后，将其擀开呈四方形，将片状酥油也擀开呈四方形，面积是面皮的一半，用面皮将片状酥油包起来。

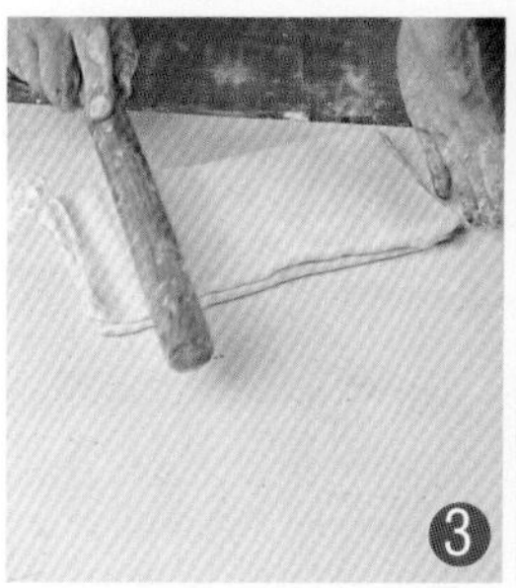

然后将面皮均匀地擀开呈方形。

将面皮以折叠3层的方式连续叠4次。

将其放入冰箱松弛2小时，取出后擀开至4mm厚的长方形。

将面皮切成边长10cm的正方形，在表面放上乳酪片，在乳酪片上摆放一片火腿片。

用刀在面皮的四个角切一下。

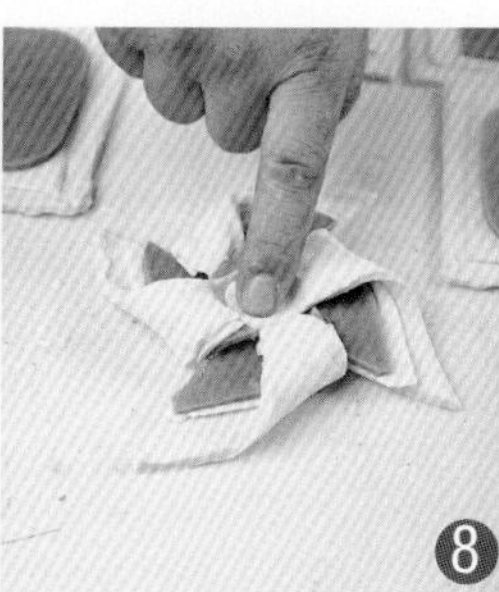

按顺序将四个角向中间叠起来，成风车状。

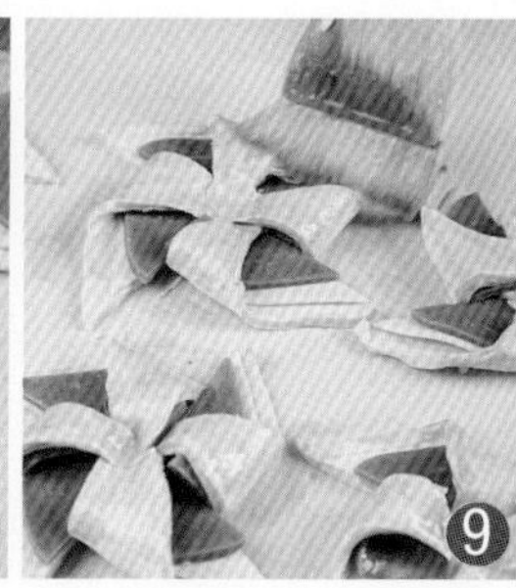

在饼坯表面均匀刷上蛋黄液。

以上下火200℃/190℃烘烤大约18分钟即可。

培根酥条（成品12块）

Peigen Sutiao

难易度 Nan Yi Du ★★★★

材料

低筋面粉200g
黄油27g
绵糖10g
水115g
培根肉18根
胡椒粉适量
鸡蛋液适量

/内部包油/

黄油200g

准备

制作前，将200g黄油称好，整成四方形，放入冰箱冷藏至软硬适中，备用。

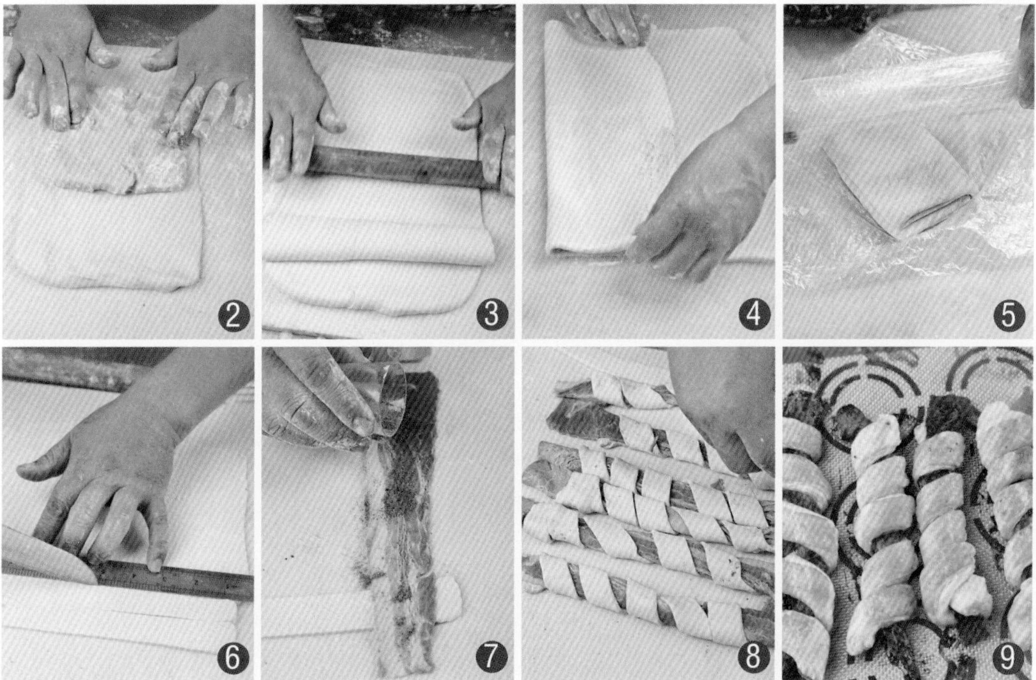

制作过程

1. 先将低筋面粉过筛再和黄油、水、绵糖一起拌成光滑的面团。

2. 面团松弛30分钟后，将其擀开呈四方形，将备用的200g黄油也擀开呈四方形，面积是面皮的一半；将其放在面皮上包起来。

3. 将面坯均匀地擀开呈方形。

4. 以折叠3层的方式连续叠2次；再以折叠4层的方式折叠2次。

5. 将其放入冰箱松弛2小时后取出，擀开至3mm厚的长方形。

6. 将面皮切成长25cm、宽2cm的长条。将培根肉交错摆在面皮上，并在培根肉上撒适量的胡椒粉。

7. 用面皮将培根肉卷起来，在表面刷上少许鸡蛋液。

8. 将饼坯摆入烤盘内，以上下火210℃/190℃烘烤大约18分钟即可。

柠檬马卡龙（成品10个）

Ningmeng Makalong

难易度 Nan Yi Du ★★★★

材料

杏仁粉40g	蛋白1个	**/馅料材料/**	糖粉40g
糖粉50g	砂糖50g	柠檬汁15g	柠檬皮末适量
柠檬皮末10g		黄油80g	

Tips

1.搅拌蛋白时，要注意蛋白的干净程度，搅拌桶内不可有油脂存在。

2.加入粉类的材料时，搅拌时间不要太久，以免蛋白消泡。

3.烘烤时，后期的炉温上火不要太高，以免表面上色太深。

制作过程

将蛋白、砂糖搅拌至中性发泡，加入柠檬皮末搅拌均匀。

将杏仁粉和糖粉过筛后依次加入，并搅拌均匀成面糊。

将面糊装入裱花袋内，用动物裱花嘴在铺有高温布的烤盘内挤出圆形饼坯。

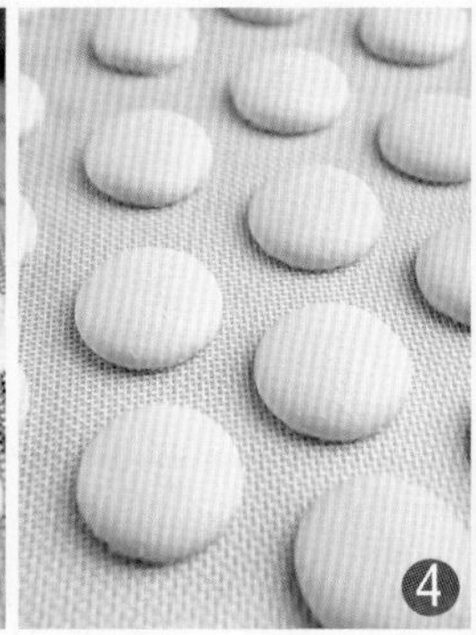

以上下火170℃/0℃烘烤大约5分钟，待表面凝固后再以上下火0℃/150℃烘烤10分钟左右。

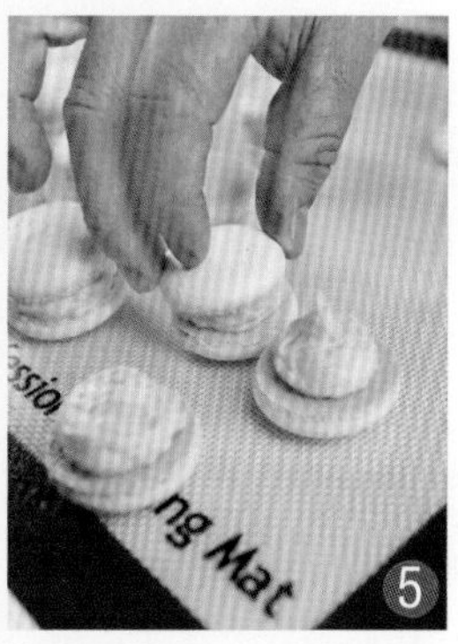

出炉冷却后，在饼干底部挤上馅料，使两个粘起来即可。

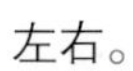

馅料制作过程

1. 将糖粉过筛后加入容器。
2. 与黄油充分搅拌至呈蓬松状。
3. 加入柠檬汁、柠檬皮末，充分搅拌均匀即可。

巧克力马卡龙

（成品10个） *Qiaokeli Makalong*

材料

杏仁粉40g
糖粉50g
可可粉10g
蛋白1个
砂糖50g

/馅料材料/

苦甜巧克力80g
鲜奶油40g

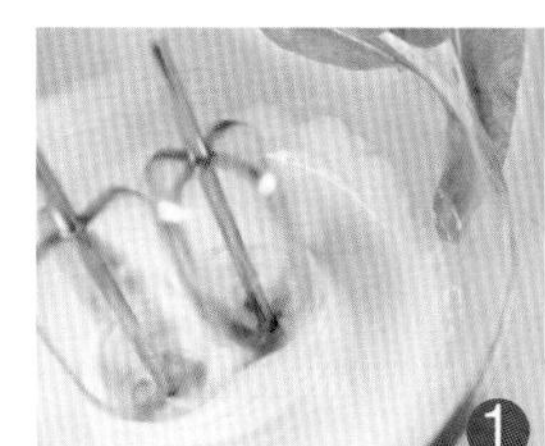

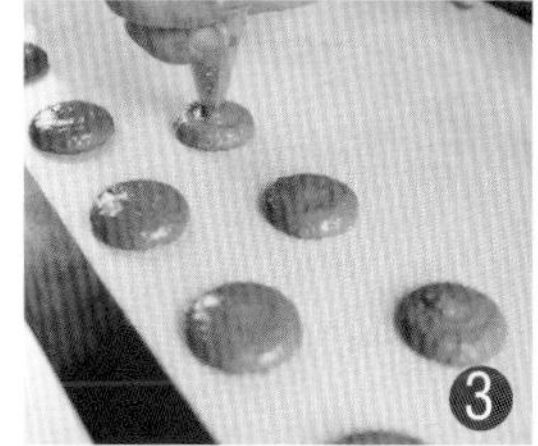
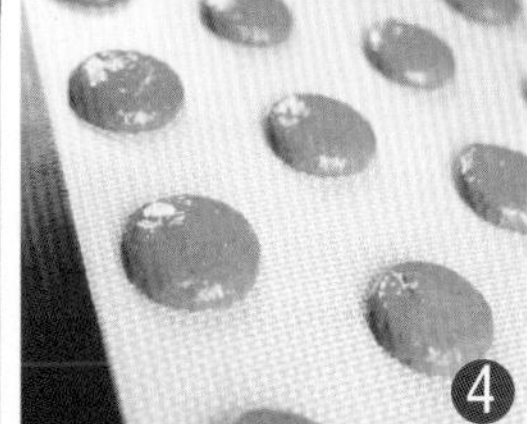
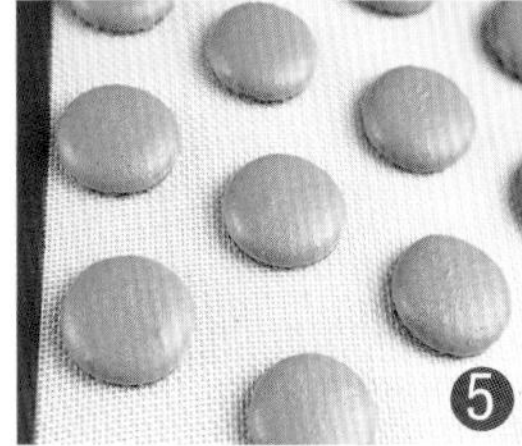

制作过程

1. 将蛋白、砂糖搅拌至中性发泡。
2. 将糖粉、杏仁粉和可可粉过筛后加入，搅拌均匀，使其呈面糊状。
3. 将面糊装入裱花袋内，用动物裱花嘴在铺有高温布的烤盘内挤出圆形饼坯。
4. 以上下火170℃/0℃烘烤5分钟左右。
5. 在待表面凝固后，再以上下火0℃/150℃烘烤10分钟左右。
6. 用裱花袋在饼干底部挤上馅料，将另一片粘在上面即可。

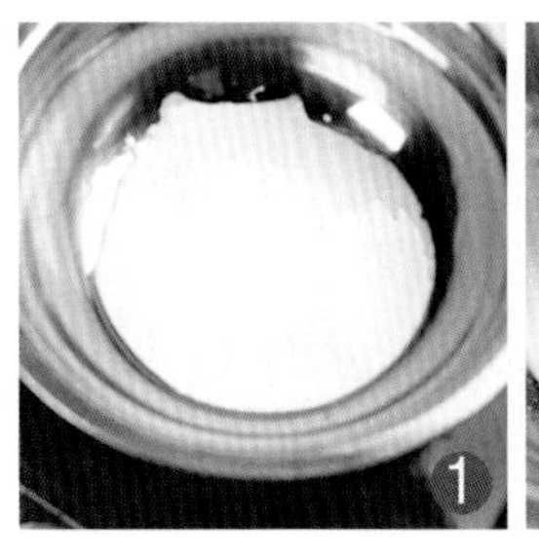

馅料制作过程

1. 将鲜奶油煮开。
2. 加入苦甜巧克力搅拌均匀即可。

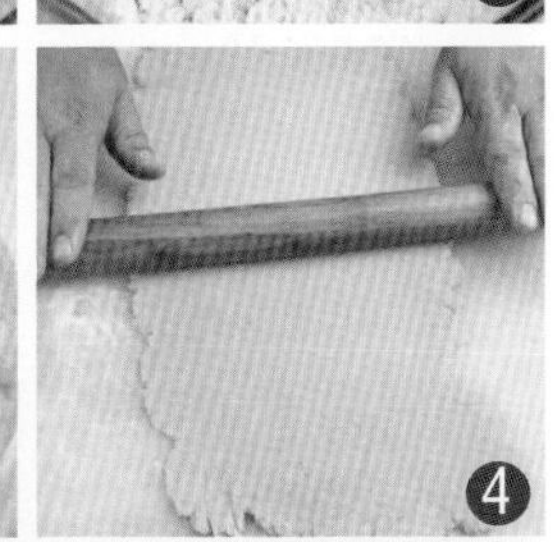

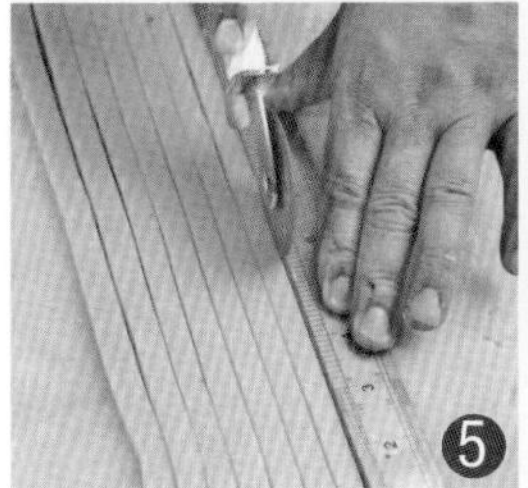

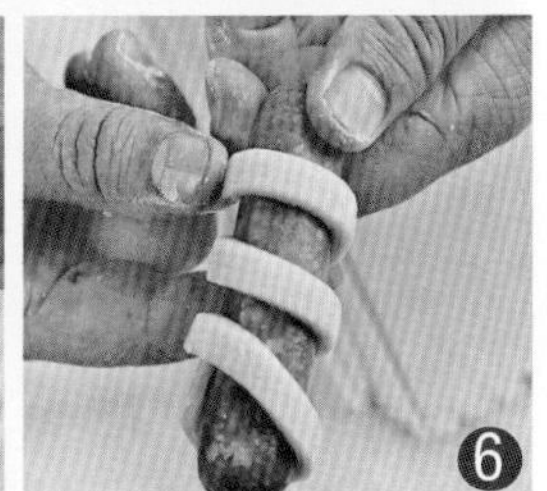

热狗卷

（成品20个）*Regoujuan*

材料

低筋面粉200g	黄油100g
盐1g	水30g
蛋黄20g	热狗烤肠20个

制作过程

1. 先将低筋面粉过筛后，和盐一起放入容器，搅拌均匀。
2. 再加入蛋黄和水，拌匀。
3. 将黄油化开后加入其中，以压拌的方式拌成面团状。
4. 将面团松弛30分钟后，擀开至3mm厚。
5. 将面皮切成宽0.7cm 、长25cm的长条。
6. 将长条缠绕在热狗烤肠上面。
7. 摆入烤盘内，以上下火180℃/170℃烘烤大约18分钟即可。

扫二维码，开启视频阅读新体验

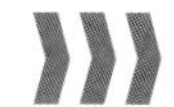

本书特色饼干视频二维码

椰丝酥饼

（图文见55页）

杏仁羊角曲奇

（图文见77页）

原味曲奇

（图文见98页）

芝麻酥片

（图文见99页）

芝麻方酥

（图文见170页）

杏仁圈饼

（图文见174页）

眼睛酥

（图文见192页）

杏仁盾牌

（图文见216页）

茶饼

（图文见220页）

肉桂意大利脆饼

（图文见255页）

蜂巢薄饼

（图文见280页）

台北桃酥

（图文见342页）